1 定義域・値域

関数 $y=f(x)$ において

定義域　変数 x のとる値の範囲

値　域　定義域の x の値に対応して y がとる値の範囲

2 1次関数 $y=ax+b$ のグラフ

傾きが a で y 軸上の切片が b の直線。

3 1次関数 $y=ax+b$ $(p\leqq x\leqq q)$ の最大・最小

$a>0$ のとき　$x=q$ で最大，$x=p$ で最小

$a<0$ のとき　$x=p$ で最大，$x=q$ で最小

4 $y=ax^2$ のグラフ

- y 軸に関して対称な放物線
- $a>0$ のとき下に凸
- $a<0$ のとき上に凸

5 $y=a(x-p)^2+p$ のグラフ

$y=ax^2$ のグラフを，x 軸方向に p，y 軸方向に q だけ平行移動した放物線

頂点は点 $(p,\ q)$，軸は直線 $x=p$

6 $y=ax^2+bx+c$ のグラフ

$y=a\left(x+\dfrac{b}{2a}\right)^2-\dfrac{b^2-4ac}{4a}$ と変形できるから

頂点は　点 $\left(-\dfrac{b}{2a},\ -\dfrac{b^2-4ac}{4a}\right)$

軸は　直線 $x=-\dfrac{b}{2a}$

7 2次関数の最大・最小

$y=a(x-p)^2+q$ において

$a>0$　$x=p$ で最小値 q をとり，最大値はない。

$a<0$　$x=p$ で最大値 q をとり，最小値はない。

8 2次関数の決定

① 放物線の頂点や軸が与えられている

$\longrightarrow$ $y=a(x-p)^2+q$ とおく。

② グラフが通る3点が与えられている

$\longrightarrow$ $y=ax^2+bc+c$ とおく。

9 2次関数のグラフと2次方程式・2次不等式

(1) 2次方程式 $ax^2+bx+c=0$ の解の公式 $x=\dfrac{-b\pm\sqrt{b^2-4ac}}{2a}$

(2) 判別式 $D=b^2-4ac$ とおくと

$D>0 \iff$ 異なる2つの実数解

$D=0 \iff$ ただ1つの実数解（重解）

$D<0 \iff$ 実数解はない

(3) 2次関数 $y=ax^2+bx+c$ のグラフと x 軸の位置関係は $D=b^2-4ac$ の符号によって定まる。

$D=b^2-4ac$	$D>0$	$D=0$	$D<0$
$y=ax^2+bx+c$ のグラフと x 軸の位置関係	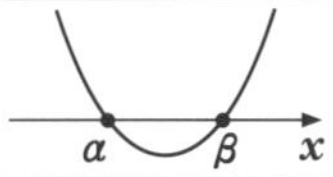	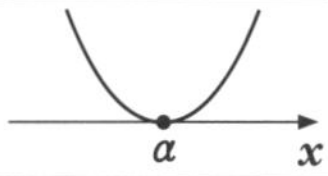	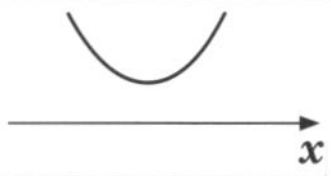
$ax^2+bx+c=0$ の解	$x=\alpha,\ \beta$	$x=\alpha$	ない
$ax^2+bx+c>0$ の解	$x<\alpha,\ \beta<x$	α 以外のすべての実数	すべての実数
$ax^2+bx+c\geqq 0$ の解	$x\leqq\alpha,\ \beta\leqq x$	すべての実数	すべての実数
$ax^2+bx+c<0$ の解	$\alpha<x<\beta$	ない	ない
$ax^2+bx+c\leqq 0$ の解	$\alpha\leqq x\leqq\beta$	$x=\alpha$	ない

JN132628

図形と計量

1 正弦・余弦・正接

$\sin A=\dfrac{a}{c}$，$\cos A=\dfrac{b}{c}$，$\tan A=\dfrac{a}{b}$

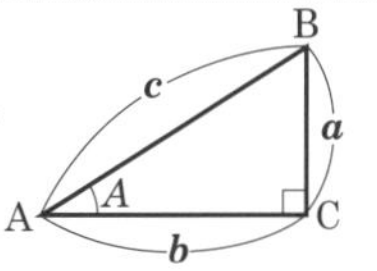

2 $90^\circ-\theta$ の三角比

$\sin(90^\circ-\theta)=\cos\theta$，$\cos(90^\circ-\theta)=\sin\theta$

$\tan(90^\circ-\theta)=\dfrac{1}{\tan\theta}$

3 三角比の符号

θ	0°	鋭角	90°	鈍角	180°
$\sin\theta$	0	+	1	+	0
$\cos\theta$	1	+	0	−	−1
$\tan\theta$	0	+	なし	−	0

4 $180^\circ-\theta$ の三角比

$\sin(180^\circ-\theta)=\sin\theta$，$\cos(180^\circ-\theta)=-\cos\theta$

$\tan(180^\circ-\theta)=-\tan\theta$

5 相互関係

$\sin^2\theta+\cos^2\theta=1$，$\tan\theta=\dfrac{\sin\theta}{\cos\theta}$，$1+\tan^2\theta=\dfrac{1}{\cos^2\theta}$

6 正弦定理（R は外接円の半径）

$\dfrac{a}{\sin A}=\dfrac{b}{\sin B}=\dfrac{c}{\sin C}=2R$

7 余弦定理

$a^2=b^2+c^2-2bc\cos A$，$\cos A=\dfrac{b^2+c^2-a^2}{2bc}$

$b^2=c^2+a^2-2ca\cos B$，$\cos B=\dfrac{c^2+a^2-b^2}{2ca}$

$c^2=a^2+b^2-2ab\cos C$，$\cos C=\dfrac{a^2+b^2-c^2}{2ab}$

8 三角形の面積

三角形の面積を S とすると

$S=\dfrac{1}{2}bc\sin A=\dfrac{1}{2}ca\sin B=\dfrac{1}{2}ab\sin C$

データの分析

1 平均値

$\bar{x}=\dfrac{1}{n}(x_1+x_2+\cdots\cdots+x_n)$

2 中央値と最頻値

中央値　変量を大きさの順に並べたときの中央の値

最頻値　度数が最も多い階級の階級値

3 四分位範囲と箱ひげ図

大きさの順に並べられたデータの中央値

$\longrightarrow$ 第2四分位数：Q_2

その前半のデータの中央値

$\longrightarrow$ 第1四分位数：Q_1

その後半のデータの中央値

$\longrightarrow$ 第3四分位数：Q_3

四分位範囲：Q_3-Q_1

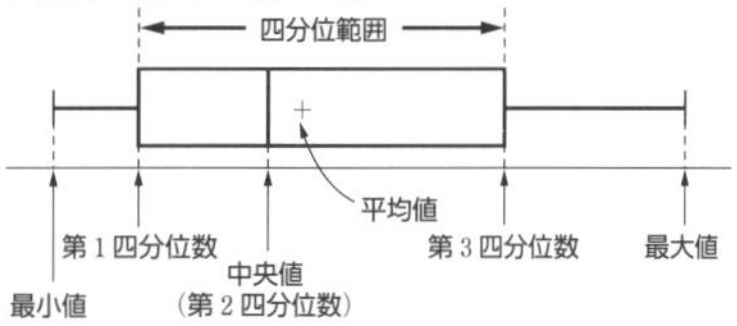

4 分散と標準偏差

変量 x が n 個の値 x_1，x_2，…，x_n をとるとき，平均値を $\bar{x}$ とすると，分散 s^2 と標準偏差 s は

$s^2=\dfrac{1}{n}\{(x_1-\bar{x})^2+(x_2-\bar{x})^2+\cdots\cdots+(x_n-\bar{x})^2\}$

$s=\sqrt{\dfrac{1}{n}\{(x_1-\bar{x})^2+(x_2-\bar{x})^2+\cdots\cdots+(x_n-\bar{x})^2\}}$

ステージノート数学Ⅰ

本書は，教科書「新編数学Ⅰ」に完全準拠した問題集です。教科書といっしょに使うことによって，学習効果が高められるよう編修してあります。

本書の使い方

まとめと要項

項目ごとに，重要事項や要点をまとめました。

例

各項目の代表的な問題です。解き方をよく読み，空欄を自分で埋めてみましょう。また，教科書の応用例題レベルの問題には，TRYマークを付しています。レベルに応じて取り組んでください。

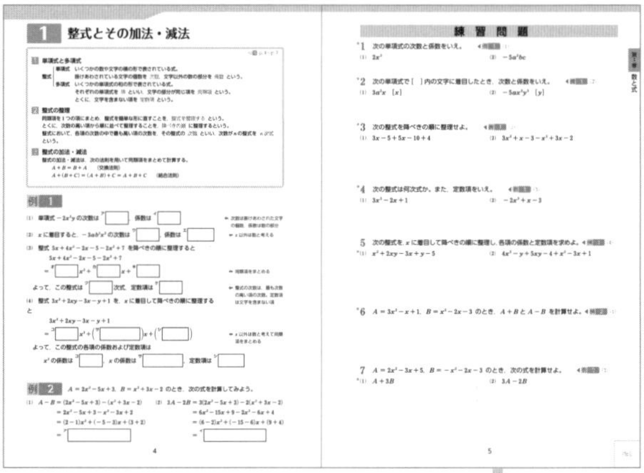

練習問題

教科書で扱われている例題と同レベルの問題です。解き方がわからないときは例ナビで示した例を参考にしてみましょう。※印の問題を解くことで，一通り基本的な問題の学習が可能です。

確認問題

練習問題の反復問題です。練習問題の内容を理解できたか確認しましょう。

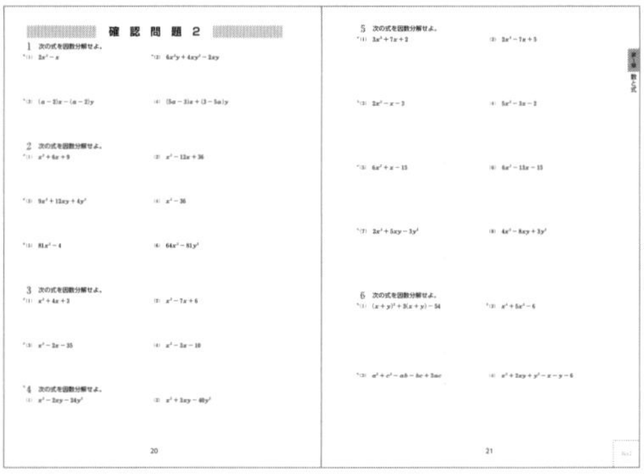

TRYPLUS

各章の最後にある難易度の高い問題です。教科書の応用例題レベルの中でも，特に応用力を必要とする問題を扱いました。例題で解法を確認してから，取り組んでみてください。

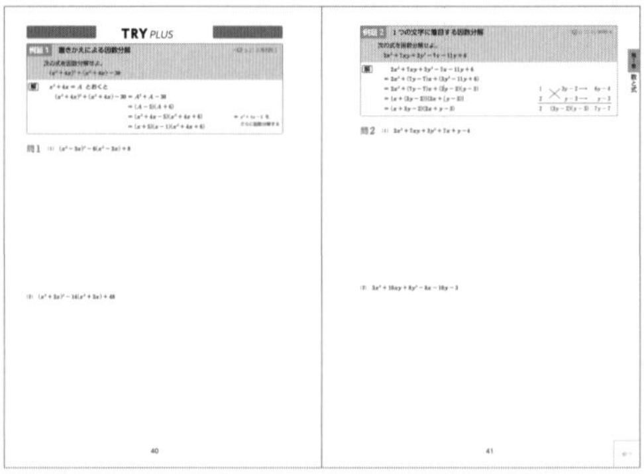

目　次

問題数

例 (TRY) …… 109 (10)
練習問題 (TRY) …… 149 (9)
確認問題 …… 65
TRY PLUS …… 6

正の数・負の数の計算 / 文字式

1 正の数・負の数の計算 四則の混じった計算は，次の順序に従う。
（　）の中 → 累乗 → 乗法・除法 → 加法・減法

2 文字式 式の値を求めるとき，負の数を代入するときは（　）をつける。

例 1 次の計算をしてみよう。

(1) $6-(-5)=6+5=$ ア［　］

← ○−(−△)＝○＋△

(2) $(-2)\times(-3)\times(-5)=-(2\times3\times5)=$ イ［　］

← 負の数が奇数個の積なら −

(3) $(-2)^3=(-2)\times(-2)\times(-2)=-(2\times2\times2)=$ ウ［　］

← $a^3=a\times a\times a$ (3個)

(4) $3\div\frac{2}{3}=3\times\frac{3}{2}=$ エ［　］

← $○\div\frac{△}{□}=○\times\frac{□}{△}$

(5) $(-2)\times3^2-(-2)^3\div4=(-2)\times9-(-8)\div4$

$=(-18)-(-2)=(-18)+2=$ オ［　］

← 累乗を先に計算

例 2 $a\times a\times3\div b$ を×，÷を使わずに表してみよう。

$a\times a\times3\div b=a^2\times3\div b=3a^2\div b=$ ア［　］

← ×は省略，同じ文字の積は累乗，数は文字の前に

例 3 次の式の値を求めてみよう。

(1) $a=-2$，$b=-3$ のとき，$3a^2-2b$ は

$3a^2-2b=3\times(-2)^2-2\times(-3)=3\times4-2\times(-3)=12-(-6)$

$=$ ア［　］

← 負の数は（　）をつけて代入する

(2) $a=-\frac{2}{3}$，$b=\frac{1}{2}$ のとき，$\frac{b}{a}$ は

$\frac{b}{a}=b\div a=\frac{1}{2}\div\left(-\frac{2}{3}\right)=-\left(\frac{1}{2}\times\frac{3}{2}\right)=$ イ［　］

← $\frac{○}{△}=○\div△$

例 4 次の計算をしてみよう。

(1) $2(x-1)-3(2x-4)=2x-2-6x+12=$ ア［　］

← 同類項を整理

(2) $\frac{3x-2}{5}-\frac{x+1}{2}=\frac{2(3x-2)}{10}-\frac{5(x+1)}{10}=\frac{2(3x-2)-5(x+1)}{10}$

$=\frac{6x-4-5x-5}{10}=$ イ［　］

← 通分して分母を 10 に

(3) $6a^2b\div(-3ab)=-\left(6a^2b\times\frac{1}{3ab}\right)=$ ウ［　］

練 習 問 題

*1 次の計算をせよ。 ◀例 1

(1) $4-(-3)$　(2) $(-5)+(-2)$　(3) $(-2)\times(-3)\times(-6)$

(4) $(-3)^4$　(5) $\dfrac{8}{3}\div(-2)$　(6) $-3^2\times2-24\div(-2)^3$

*2 次の式を×，÷を使わずに表せ。 ◀例 2

(1) $a\times a\times5\times b$　(2) $a\div3\times2$

3 次の式の値を求めよ。 ◀例 3

*(1) $a=-1$，$b=2$ のとき，$2a^3-3ab^2$　(2) $a=-\dfrac{1}{2}$，$b=\dfrac{2}{3}$ のとき，$\dfrac{b}{a}$

4 次の計算をせよ。 ◀例 4 (1)(2)

*(1) $3(4x+5)-2(6-x)$　*(2) $\dfrac{x-1}{2}+\dfrac{4x+5}{3}$　(3) $\dfrac{3x+1}{4}-\dfrac{x-1}{2}$

5 次の計算をせよ。 ◀例 4 (3)

*(1) $6a^2\times(-2a)^3$　(2) $9a^3b^2\div(-3ab)$

検印

1 整式とその加法・減法

⇨教 p.4〜p.7

1 単項式と多項式

整式
- 単項式　いくつかの数や文字の積の形で表されている式。
  掛けあわされている文字の個数を 次数，文字以外の数の部分を 係数 という。
- 多項式　いくつかの単項式の和の形で表されている式。
  それぞれの単項式を 項 といい，文字の部分が同じ項を 同類項 という。
  とくに，文字を含まない項を 定数項 という。

2 整式の整理

同類項を1つの項にまとめ，整式を簡単な形に直すことを，整式を整理する という。
とくに，次数の高い項から順に並べて整理することを，降べきの順 に整理するという。
整式において，各項の次数の中で最も高い項の次数を，その整式の 次数 といい，次数が n の整式を n 次式 という。

3 整式の加法・減法

整式の加法・減法は，次の法則を用いて同類項をまとめて計算する。

$A+B=B+A$　（交換法則）

$A+(B+C)=(A+B)+C$　（結合法則）

例 1

(1) 単項式 $-2x^3y$ の次数は ア［　　］，係数は イ［　　］

← 次数は掛けあわされた文字の個数，係数は数の部分

(2) x に着目すると，$-3ab^3x^2$ の次数は ウ［　　］，係数は エ［　　］

← x 以外は数と考える

(3) 整式 $5x+4x^2-2x-5-2x^2+7$ を降べきの順に整理すると

$5x+4x^2-2x-5-2x^2+7$

$=$ オ［　　］x^2+ カ［　　］$x+$ キ［　　］

← 同類項をまとめる

よって，この整式は ク［　　］次式，定数項は ケ［　　］

← 整式の次数は，最も次数の高い項の次数。定数項は文字を含まない項

(4) 整式 $3x^2+2xy-3x-y+1$ を，x に着目して降べきの順に整理すると

$3x^2+2xy-3x-y+1$

$=$ コ［　　］$x^2+($サ［　　］$)x+($シ［　　］$)$

← x 以外は数と考えて同類項をまとめる

よって，この整式の各項の係数および定数項は

x^2 の係数は コ［　　］，x の係数は サ［　　］，定数項は シ［　　］

例 2

$A=2x^2-5x+3$，$B=x^2+3x-2$ のとき，次の式を計算してみよう。

(1) $A-B=(2x^2-5x+3)-(x^2+3x-2)$

$=2x^2-5x+3-x^2-3x+2$

$=(2-1)x^2+(-5-3)x+(3+2)$

$=$ ア［　　］

(2) $3A-2B=3(2x^2-5x+3)-2(x^2+3x-2)$

$=6x^2-15x+9-2x^2-6x+4$

$=(6-2)x^2+(-15-6)x+(9+4)$

$=$ イ［　　］

練　習　問　題

*1　次の単項式の次数と係数をいえ。　◀例 1 (1)

(1) $2x^3$　　(2) $-5a^2bc$

*2　次の単項式で [　] 内の文字に着目したとき，次数と係数をいえ。　◀例 1 (2)

(1) $3a^2x$ $[x]$　　(2) $-5ax^2y^3$ $[y]$

3　次の整式を降べきの順に整理せよ。　◀例 1 (3)

(1) $3x-5+5x-10+4$　　*(2) $3x^2+x-3-x^2+3x-2$

*4　次の整式は何次式か。また，定数項をいえ。　◀例 1 (3)

(1) $3x^2-2x+1$　　(2) $-2x^3+x-3$

5　次の整式を, x に着目して降べきの順に整理し, 各項の係数と定数項を求めよ。◀例 1 (4)

*(1) $x^2+2xy-3x+y-5$　　(2) $4x^2-y+5xy-4+x^2-3x+1$

*6　$A=3x^2-x+1$，$B=x^2-2x-3$ のとき，$A+B$ と $A-B$ を計算せよ。◀例 2 (1)

7　$A=2x^2-3x+5$，$B=-x^2-2x-3$ のとき，次の式を計算せよ。　◀例 2 (2)

*(1) $A+3B$　　(2) $3A-2B$

検印

2 整式の乗法 (1)

⇨教 p.8〜p.9

1 指数法則

[1] $a^m \times a^n = a^{m+n}$　[2] $(a^m)^n = a^{mn}$　[3] $(ab)^n = a^n b^n$　ただし，m，n は正の整数である。

2 整式の乗法

分配法則　$A(B+C) = AB+AC$，$(A+B)C = AC+BC$

例 3　次の式の計算をしてみよう。

(1) $a^3 \times a^5 = a^{3+5} =$ ア［　　］　← 指数法則 $a^m \times a^n = a^{m+n}$

(2) $(a^4)^5 = a^{4\times5} =$ イ［　　］　← 指数法則 $(a^m)^n = a^{mn}$

(3) $(a^3b)^2 = (a^3)^2b^2 =$ ウ［　　］　← 指数法則 $(ab)^n = a^n b^n$

例 4　次の式の計算をしてみよう。

(1) $2x^3 \times 3x = 2\times3\times x^3 \times x = 6\times x^{3+1} =$ ア［　　］　← 数の部分と文字の部分をそれぞれ計算

(2) $(-2xy^2)^3 = (-2)^3 \times x^3 \times (y^2)^3 =$ イ［　　］　← 指数法則 $(ab)^n = a^n b^n$

例 5　次の式を展開してみよう。

(1) $2x^3(x-3) = 2x^3 \times x - 2x^3 \times 3 =$ ア［　　］　← 分配法則 $A(B+C) = AB+AC$

(2) $(2x-3)(3x^2+x-2)$

$= 2x(3x^2+x-2) - 3(3x^2+x-2)$　← 分配法則 $A(B+C) = AB+AC$

$= 6x^3+2x^2-4x-9x^2-3x+6$

$=$ イ［　　］　← 同類項をまとめて整理する

練　習　問　題

*8　次の式の計算をせよ。　◀ 例 3

(1) $a^2 \times a^5$

(2) $(a^3)^4$

(3) $(x^4)^2$

(4) $(3a^4)^2$

9 次の式の計算をせよ。 ◀例 4

*(1) $2x^2 \times 3x^4$

(2) $xy^2 \times (-3x^4)$

(3) $(a^2b^3)^4$

*(4) $(-4x^3y^4)^2$

10 次の式を展開せよ。 ◀例 5 (1)

(1) $x(3x-2)$

*(2) $(2x^2-3x-4)\times 2x$

(3) $-3x(x^2+x-5)$

*(4) $(-2x^2+x-5)\times(-3x^2)$

11 次の式を展開せよ。 ◀例 5 (2)

*(1) $(x+2)(4x^2-3)$

(2) $(3x-2)(2x^2-1)$

*(3) $(3x^2-2)(x+5)$

(4) $(1-2x^2)(x-3)$

*(5) $(2x-5)(3x^2-x+2)$

(6) $(x^2+3x-3)(2x+1)$

3 整式の乗法 (2)

⇨教 p.10〜p.11

1 乗法公式

[1] $(a+b)^2=a^2+2ab+b^2$,　$(a-b)^2=a^2-2ab+b^2$

[2] $(a+b)(a-b)=a^2-b^2$

[3] $(x+a)(x+b)=x^2+(a+b)x+ab$

[4] $(ax+b)(cx+d)=acx^2+(ad+bc)x+bd$

例 6　次の式を展開してみよう。

(1) $(3x+5)^2=(3x)^2+2\times 3x\times 5+5^2$

$=$ ア[　　　　]

← 乗法公式 $(a+b)^2=a^2+2ab+b^2$　$a=3x$, $b=5$

(2) $(2x-y)^2=(2x)^2-2\times 2x\times y+y^2$

$=$ イ[　　　　]

← 乗法公式 $(a-b)^2=a^2-2ab+b^2$　$a=2x$, $b=y$

(3) $(3x+2y)(3x-2y)=(3x)^2-(2y)^2$

$=$ ウ[　　　　]

← 乗法公式 $(a+b)(a-b)=a^2-b^2$　$a=3x$, $b=2y$

(4) $(x+2)(x-5)=x^2+\{2+(-5)\}x+2\times(-5)$

$=$ エ[　　　　]

← 乗法公式 $(x+a)(x+b)=x^2+(a+b)x+ab$　$a=2$, $b=-5$

例 7　次の式を展開してみよう。

(1) $(x-3)(2x+5)=(1\times 2)x^2+\{1\times 5+(-3)\times 2\}x+(-3)\times 5$

$=$ ア[　　　　]

← 乗法公式 $(ax+b)(cx+d)=acx^2+(ad+bc)x+bd$　$a=1$, $b=-3$, $c=2$, $d=5$

(2) $(5x-2y)(3x+y)=(5\times 3)x^2+\{5\times y+(-2y)\times 3\}x+(-2y)\times y$

$=$ イ[　　　　]

← 乗法公式 $(ax+b)(cx+d)=acx^2+(ad+bc)x+bd$　$a=5$, $b=-2y$, $c=3$, $d=y$

練習問題

12 次の式を展開せよ。　◀例 6 (1) (2)

*(1) $(x+2)^2$　　(2) $(4x-3)^2$

*(3) $(3x-2y)^2$　　(4) $(x+5y)^2$

13 次の式を展開せよ。 ◀例 6 (3)

*(1) $(2x+3)(2x-3)$

(2) $(3x+4)(3x-4)$

*(3) $(x+3y)(x-3y)$

(4) $(5x+6y)(5x-6y)$

*14 次の式を展開せよ。 ◀例 6 (4)

(1) $(x+3)(x+2)$

(2) $(x+10)(x-5)$

(3) $(x-3y)(x+y)$

(4) $(x-y)(x-6y)$

15 次の式を展開せよ。 ◀例 7

*(1) $(3x+1)(x+2)$

(2) $(2x+1)(5x-3)$

*(3) $(4x-3)(3x-2)$

(4) $(5x-1)(3x+2)$

*(5) $(4x+y)(3x-2y)$

(6) $(5x-2y)(2x-y)$

検印

4 整式の乗法 (3)

⇨教 p.12〜p.13

1 展開の工夫

複雑な形の整式の乗法は，次のようにしてから乗法公式を利用するとよい。

(1) 式の一部をひとまとめ にして，別の文字で置きかえる。

(2) 計算の順序を工夫 する。

例 8 次の式を展開してみよう。

(1) $(a+2b-c)^2$

$a+2b=A$ とおくと

$(a+2b-c)^2=(A-c)^2$ ⬅ 乗法公式 $(a-b)^2=a^2-2ab+b^2$

$=A^2-2Ac+c^2$ ⬅ A を $a+2b$ にもどす

$=(a+2b)^2-2(a+2b)c+c^2$

$=a^2+4ab+4b^2-2ac-4bc+c^2$

$=$ ア［　　　　］ ⬅ 整理する

(2) $(x+2y+2)(x+2y-3)$

$x+2y=A$ とおくと

$(x+2y+2)(x+2y-3)=(A+2)(A-3)$ ⬅ 乗法公式 $(x+a)(x+b)=x^2+(a+b)x+ab$

$=A^2-A-6$ ⬅ A を $x+2y$ にもどす

$=(x+2y)^2-(x+2y)-6$

$=$ イ［　　　　］

TRY 例 9 次の式を展開してみよう。

(1) $(9x^2+1)(3x+1)(3x-1)=(9x^2+1)\{(3x+1)(3x-1)\}$ ⬅ 計算の順序を工夫する

$=(9x^2+1)(9x^2-1)$ ⬅ 乗法公式 $(a+b)(a-b)=a^2-b^2$

$=(9x^2)^2-1^2$

$=$ ア［　　　　］

(2) $(2x+y)^2(2x-y)^2=\{(2x+y)(2x-y)\}^2$ ⬅ 指数法則より $A^2B^2=(AB)^2$，計算の順序を工夫する

$=\{(2x)^2-y^2\}^2$ ⬅ 乗法公式 $(a+b)(a-b)=a^2-b^2$

$=(4x^2-y^2)^2$ ⬅ 乗法公式 $(a-b)^2=a^2-2ab+b^2$

$=(4x^2)^2-2\times4x^2\times y^2+(y^2)^2$

$=$ イ［　　　　］

練　習　問　題

16　次の式を展開せよ。　◀例 8

*(1)　$(a-b-c)^2$

(2)　$(a+2b+1)^2$

*(3)　$(x+3y+2)(x+3y-2)$

(4)　$(3x+y-3)(3x+y+5)$

TRY
17　次の式を展開せよ。　◀例 9 (1)

*(1)　$(4x^2+1)(2x+1)(2x-1)$

(2)　$(x^2+16y^2)(x+4y)(x-4y)$

TRY
18　次の式を展開せよ。　◀例 9 (2)

(1)　$(x+3)^2(x-3)^2$

*(2)　$(3x+2y)^2(3x-2y)^2$

確認問題 1

1 次の整式を降べきの順に整理せよ。

*(1) $-2x+4+5x-7+3$

(2) $-x^2-2x-3x^2+5+2x^2+4x-7$

2 次の整式 A, B について, $A+B$ と $A-B$ を計算せよ。

*(1) $A=x^2-3x+5 \qquad B=x^2+4x+6$

(2) $A=x^2+7x-4 \qquad B=-2x^2+x-1$

3 $A=-2x^2-3x+4$, $B=x^2+2x-4$ のとき, 次の式を計算せよ。

*(1) $A+2B$

(2) $2A-B$

4 次の式の計算をせよ。

*(1) $a^3\times a^6$

*(2) $(a^2)^5$

*(3) $(2a)^4$

(4) $4x^2\times 3x^3$

*(5) $(-3x)^2\times(x^3)^4$

(6) $xy^2\times 2x^3y^4$

*(7) $5x^2y\times(-xy)^3$

(8) $(-x^3)^2\times(-2x)^3$

***5** 次の式を展開せよ。

(1) $-2x(x^2+4x+5)$

(2) $(x+2)(x^2-2x+4)$

***6** 次の式を展開せよ。

(1) $(x+6)^2$

(2) $(5x+2y)(5x-2y)$

7 次の式を展開せよ。

*(1) $(x-1)(x+4)$

(2) $(x+7)(x-4)$

*(3) $(3x+2)(x+4)$

(4) $(2x-5)(5x-3)$

*(5) $(4x-3)(3x+5)$

(6) $(7x-3y)(2x-3y)$

8 次の式を展開せよ。

*(1) $(a+b-2c)^2$

*(2) $(3x-2y-1)(3x-2y+5)$

(3) $(9x^2+4y^2)(3x+2y)(3x-2y)$

(4) $(x+3y)^2(x-3y)^2$

5 因数分解 (1)

⇨教 p.14〜p.16

1 因数分解

共通因数のくくり出し　$AB+AC=A(B+C)$

2 2次式の因数分解 (1)

[1]　$a^2+2ab+b^2=(a+b)^2$,　$a^2-2ab+b^2=(a-b)^2$

[2]　$a^2-b^2=(a+b)(a-b)$

例 10　次の式を因数分解してみよう。

(1)　$x^2-7x=x\times x-x\times 7=$ ア［　　］　　← 共通因数 x でくくる

(2)　$3a^2b-2ab^2+5ab=ab\times 3a-ab\times 2b+ab\times 5$　　← 共通因数 ab でくくる

$=$ イ［　　］

(3)　$x(a-1)+3(1-a)=x(a-1)-3(a-1)$　　← $(a-1)=A$ とおくと $xA-3A$ $=(x-3)A$

$=$ ウ［　　］

例 11　次の式を因数分解してみよう。

(1)　$x^2-12x+36=x^2-2\times 6\times x+6^2=$ ア［　　］　　← $a^2-2ab+b^2=(a-b)^2$　$a=x$, $b=6$

(2)　$9x^2+6xy+y^2=(3x)^2+2\times 3x\times y+y^2=$ イ［　　］　　← $a^2+2ab+b^2=(a+b)^2$　$a=3x$, $b=y$

(3)　$25x^2-49=(5x)^2-7^2=$ ウ［　　］　　← $a^2-b^2=(a+b)(a-b)$　$a=5x$, $b=7$

練 習 問 題

19　次の式を因数分解せよ。　◀例 10 (1)

*(1)　x^2+3x　　*(2)　$4xy^2-xy$　　(3)　$4a^3b^2-6ab^3$

20　次の式を因数分解せよ。　◀例 10 (2)

*(1)　$2x^2y-3xy^2+4xy$　　(2)　$ab^2-4ab-12b$　　*(3)　$9x^2+6xy-9x$

21 次の式を因数分解せよ。 ◀例 10 (3)

*(1) $(a+2)x+(a+2)y$

(2) $x(a-3)-2(a-3)$

*(3) $(3a-2)x+(2-3a)y$

(4) $x(5y-2)+7(2-5y)$

22 次の式を因数分解せよ。 ◀例 11 (1) (2)

(1) x^2+2x+1

*(2) x^2-6x+9

*(3) $x^2-8xy+16y^2$

(4) $4x^2+4xy+y^2$

23 次の式を因数分解せよ。 ◀例 11 (3)

*(1) x^2-81

(2) $9x^2-16$

*(3) $49x^2-4y^2$

(4) $64x^2-25y^2$

検印

6 因数分解 (2)

⇨教 p.17〜p.19

1 2次式の因数分解 (2)

[3] $x^2+(a+b)x+ab=(x+a)(x+b)$

[4] $acx^2+(ad+bc)x+bd=(ax+b)(cx+d)$

$$\begin{array}{ccc} a & b & \longrightarrow\ bc \\ c & d & \longrightarrow\ ad \\ \hline ac & bd & ad+bc \end{array}$$

例 12 次の式を因数分解してみよう。

(1) $x^2-x-20=x^2+(4-5)x+4\times(-5)$

$=$ ア［　　　　］

← $x^2+(a+b)x+ab=(x+a)(x+b)$
$a+b=-1$, $ab=-20$

(2) $x^2-5xy+4y^2=x^2+(-y-4y)x+(-y)\times(-4y)$

$=$ イ［　　　　］

← $x^2+(a+b)x+ab=(x+a)(x+b)$
$a+b=-5y$, $ab=4y^2$

例 13 次の式を因数分解してみよう。

(1) $2x^2-7x+5$

$$\begin{array}{ccc} 1 & -1 \longrightarrow & -2 \\ 2 & -5 \longrightarrow & -5 \\ \hline 2 & 5 & -7 \end{array}$$

$2x^2-7x+5=$ ア［　　　　］

← $acx^2+(ad+bc)x+bd=(ax+b)(cx+d)$
$ac=2$, $bd=5$, $ad+bc=-7$
を満たす整数 a, b, c, d を見つける

(2) $3x^2-2xy-y^2$

$$\begin{array}{ccc} 1 & -y \longrightarrow & -3y \\ 3 & y \longrightarrow & y \\ \hline 3 & -y^2 & -2y \end{array}$$

$3x^2-2xy-y^2=$ イ［　　　　］

練習問題

24 次の式を因数分解せよ。 ◀例 12 (1)

*(1) x^2+7x+6　　*(2) x^2-6x+8　　(3) $x^2+4x-12$

(4) $x^2-11x+24$　　*(5) x^2-3x-4　　(6) $x^2-8x+15$

25 次の式を因数分解せよ。 ◀例 12 (2)

*(1) $x^2+6xy+8y^2$

(2) $x^2+3xy-28y^2$

26 次の式を因数分解せよ。 ◀例 13 (1)

*(1) $3x^2+4x+1$

(2) $2x^2-11x+5$

*(3) $3x^2-10x+3$

(4) $5x^2+7x-6$

*(5) $6x^2+x-1$

(6) $4x^2-4x-15$

27 次の式を因数分解せよ。 ◀例 13 (2)

(1) $5x^2+6xy+y^2$

*(2) $2x^2-7xy+6y^2$

検印

7 因数分解 (3)

⇨教 p.20〜p.22

1 因数分解の工夫

複雑な式の因数分解では，次のようにしてから因数分解の公式を利用するとよい。

(1) 式の一部をひとまとめ にして，別の文字に置きかえる。

(2) いくつかの文字を含んだ整式を因数分解するときは，最も次数の低い文字に着目 して整理する。

例 14　$(x+y)^2-3(x+y)-4$ を因数分解してみよう。

$x+y=A$ とおくと

$(x+y)^2-3(x+y)-4=A^2-3A-4$ 　← $x^2+(a+b)x+ab=(x+a)(x+b)$

$=(A+1)(A-4)$ 　← A を $x+y$ にもどす

$=$ ア[　　　　]

TRY
例 15　x^4-7x^2-18 を因数分解してみよう。

$x^2=A$ とおくと 　← $x^4=(x^2)^2=A^2$

$x^4-7x^2-18=A^2-7A-18$ 　← $x^2+(a+b)x+ab=(x+a)(x+b)$

$=(A+2)(A-9)$ 　← A を x^2 にもどす

$=(x^2+2)(x^2-9)$ 　← x^2-9 をさらに因数分解する

$=$ ア[　　　　]

例 16　$a^2+ac-2ab+b^2-bc$ を因数分解してみよう。

← a は 2 次式，b は 2 次式，c は 1 次式

最も次数の低い文字 c について整理すると

$a^2+ac-2ab+b^2-bc=(a-b)c+(a^2-2ab+b^2)$ 　← c について降べきの順に整理

$=(a-b)c+(a-b)^2$

$=(a-b)\{c+(a-b)\}$ 　← $a-b=A$ として，$Ac+A^2$ と考える

$=$ ア[　　　　] 　← $Ac+A^2=A(c+A)$

TRY
例 17　$x^2+3xy+2y^2+x+3y-2$ を因数分解してみよう。

x に着目して降べきの順に整理すると 　← x，y ともに 2 次式，次数が同じ

$x^2+3xy+2y^2+x+3y-2$

$=x^2+(3y+1)x+(2y^2+3y-2)$

$=x^2+(3y+1)x+(y+2)(2y-1)$ 　← $2y^2+3y-2=(y+2)(2y-1)$

$=\{x+(y+2)\}\{x+(2y-1)\}$

$=$ ア[　　　　]

1	$y+2$	⟶	$y+2$
1	$2y-1$	⟶	$2y-1$
1	$(y+2)(2y-1)$		$3y+1$

練習問題

28 次の式を因数分解せよ。 ◀例 14

*(1) $(x-y)^2+2(x-y)-15$

(2) $(x+2y)^2-3(x+2y)$

TRY
***29** 次の式を因数分解せよ。 ◀例 15

(1) x^4-5x^2+4

(2) x^4-16

30 次の式を因数分解せよ。 ◀例 16

*(1) $2a+2b+ab+b^2$

(2) $a^2-3b+ab-3a$

TRY
***31** 次の式を因数分解せよ。 ◀例 17

(1) $x^2+2xy+y^2+x+y-12$

(2) $x^2+4xy+3y^2-x-7y-6$

確 認 問 題 2

1 次の式を因数分解せよ。

*(1) $2x^2-x$

*(2) $6x^2y+4xy^2-2xy$

*(3) $(a-2)x-(a-2)y$

(4) $(5a-3)x+(3-5a)y$

2 次の式を因数分解せよ。

*(1) x^2+6x+9

(2) $x^2-10x+25$

*(3) $9x^2+12xy+4y^2$

(4) x^2-36

*(5) $81x^2-4$

(6) $64x^2-81y^2$

3 次の式を因数分解せよ。

*(1) x^2+4x+3

(2) x^2-7x+6

*(3) $x^2-2x-35$

(4) $x^2-3x-10$

4 次の式を因数分解せよ。

*(1) $x^2-2xy-24y^2$

(2) $x^2+3xy-40y^2$

5 次の式を因数分解せよ。

*(1) $3x^2+7x+2$

(2) $2x^2-9x+7$

*(3) $2x^2-x-3$

(4) $5x^2-3x-2$

*(5) $6x^2+x-15$

(6) $6x^2-13x-15$

*(7) $2x^2+5xy-3y^2$

(8) $4x^2-8xy+3y^2$

6 次の式を因数分解せよ。

*(1) $(x+y)^2+3(x+y)-54$

(2) x^4+5x^2-6

*(3) $a^2+c^2-ab-bc+2ac$

(4) $x^2+2xy+y^2-x-y-6$

8 実数

⇨教 p.26〜p.28

1 実数の分類

有理数 分数の形で表される数で，整数や，有限小数，循環小数で表される。

注 循環小数　ある位以下では数字の同じ並びがくり返される無限小数

無理数 分数の形で表すことができない数

実数 有理数と無理数をあわせた数

実数の分類

- 実数
  - 有理数
    - 整数
      - 正の整数（自然数）
      - 0
      - 負の整数
    - 有限小数
    - 循環小数 ⎫ 無限小数
  - 無理数（循環しない無限小数） ⎭ 無限小数

2 数直線と絶対値

数直線 直線上の点と実数を対応させた直線

絶対値 数直線上で，実数 a に対応する点Pと原点Oとの距離 OP。$|a|$ と表す。

$a \geqq 0$ のとき $|a| = a$　　$a < 0$ のとき $|a| = -a$

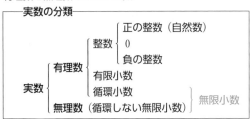

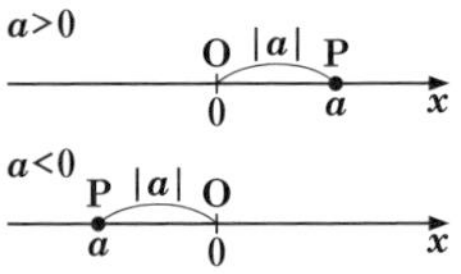

例 18 次の分数を小数で表してみよう。

(1) $\dfrac{13}{4} = 13 \div 4 =$ ［ア］

(2) $\dfrac{7}{11} = 7 \div 11 = 0.636363\cdots\cdots =$ ［イ］

← 循環小数の記号・を用いて表す

例 19 $-\sqrt{2}$，-1，0，$\dfrac{3}{5}$，3.12，$\pi + 1$，7 の中から，自然数，整数，有理数，無理数をそれぞれ選んでみよう。

自然数は ［ア］

整数は -1，［イ］，［ウ］

有理数は -1，［エ］，［オ］，3.12，［カ］

無理数は ［キ］，［ク］

例 20 次の値を，絶対値記号を用いないで表してみよう。

(1) $|-3| = -(-3) =$ ［ア］　(2) $|3-5| = |-2| =$ ［イ］

← $a < 0$ のとき $|a| = -a$

(3) $\sqrt{3} - 2 < 0$ であるから $|\sqrt{3} - 2| = -(\sqrt{3} - 2) =$ ［ウ］

練 習 問 題

32 次の分数を小数で表せ。 ◀例 18 (1)

*(1) $\frac{23}{5}$ (2) $\frac{17}{4}$

33 次の分数を循環小数の記号・を用いて表せ。 ◀例 18 (2)

*(1) $\frac{4}{9}$ (2) $\frac{19}{11}$

*__34__ 次の数の中から，①自然数，②整数，③有理数，④無理数 をそれぞれ選べ。 ◀例 19

$-3,\ -\frac{1}{4},\ 0,\ 0.\dot{5},\ \sqrt{3},\ 2.13,\ \pi,\ \frac{22}{3},\ 5$

①自然数

②整数

③有理数

④無理数

35 次の値を，絶対値記号を用いないで表せ。 ◀例 20 (1)

*(1) $|8|$ *(2) $|-6|$ (3) $\left|\frac{1}{2}\right|$ (4) $\left|-\frac{3}{5}\right|$

*__36__ 次の値を，絶対値記号を用いないで表せ。 ◀例 20 (2) (3)

(1) $|2-8|$ (2) $|2-\sqrt{6}|$

検印

9 根号を含む式の計算 (1)

⇨教 p.29〜p.30

1 平方根

2乗するとaになる数をaの 平方根 という。$a>0$ のとき，aの平方根は $\pm\sqrt{a}$

$a \geqq 0$ のとき $\sqrt{a^2}=a$，　$a<0$ のとき $\sqrt{a^2}=-a$

2 根号を含む式の計算 (1)

$a>0$，$b>0$ のとき　[1] $\sqrt{a}\sqrt{b}=\sqrt{ab}$　[2] $\dfrac{\sqrt{a}}{\sqrt{b}}=\sqrt{\dfrac{a}{b}}$

$a>0$，$k>0$ のとき　$\sqrt{k^2a}=k\sqrt{a}$

例 21　次の値を求めてみよう。

(1) 7の平方根は $\sqrt{7}$ と ア□

(2) $\sqrt{100}=\sqrt{10^2}=$ イ□

(3) $\sqrt{(-7)^2}=$ ウ□

← $a>0$ のとき aの平方根は $\pm\sqrt{a}$

← $a \geqq 0$ のとき $\sqrt{a^2}=a$　$a<0$ のとき $\sqrt{a^2}=-a$

← $\sqrt{(-7)^2}=\sqrt{49}$

例 22　次の式を計算してみよう。

(1) $\sqrt{5}\times\sqrt{7}=\sqrt{5\times7}=$ ア□

(2) $\sqrt{21}\div\sqrt{7}=\sqrt{\dfrac{21}{7}}=$ イ□

(3) $\sqrt{32}=\sqrt{4^2\times2}=$ ウ□

(4) $\sqrt{5}\times\sqrt{10}=\sqrt{5\times10}$

$=\sqrt{5\times5\times2}=\sqrt{5^2\times2}=$ エ□

← $\sqrt{a}\sqrt{b}=\sqrt{ab}$

← $\sqrt{a}\div\sqrt{b}=\dfrac{\sqrt{a}}{\sqrt{b}}=\sqrt{\dfrac{a}{b}}$

← $a>0$，$k>0$ のとき $\sqrt{k^2a}=k\sqrt{a}$

練　習　問　題

37 次の値を求めよ。 ◀例21

*(1) 25の平方根　　(2) 10の平方根　　(3) 1の平方根

*(4) $\sqrt{36}$　　*(5) $-\sqrt{9}$　　*(6) $\sqrt{(-3)^2}$

38 次の式を計算せよ。 ◀例 22 (1) (2)

*(1) $\sqrt{2} \times \sqrt{7}$

(2) $\sqrt{5} \times \sqrt{2}$

*(3) $\dfrac{\sqrt{10}}{\sqrt{5}}$

(4) $\dfrac{\sqrt{30}}{\sqrt{6}}$

39 次の式を $k\sqrt{a}$ の形に表せ。 ◀例 22 (3)

*(1) $\sqrt{8}$

*(2) $\sqrt{48}$

(3) $\sqrt{75}$

(4) $\sqrt{98}$

40 次の式を計算せよ。 ◀例 22 (4)

*(1) $\sqrt{2} \times \sqrt{6}$

*(2) $\sqrt{5} \times \sqrt{30}$

(3) $\sqrt{7} \times \sqrt{21}$

(4) $\sqrt{6} \times \sqrt{12}$

検印

10 根号を含む式の計算 (2)

⇨教 p.31

1 根号を含む式の計算 (2)

根号を含む式の展開は，文字式と同様に乗法公式などを利用して計算する。

例 23 次の式を簡単にしてみよう。

(1) $3\sqrt{3}-7\sqrt{3}+2\sqrt{3}=(3-7+2)\sqrt{3}=$ ア[　　]

← $\sqrt{3}$ を文字のように扱う

(2) $(4\sqrt{2}+\sqrt{3})-(2\sqrt{3}-3\sqrt{2})$

$=4\sqrt{2}+\sqrt{3}-2\sqrt{3}+3\sqrt{2}$

← $\sqrt{3}$，$\sqrt{2}$ の項を別々にまとめる

$=(4+3)\sqrt{2}+(1-2)\sqrt{3}=$ イ[　　]

(3) $\sqrt{32}-3\sqrt{18}+6\sqrt{2}$

← $\sqrt{k^2a}=k\sqrt{a}$

$=\sqrt{4^2\times 2}-3\sqrt{3^2\times 2}+6\sqrt{2}$

$=4\sqrt{2}-3\times 3\sqrt{2}+6\sqrt{2}$

$=4\sqrt{2}-9\sqrt{2}+6\sqrt{2}$

$=(4-9+6)\sqrt{2}=$ ウ[　　]

例 24 次の式を簡単にしてみよう。

(1) $(2\sqrt{7}-3\sqrt{5})(\sqrt{7}+\sqrt{5})$

← $(a+b)(c+d)=ac+ad+bc+bd$

$=2\sqrt{7}\times\sqrt{7}+2\sqrt{7}\times\sqrt{5}-3\sqrt{5}\times\sqrt{7}-3\sqrt{5}\times\sqrt{5}$

$=2\times 7+2\sqrt{35}-3\sqrt{35}-3\times 5$

$=14+(2-3)\sqrt{35}-15=$ ア[　　]

(2) $(\sqrt{2}+\sqrt{5})^2$

$=(\sqrt{2})^2+2\times\sqrt{2}\times\sqrt{5}+(\sqrt{5})^2$

← 乗法公式 $(a+b)^2=a^2+2ab+b^2$

$=2+2\sqrt{10}+5=$ イ[　　]

練 習 問 題

*41 次の式を簡単にせよ。 ◀例 23 (1)

(1) $3\sqrt{3}-\sqrt{3}$

(2) $\sqrt{2}-2\sqrt{2}+5\sqrt{2}$

*42 次の式を簡単にせよ。 ◀例 23 (2)

(1) $(3\sqrt{2}-3\sqrt{3})+(2\sqrt{3}+\sqrt{2})$

(2) $(2\sqrt{3}+\sqrt{5})-(4\sqrt{3}-3\sqrt{5})$

43 次の式を簡単にせよ。 ◀例 23 (3)

(1) $\sqrt{18}-\sqrt{32}$

*(2) $2\sqrt{12}+\sqrt{27}-\sqrt{75}$

*(3) $\sqrt{7}-\sqrt{45}+3\sqrt{28}+\sqrt{20}$

(4) $\sqrt{20}-\sqrt{8}-\sqrt{5}+\sqrt{32}$

44 次の式を簡単にせよ。 ◀例 24 (1)

*(1) $(3\sqrt{3}-5\sqrt{2})(\sqrt{3}+2\sqrt{2})$

(2) $(2\sqrt{2}-\sqrt{5})(3\sqrt{2}+2\sqrt{5})$

45 次の式を簡単にせよ。 ◀例 24 (2)

*(1) $(\sqrt{3}+\sqrt{7})^2$

(2) $(\sqrt{3}+2)^2$

*(3) $(\sqrt{10}+\sqrt{3})(\sqrt{10}-\sqrt{3})$

(4) $(\sqrt{7}+2)(\sqrt{7}-2)$

11 分母の有理化

⇨教 p.32〜p.33

1 分母の有理化

分母に根号を含む式を，分母に根号を含まない形に変形することを分母の有理化という。

[1] $\dfrac{1}{\sqrt{a}}=\dfrac{\sqrt{a}}{\sqrt{a}\times\sqrt{a}}=\dfrac{\sqrt{a}}{a}$

[2] $\dfrac{1}{\sqrt{a}+\sqrt{b}}=\dfrac{\sqrt{a}-\sqrt{b}}{(\sqrt{a}+\sqrt{b})(\sqrt{a}-\sqrt{b})}=\dfrac{\sqrt{a}-\sqrt{b}}{a-b}$

$\dfrac{1}{\sqrt{a}-\sqrt{b}}=\dfrac{\sqrt{a}+\sqrt{b}}{(\sqrt{a}-\sqrt{b})(\sqrt{a}+\sqrt{b})}=\dfrac{\sqrt{a}+\sqrt{b}}{a-b}$

例 25 次の式の分母を有理化してみよう。

(1) $\dfrac{1}{\sqrt{7}}=\dfrac{\sqrt{7}}{\sqrt{7}\times\sqrt{7}}=$ ア[　　]

← 分母・分子に $\sqrt{7}$ を掛ける

(2) $\dfrac{4}{3\sqrt{2}}=\dfrac{4\times\sqrt{2}}{3\sqrt{2}\times\sqrt{2}}$

$=\dfrac{4\sqrt{2}}{3\times 2}$

$=$ イ[　　]

← 分母・分子に $\sqrt{2}$ を掛ける

(3) $\dfrac{1}{\sqrt{7}+\sqrt{5}}=\dfrac{\sqrt{7}-\sqrt{5}}{(\sqrt{7}+\sqrt{5})(\sqrt{7}-\sqrt{5})}$

$=\dfrac{\sqrt{7}-\sqrt{5}}{(\sqrt{7})^2-(\sqrt{5})^2}$

$=$ ウ[　　]

← 分母・分子に $\sqrt{7}-\sqrt{5}$ を掛ける

(4) $\dfrac{\sqrt{6}+\sqrt{3}}{\sqrt{6}-\sqrt{3}}=\dfrac{(\sqrt{6}+\sqrt{3})^2}{(\sqrt{6}-\sqrt{3})(\sqrt{6}+\sqrt{3})}$

$=\dfrac{6+2\sqrt{18}+3}{(\sqrt{6})^2-(\sqrt{3})^2}$

$=\dfrac{9+6\sqrt{2}}{6-3}$

$=\dfrac{3(3+2\sqrt{2})}{3}$

$=$ エ[　　]

← 分母・分子に $\sqrt{6}+\sqrt{3}$ を掛ける

練　習　問　題

46 次の式の分母を有理化せよ。　◀例 25 (1) (2)

*(1) $\dfrac{\sqrt{2}}{\sqrt{5}}$

(2) $\dfrac{\sqrt{3}}{\sqrt{7}}$

*(3) $\dfrac{8}{\sqrt{2}}$

(4) $\dfrac{3}{2\sqrt{7}}$

47 次の式の分母を有理化せよ。　◀例 25 (3) (4)

*(1) $\dfrac{1}{\sqrt{5}-\sqrt{3}}$

*(2) $\dfrac{2}{\sqrt{3}+1}$

*(3) $\dfrac{4}{\sqrt{7}+\sqrt{3}}$

(4) $\dfrac{5}{2+\sqrt{3}}$

(5) $\dfrac{5-\sqrt{7}}{5+\sqrt{7}}$

(6) $\dfrac{\sqrt{5}+\sqrt{3}}{\sqrt{5}-\sqrt{3}}$

確認問題 3

*1 次の分数を循環小数の記号・を用いて表せ。

(1) $\dfrac{10}{3}$

(2) $\dfrac{13}{33}$

*2 次の値を求めよ。

(1) $|-5|$

(2) $|5-7|$

(3) 5の平方根

(4) $\sqrt{(-10)^2}$

*3 次の式を計算せよ。

(1) $\sqrt{7}\times\sqrt{6}$

(2) $\dfrac{\sqrt{21}}{\sqrt{3}}$

(3) $\sqrt{28}$

(4) $\sqrt{5}\times\sqrt{35}$

4 次の式を簡単にせよ。

*(1) $4\sqrt{3}+2\sqrt{3}-3\sqrt{3}$

*(2) $(2\sqrt{5}-3\sqrt{2})+(\sqrt{5}+4\sqrt{2})$

(3) $\sqrt{32}-2\sqrt{18}+\sqrt{8}$

(4) $(\sqrt{45}-\sqrt{12})-(\sqrt{5}-2\sqrt{27})$

5 次の式を簡単にせよ。

*(1) $(2\sqrt{3}-\sqrt{2})(\sqrt{3}+4\sqrt{2})$

*(2) $(\sqrt{2}-3)^2$

*(3) $(\sqrt{6}+\sqrt{2})(\sqrt{6}-\sqrt{2})$

(4) $(\sqrt{3}+\sqrt{7})(\sqrt{3}-\sqrt{7})$

6 次の式の分母を有理化せよ。

*(1) $\dfrac{3}{\sqrt{6}}$

(2) $\dfrac{9}{\sqrt{3}}$

(3) $\dfrac{1}{2\sqrt{3}}$

*(4) $\dfrac{\sqrt{3}}{\sqrt{8}}$

*(5) $\dfrac{1}{\sqrt{7}-\sqrt{3}}$

*(6) $\dfrac{2}{3-\sqrt{7}}$

(7) $\dfrac{\sqrt{3}}{2+\sqrt{5}}$

(8) $\dfrac{\sqrt{5}+\sqrt{2}}{\sqrt{5}-\sqrt{2}}$

12 不等号と不等式 / 不等式の性質

⇨教 p.36〜p.39

1 不等号の意味

$x < a$　x は a より小さい（x は a 未満）
$x \leqq a$　x は a 以下
$x > a$　x は a より大きい
$x \geqq a$　x は a 以上

2 不等式の性質

不等号を含む式を 不等式 といい，$a < b$ のとき，次の性質が成り立つ。

[1]　$a+c < b+c$，$a-c < b-c$

[2]　$c > 0$ ならば　$ac < bc$，$\dfrac{a}{c} < \dfrac{b}{c}$

[3]　$c < 0$ ならば　$ac > bc$，$\dfrac{a}{c} > \dfrac{b}{c}$　（不等号の向きが変わる。）

例 26　次の数量の大小関係を，不等号を用いて表してみよう。

(1)　x は 3 より大きい　　x ア□ 3

← x は 3 を含まない

(2)　x は 3 以上 5 未満　　3 イ□ x ウ□ 5

← x は 3 を含み，x は 5 を含まない

例 27　次の数量の大小関係を不等式で表してみよう。

(1)　ある数 x を -3 倍して 4 を加えた数は，2 以下である。

$-3x+4$ ア□ 2

(2)　1 個 30 g の品物 x 個を 100 g の箱に入れると，全体の重さは 520 g 以上になる。

$30x+100$ イ□ 520

← 520 g 以上は，520 g を含む

例 28　$a < b$ のとき，次の 2 つの数の大小関係を不等号を用いて表してみよう。

(1)　$a+7$ ア□ $b+7$

← $a+c < b+c$

(2)　$7a$ イ□ $7b$

← $c > 0$ ならば $ac < bc$

(3)　$-\dfrac{a}{7}$ ウ□ $-\dfrac{b}{7}$

← $c < 0$ ならば $\dfrac{a}{c} > \dfrac{b}{c}$

練習問題

*48 次の数量の大小関係を，不等号を用いて表せ。 ◀例 26

(1) x は -2 より小さい

(2) x は -1 以上 5 以下

*49 次の数量の大小関係を不等式で表せ。 ◀例 27

(1) ある数 x を 2 倍して 3 を引いた数は，6 より大きい。

(2) ある数 x を -5 倍して 2 を引いた数は，-1 より大きくかつ 5 以下である。

(3) 1 個 80 円の消しゴムを x 個と，1 冊 150 円のノートを 2 冊買ったときの合計金額は，1500 円未満であった。

50 $a < b$ のとき，次の 2 つの数の大小関係を不等号を用いて表せ。 ◀例 28

*(1) $a+5$ □ $b+5$

(2) $a-5$ □ $b-5$

*(3) $5a$ □ $5b$

*(4) $-5a$ □ $-5b$

*(5) $\frac{a}{5}$ □ $\frac{b}{5}$

(6) $-\frac{a}{5}$ □ $-\frac{b}{5}$

13 1次不等式 (1)

⇨教 p.40〜p.42

1 1次不等式

x の値の範囲と数直線

(1) $x \geqq a$

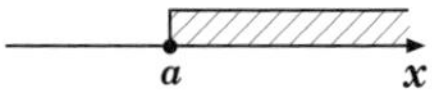

(2) $x \leqq a$

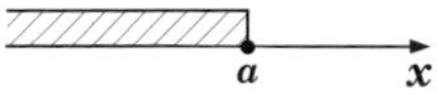

(3) $x > a$

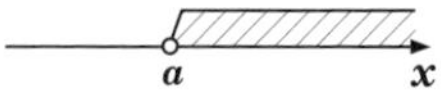

(4) $x < a$

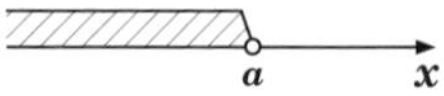

2 1次不等式の解き方

① かっこがあれば，展開してかっこをはずす。

② 係数に分数があれば，両辺に適当な数を掛けて分母をはらい，係数を整数にする。

③ 文字の項を左辺に，数の項を右辺に移項して $ax > b$，$ax \geqq b$，$ax < b$，$ax \leqq b$ の形に整理する。

④ ③の式の両辺を a で割る。a が 負の数 のときは 不等号の向きが変わる。

例 29

次の不等式で表された x の値の範囲を，数直線上に図示してみよう。

(1) $x \leqq 4$ ア

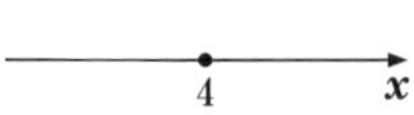

(2) $x > 4$ イ

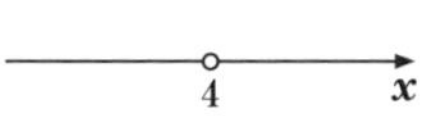

例 30

次の1次不等式を解いてみよう。

(1) $-2x+3<9$

移項すると $-2x<9-3$ ← 移項すると符号が変わる

整理すると $-2x<6$

両辺を -2 で割って $x>$ ア[ ] ← 負の数で割ると不等号の向きが変わる

(2) $4x-5>2x-1$

移項すると $4x-2x>-1+5$ ← 移項すると符号が変わる

整理すると $2x>4$

両辺を2で割って $x>$ イ[ ]

(3) $2(3-x) \leqq x+3$ ← ( )をはずす

かっこをはずすと $6-2x \leqq x+3$

移項すると $-2x-x \leqq 3-6$ ← 移項すると符号が変わる

整理すると $-3x \leqq -3$

両辺を -3 で割って $x \geqq$ ウ[ ] ← 負の数で割ると不等号の向きが変わる

(4) $\frac{3}{4}x-1<-\frac{1}{2}x-3$

両辺に4を掛けると $4\left(\frac{3}{4}x-1\right)<4\left(-\frac{1}{2}x-3\right)$ ← 分母4と2の最小公倍数4を掛ける

$3x-4<-2x-12$

移項して整理すると $5x<-8$ ← 移項すると符号が変わる

両辺を5で割って $x<$ エ[ ]

練　習　問　題

*51　次の不等式で表された x の値の範囲を，数直線上に図示せよ。 ◀例 29

(1)　$x \geqq -2$

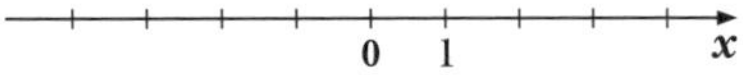

(2)　$x < -2$

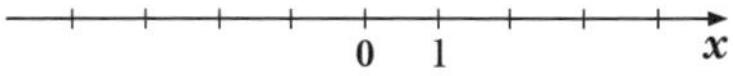

52　次の1次不等式を解け。 ◀例 30 (1)

*(1)　$x-1>2$　　(2)　$x+5<12$　　(3)　$2x-1 \geqq 3$　　*(4)　$2-3x \leqq 5$

53　次の1次不等式を解け。 ◀例 30 (2) (3)

*(1)　$7-4x>3-2x$　　(2)　$7x+1 \leqq 2x-4$

*(3)　$2x+3<4x+7$　　(4)　$3x+5 \geqq 6x-4$

*(5)　$5x-9 \geqq 3(x-1)$　　(6)　$3(1-x)<3x+7$

54　次の1次不等式を解け。 ◀例 30 (4)

*(1)　$x-1<2-\dfrac{3}{2}x$　　(2)　$x+\dfrac{2}{3} \leqq 1-2x$

*(3)　$\dfrac{1}{2}x+\dfrac{1}{3}<\dfrac{3}{4}x-\dfrac{5}{6}$　　(4)　$\dfrac{1}{3}x+\dfrac{7}{6} \geqq \dfrac{1}{2}x+\dfrac{1}{3}$

14　1次不等式 (2)

⇨教 p.43〜p.45

1 連立不等式

・連立不等式 $\begin{cases} A > 0 \\ B > 0 \end{cases}$ の解は，2つの不等式 $A > 0$，$B > 0$ の解を 同時に満たす範囲。

・不等式 $A < B < C$ は，連立不等式 $\begin{cases} A < B \\ B < C \end{cases}$ として解く。

1次不等式の文章題

① 求める数量を x とおき，x の満たす条件を調べる。
② 問題の示す大小関係を，不等式で表す。
③ ②の不等式を解き，①の条件にあてはまるものから問題に適するものを選ぶ。

例 31

連立不等式 $\begin{cases} x-1 < 4x+2 \\ 3x-1 \geqq 2x+1 \end{cases}$ を解いてみよう。

$x-1 < 4x+2$ を解くと，$-3x < 3$ より　$x > -1$　……①

$3x-1 \geqq 2x+1$ を解くと，$x \geqq 2$　……②

①，②より，連立不等式の解は ア［　　　　］

← 2つの不等式をそれぞれ解く

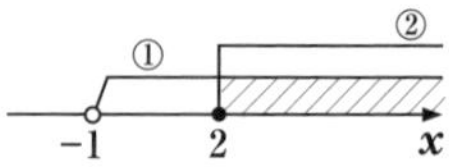

← ①，②の共通範囲を求める

例 32

不等式 $-7 \leqq 3x-4 \leqq 8-x$ を解いてみよう。

この不等式は，$\begin{cases} -7 \leqq 3x-4 \\ 3x-4 \leqq 8-x \end{cases}$ と表される。

$-7 \leqq 3x-4$ を解くと，$-3x \leqq 3$ より　$x \geqq -1$　……①

$3x-4 \leqq 8-x$ を解くと，$4x \leqq 12$　より　$x \leqq 3$　……②

①，②より，不等式の解は ア［　　　　］

← 2つの不等式をそれぞれ解く

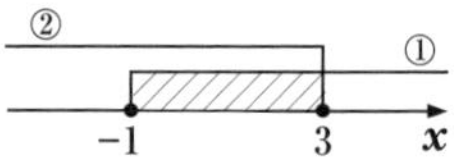

← ①，②の共通範囲を求める

TRY
例 33

1個200円のりんごと1個80円のりんごをあわせて10個買い，合計金額が1600円以下になるようにしたい。200円のりんごをなるべく多く買うには，それぞれ何個ずつ買えばよいか求めてみよう。

200円のりんごを x 個買うとすると，80円のりんごは $(10-x)$ 個であるから　$0 \leqq x \leqq 10$　……①

このとき，合計金額について次の不等式が成り立つ。

$200x + 80(10-x) \leqq 1600$

$200x + 800 - 80x \leqq 1600$

$120x \leqq 800$　より

$x \leqq \dfrac{20}{3}$　……②

← 200円のりんご x 個，80円のりんご $(10-x)$ 個

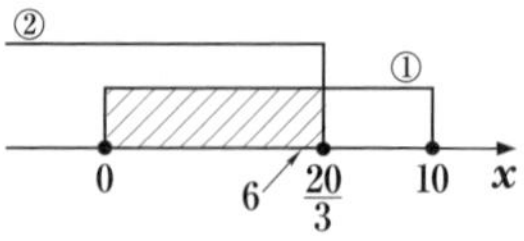

①，②より　$0 \leqq x \leqq \dfrac{20}{3}$

← $\dfrac{20}{3} = 6.666\cdots\cdots$

この範囲における最大の整数は6であるから，200円のりんごを ア［　　］個，80円のりんごを イ［　　］個，買えばよい。

練習問題

55 次の連立不等式を解け。 ◀例 31

*(1) $\begin{cases} 4x-3<2x+9 \\ 3x>x+2 \end{cases}$

(2) $\begin{cases} 27 \geqq 2x+13 \\ 9 \leqq 1+4x \end{cases}$

*(3) $\begin{cases} 3x+1<5(x-1) \\ 2(x-1)<5x+4 \end{cases}$

(4) $\begin{cases} 2x-5(x+1) \geqq 1 \\ x-5>3x+7 \end{cases}$

56 次の不等式を解け。 ◀例 32

*(1) $-2 \leqq 4x+2 \leqq 10$

(2) $0<3x+6<11-2x$

TRY 57 1個130円のみかんと1個90円のみかんをあわせて15個買い，合計金額が1800円以下になるようにしたい。130円のみかんをなるべく多く買うには，それぞれ何個ずつ買えばよいか。 ◀例 33

確 認 問 題 4

*1 次の数量の大小関係を不等式で表せ。

x を 3 倍して 4 を加えた数は，30 より大きい

*2 $a < b$ のとき，次の 2 つの数の大小関係を不等号を用いて表せ。

(1) $a+4$ □ $b+4$　(2) $a-4$ □ $b-4$　(3) $-\frac{a}{4}$ □ $-\frac{b}{4}$

*3 次の 1 次不等式を解け。

(1) $x+5 \leqq -4x$　(2) $2x+4 \geqq 0$　(3) $5x+3 < 7x-1$

(4) $5(1-x) > 3x-7$　(5) $\frac{1}{4}x+\frac{1}{2} \leqq \frac{3}{4}x-\frac{5}{2}$

4 次の連立不等式を解け。

*(1) $\begin{cases} 2x-3 < 3 \\ 3x+6 > 7x-10 \end{cases}$　(2) $\begin{cases} 3(x+2) \geqq 5x \\ 3x+5 > x-1 \end{cases}$

5 次の不等式を解け。

*(1) $-8 \leqq 1-3x \leqq 4$　(2) $0 < 2x-6 < 9-x$

6 1 冊 200 円のノートと 1 冊 160 円のノートをあわせて 20 冊買い，合計金額が 3700 円以下になるようにしたい。200 円のノートをなるべく多く買うには，それぞれ何冊ずつ買えばよいか。

発展 二重根号

⇨教 p.35

1 二重根号

$a>0,\ b>0$ のとき　$\sqrt{(a+b)+2\sqrt{ab}}=\sqrt{(\sqrt{a}+\sqrt{b})^2}=\sqrt{a}+\sqrt{b}$

$a>b>0$ のとき　$\sqrt{(a+b)-2\sqrt{ab}}=\sqrt{(\sqrt{a}-\sqrt{b})^2}=\sqrt{a}-\sqrt{b}$

例

次の式の二重根号をはずしてみよう。

(1) $\sqrt{5-2\sqrt{6}}=\sqrt{(3+2)-2\sqrt{3\times2}}$　← たして5，掛けて6になる2数をさがす

$=\sqrt{(\sqrt{3}-\sqrt{2})^2}=$ ア［　　　］　← $a>b>0$ のとき $\sqrt{(\sqrt{a}-\sqrt{b})^2}=\sqrt{a}-\sqrt{b}$

(2) $\sqrt{6+\sqrt{32}}=\sqrt{6+2\sqrt{8}}$　← $\sqrt{(a+b)+2\sqrt{ab}}$ の形にする。$\sqrt{32}=2\sqrt{8}$

$=\sqrt{(4+2)+2\sqrt{4\times2}}$　← たして6，掛けて8になる2数をさがす

$=\sqrt{(\sqrt{4}+\sqrt{2})^2}$　← $\sqrt{4}=2$

$=\sqrt{(2+\sqrt{2})^2}=$ イ［　　　］　← $a>0,\ b>0$ のとき $\sqrt{(\sqrt{a}+\sqrt{b})^2}=\sqrt{a}+\sqrt{b}$

練 習 問 題

■ 次の式の二重根号をはずせ。　◀ 例

*(1) $\sqrt{7+2\sqrt{12}}$

(2) $\sqrt{10-2\sqrt{21}}$

*(3) $\sqrt{6-\sqrt{20}}$

(4) $\sqrt{8+\sqrt{48}}$

*(5) $\sqrt{11+4\sqrt{7}}$

(6) $\sqrt{15-6\sqrt{6}}$

検印

TRY PLUS

例題 1　置きかえによる因数分解

⇨教 p.21 応用例題 3

次の式を因数分解せよ。

$(x^2+4x)^2+(x^2+4x)-30$

解　$x^2+4x=A$ とおくと

$$\begin{aligned}(x^2+4x)^2+(x^2+4x)-30 &= A^2+A-30\\ &= (A-5)(A+6)\\ &= (x^2+4x-5)(x^2+4x+6)\\ &= (x+5)(x-1)(x^2+4x+6)\end{aligned}$$

← x^2+4x-5 を，さらに因数分解する

問 1　次の式を因数分解せよ。

(1)　$(x^2+x)^2-4(x^2+x)-12$

(2)　$(x^2+2x)^2-14(x^2+2x)+48$

例題 2　1つの文字に着目する因数分解

⇨教 p.22 応用例題 4

次の式を因数分解せよ。

$2x^2+5xy+2y^2+x+5y-3$

解

$$\begin{aligned}&2x^2+5xy+2y^2+x+5y-3\\&=2x^2+(5y+1)x+(2y^2+5y-3)\\&=2x^2+(5y+1)x+(2y-1)(y+3)\\&=\{x+(2y-1)\}\{2x+(y+3)\}\\&=(x+2y-1)(2x+y+3)\end{aligned}$$

1	╲╱	$2y-1$ ⟶	$4y-2$
2	╱╲	$y+3$ ⟶	$y+3$
2		$(2y-1)(y+3)$	$5y+1$

問 2　次の式を因数分解せよ。

(1)　$2x^2+7xy+3y^2+7x+y-4$

(2)　$3x^2+10xy+8y^2-8x-10y-3$

15 集合

⇨教 p.52〜p.57

1 集合

集合　ある特定の性質をもつもの全体の集まり

要素　集合を構成している個々のもの

$a \in A$　a は集合 A に属する（a が集合 A の要素である）

$b \notin A$　b は集合 A に属さない（b が集合 A の要素でない）

2 集合の表し方

① { }の中に，要素を書き並べる。　② { }の中に，要素の満たす条件を書く。

3 部分集合

$A \subset B$　A は B の 部分集合（A のすべての要素が B の要素になっている）

$A = B$　A と B は 等しい（A と B の要素がすべて一致している）

空集合 $\varnothing$　要素を1つももたない集合

4 共通部分と和集合/補集合/ド・モルガンの法則

共通部分 $A \cap B$　A，B のどちらにも属する要素全体からなる集合

和集合 $A \cup B$　A，B の少なくとも一方に属する要素全体からなる集合

補集合 $\overline{A}$　全体集合 U の中で，集合 A に属さない要素全体からなる集合

ド・モルガンの法則　[1]　$\overline{A \cup B} = \overline{A} \cap \overline{B}$　[2]　$\overline{A \cap B} = \overline{A} \cup \overline{B}$

例 34　次の集合を，要素を書き並べる方法で表してみよう。

(1)　$A = \{x \mid x$ は18の正の約数$\}$　　$A = \{$ア□$\}$

(2)　$B = \{x \mid -2 \leqq x \leqq 3,\ x$ は整数$\}$　　$B = \{$イ□$\}$

例 35　$A = \{1,\ 2,\ 3,\ 6,\ 12\}$，$B = \{1,\ 3,\ 12\}$ のとき，次の□に，⊃，⊂ のうち適する記号を入れてみよう。

A ア□ B

例 36　$A = \{2,\ 4,\ 6,\ 8,\ 10\}$，$B = \{1,\ 2,\ 3,\ 4,\ 5\}$，$C = \{7,\ 9\}$ のとき，

$A \cap B = \{$ア□$\}$　　← A，B どちらにも属する要素全体からなる集合

$A \cup B = \{$イ□$\}$　　← A，B の少なくとも一方に属する要素全体からなる集合

$A \cap C = \varnothing$

例 37　$U = \{1,\ 2,\ 3,\ 4,\ 5,\ 6\}$ を全体集合とするとき，その部分集合 $A = \{1,\ 2,\ 3\}$，$B = \{3,\ 6\}$ について，次の集合を求めてみよう。

← $\overline{A}$ は，A に属さない要素全体からなる集合

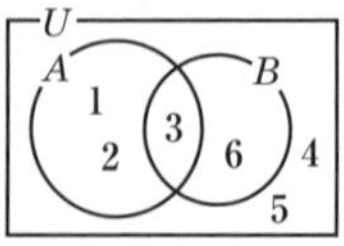

(1)　$\overline{A} = \{$ア□$\}$　　(2)　$\overline{B} = \{$イ□$\}$

(3)　$A \cup B = \{1,\ 2,\ 3,\ 6\}$ であるから　$\overline{A \cup B} = \{$ウ□$\}$

(4)　$A \cap B = \{3\}$ であるから　$\overline{A \cap B} = \{$エ□$\}$

(5)　$\overline{A} \cap B = \{$オ□$\}$　　(6)　$A \cup \overline{B} = \{$カ□$\}$

練　習　問　題

58　次の集合を，要素を書き並べる方法で表せ。　◀例 34

*(1)　$A=\{x \mid x$ は 12 の正の約数$\}$　　(2)　$B=\{x \mid -3 \leqq x \leqq 1,\ x$ は整数$\}$

59　$A=\{1,\ 3,\ 5,\ 7,\ 9\}$，$B=\{1,\ 5,\ 9\}$ のとき，次の □ に，⊃，⊂ のうち適する記号を入れよ。　◀例 35

A □ B

60　$A=\{1,\ 3,\ 5,\ 7\}$，$B=\{2,\ 3,\ 5,\ 7\}$，$C=\{2,\ 4\}$ のとき，次の集合を求めよ。　◀例 36

*(1)　$A \cap B$　　(2)　$A \cup B$　　(3)　$A \cap C$

***61**　$U=\{1,\ 2,\ 3,\ 4,\ 5,\ 6,\ 7,\ 8,\ 9,\ 10\}$ を全体集合とするとき，その部分集合 $A=\{1,\ 2,\ 3,\ 4,\ 5,\ 6\}$，$B=\{5,\ 6,\ 7,\ 8\}$ について，次の集合を求めよ。　◀例 37

(1)　$\overline{A}$　　(2)　$\overline{B}$

(3)　$\overline{A \cap B}$　　(4)　$\overline{A \cup B}$

(5)　$\overline{A} \cup B$　　(6)　$A \cap \overline{B}$

第2章　集合と論証

検印

16 命題と条件

⇨教 p.58〜p.63

1 命題

命題　正しい（真）か，正しくない（偽）かが定まる文や式

2 条件と集合

条件　変数の値が決まって，はじめて真偽が定まる文や式

2つの条件 p，q を満たすもの全体の集合をそれぞれ P，Q とするとき，
命題「$p \Longrightarrow q$」が真 であることと，$P \subset Q$ が成り立つことは同じことである。

3 必要条件と十分条件

2つの条件 p，q について，命題「$p \Longrightarrow q$」が真であるとき，
p は q であるための 十分条件 であるといい，
q は p であるための 必要条件 であるという。
命題「$p \Longrightarrow q$」と「$q \Longrightarrow p$」がともに真であるとき，
p は q であるための 必要十分条件 であるという。
このとき，p と q は 同値 であるといい，$p \Longleftrightarrow q$ と表す。

4 否定/ド・モルガンの法則

否定　条件 p に対し，「p でない」という条件を p の 否定 といい，$\overline{p}$ で表す。
ド・モルガンの法則　[1] $\overline{p \text{ かつ } q} \Longleftrightarrow \overline{p}$ または $\overline{q}$　　[2] $\overline{p \text{ または } q} \Longleftrightarrow \overline{p}$ かつ $\overline{q}$

例 38

条件 p，q が $p: 0 \leqq x \leqq 2$，$q: -1 \leqq x \leqq 4$ のとき，命題「$p \Longrightarrow q$」の真偽を調べてみよう。ただし，x は実数とする。

条件 p，q を満たす x の集合をそれぞれ P，Q とする。このとき，右の図から $P \subset Q$ が成り立つ。

よって，命題「$p \Longrightarrow q$」は ア［　　］である。

← 命題が正しいとき真
命題が正しくないとき偽

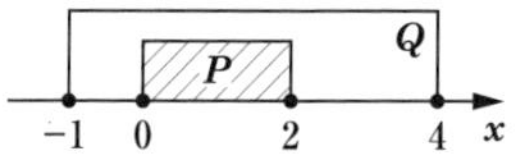

例 39

次の［　］に，必要条件，十分条件，必要十分条件のうち最も適するものを入れてみよう。ただし，x は実数とする。

命題 「$x = 2 \Longrightarrow x^2 = 4$」は真である。
命題「$x^2 = 4 \Longrightarrow x = 2$」 は偽である。

よって，$x = 2$ は $x^2 = 4$ であるための ア［　　］である。

また，$x^2 = 4$ は $x = 2$ 　であるための イ［　　］である。

← 「$p \Longrightarrow q$」が真
十分条件　　必要条件

例 40

次の条件の否定を考えてみよう。ただし，n は自然数，x，y は実数とする。

(1) 条件「n は奇数である」の否定は，「n は奇数でない」，すなわち
「n は ア［　　］である」

← 自然数は奇数または偶数のどちらか

(2) 条件「$x = 1$ かつ $y = 1$」の否定は，「イ［　　］ または ウ［　　］」 ← ド・モルガンの法則

(3) 条件「$x \geqq 0$ または $y \leqq 0$」の否定は，「エ［　　］ かつ オ［　　］」 ← ド・モルガンの法則

練　習　問　題

62 次の条件 p, q について，命題「$p \Longrightarrow q$」の真偽を調べよ。また，偽の場合は反例をあげよ。ただし，x は実数，n は自然数とする。 ◀例 38

*(1) p：$-2 \leqq x \leqq 1$,　q：$x \geqq -3$

(2) p：$x^2 \geqq 4$,　q：$x \geqq 2$

(3) p：n は 2 の倍数　q：n は 4 の倍数

*(4) p：n は 6 の約数　q：n は 12 の約数

***63** 次の □ に，必要条件，十分条件，必要十分条件のうち最も適するものを入れよ。ただし，x は実数とする。 ◀例 39

(1) $x=1$ は，$x^2=1$ であるための □ である。

(2) 「四角形 ABCD は長方形」は，「四角形 ABCD は正方形」であるための □ である。

(3) $(x-3)^2=0$ は，$x=3$ であるための □ である。

***64** 次の条件の否定をいえ。ただし，x, y は実数とする。 ◀例 40

(1) $x=5$

(2) $x \geqq 1$ かつ $y>0$

(3) $-3<x<2$

(4) $x \leqq 2$ または $x>5$

第2章 集合と論証

検印

17 逆・裏・対偶

⇨教 p.64〜p.66

1 逆・裏・対偶

命題「$p \Longrightarrow q$」に対して，
「$q \Longrightarrow p$」を 逆
「$\overline{p} \Longrightarrow \overline{q}$」を 裏
「$\overline{q} \Longrightarrow \overline{p}$」を 対偶
という。

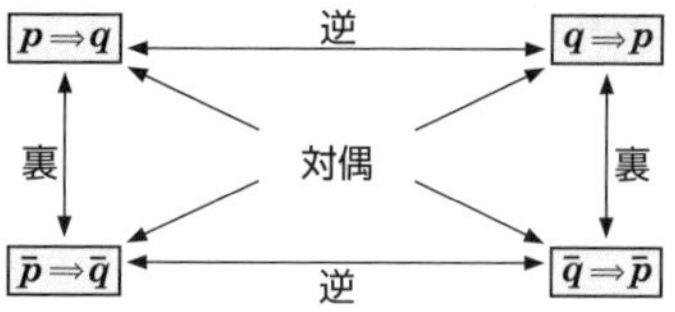

2 対偶を利用する証明

ある命題が真であっても，その逆や裏は真であるとは限らないが，もとの命題とその対偶の真偽は一致する。
すなわち，命題「$p \Longrightarrow q$」と，その対偶「$\overline{q} \Longrightarrow \overline{p}$」の真偽は一致する。

3 背理法

「与えられた命題が成り立たないと仮定して，その仮定のもとで矛盾が生じれば，もとの命題は真である」と結論する証明方法。

例 41

x を実数とするとき，命題「$x > 2 \Longrightarrow x > 1$」は真である。

この命題に対して，逆，裏，対偶の真偽を調べてみよう。

逆　：「$x > 1 \Longrightarrow x > 2$」……　偽

裏　：「$x \leqq 2 \Longrightarrow x \leqq 1$」…… ア［　　　］

対偶：「$x \leqq 1 \Longrightarrow x \leqq 2$」…… イ［　　　］

← 命題「$p \Longrightarrow q$」に対して「$q \Longrightarrow p$」を逆「$\overline{p} \Longrightarrow \overline{q}$」を裏「$\overline{q} \Longrightarrow \overline{p}$」を対偶という

例 42

n を整数とするとき，命題「n^2+1 が偶数ならば n は奇数である」を，対偶を利用して証明してみよう。

証明　この命題の対偶「n が偶数ならば n^2+1 は奇数である」を証明する。

← 対偶が真であることを証明する

n が偶数であるとき，ある整数 k を用いて $n=2k$ と表される。

よって　$n^2+1=(2k)^2+1=4k^2+1=2\cdot 2k^2+1$

ここで，$2k^2$ は整数であるから，n^2+1 は ア［　　　］である。

← 奇数は $2\times$(整数)$+1$ の形

したがって，対偶が真であるから，もとの命題も真である。　終

例 43

$\sqrt{3}$ が無理数であることを用いて，$1+2\sqrt{3}$ が無理数であることを証明してみよう。

証明　$1+2\sqrt{3}$ が無理数でない，すなわち $1+2\sqrt{3}$ は有理数であると仮定する。

← 与えられた命題が成り立たないと仮定する

そこで，r を有理数として，$1+2\sqrt{3}=r$ とおくと

$$\sqrt{3}=\frac{r-1}{2} \quad \cdots\cdots①$$

r は有理数であるから，$\dfrac{r-1}{2}$ は有理数であり，等式①は $\sqrt{3}$ が

ア［　　　］であることに矛盾する。

← $\sqrt{3}$ が有理数かつ無理数であるという矛盾

よって，$1+2\sqrt{3}$ は無理数である。　終

練 習 問 題

65 x を実数とするとき，命題「$x>2 \Longrightarrow x>3$」の真偽を調べよ。また，逆，裏，対偶を述べ，それらの真偽も調べよ。 ◀例 41

66 n を整数とするとき，命題「n^2 が 3 の倍数ならば n は 3 の倍数である」を，対偶を利用して証明せよ。 ◀例 42

67 $\sqrt{2}$ が無理数であることを用いて，$3+2\sqrt{2}$ が無理数であることを証明せよ。

◀例 43

確 認 問 題 5

1 次の集合を，要素を書き並べる方法で表せ。

(1) $A=\{x \mid x$ は 16 の正の約数$\}$

*(2) $B=\{x \mid x$ は 20 以下の素数$\}$

2 集合 $\{2,\ 4,\ 6\}$ の部分集合をすべて書き表せ。

3 $A=\{1,\ 3,\ 5,\ 7,\ 9\}$，$B=\{2,\ 3,\ 5,\ 7\}$，$C=\{4,\ 6,\ 8\}$ のとき，次の集合を求めよ。

*(1) $A \cap B$

(2) $A \cup B$

(3) $B \cap C$

4 $U=\{1,\ 2,\ 3,\ 4,\ 5,\ 6,\ 7,\ 8,\ 9,\ 10\}$ を全体集合とするとき，その部分集合 $A=\{1,\ 3,\ 5,\ 7,\ 9\}$，$B=\{1,\ 2,\ 3,\ 6\}$ について，次の集合を求めよ。

*(1) $\overline{A}$

(2) $\overline{B}$

*(3) $\overline{A} \cap \overline{B}$

(4) $\overline{A \cup B}$

5 条件 p，q が $p：-5 \leqq x \leqq 5$，$q：x \geqq 2$ のとき，命題「$p \Longrightarrow q$」の真偽を答えよ。また，偽の場合は反例をあげよ。ただし，x は実数とする。

6 次の［　　］に，必要条件，十分条件，必要十分条件のうち最も適するものを入れよ。ただし，x，y は実数とする。

(1) $x < 3$ は，$x < 2$ であるための［　　　　］である。

(2) $\triangle\mathrm{ABC} \equiv \triangle\mathrm{DEF}$ は，$\triangle\mathrm{ABC} \backsim \triangle\mathrm{DEF}$ であるための［　　　　］である。

(3) $x^2 + y^2 = 0$ は，$x = y = 0$ であるための［　　　　］である。

***7** 次の条件の否定をいえ。ただし，x は実数とする。

(1) $x < -2$

(2) $x < -2$ かつ $x < 1$

8 n を整数とするとき，命題「$n^2 + 1$ が奇数ならば n は偶数である」を，対偶を利用して証明せよ。

9 $\sqrt{3}$ が無理数であることを用いて，$4 - 2\sqrt{3}$ が無理数であることを証明せよ。

18 関数とグラフ

⇨教 p.72〜p.75

1 関数

x の値を決めるとそれに対応して y の値がただ1つ定まるとき，y は x の 関数 であるという。

y が x の関数であることを，$y = f(x)$，$y = g(x)$ などと表す。

関数の値　関数 $y = f(x)$ において，$x = a$ のときの値を $f(a)$ と表し，$x = a$ のときの関数 $f(x)$ の値という。

2 関数 $y = f(x)$ の定義域・値域

定義域　変数 x のとり得る値の範囲

値　域　定義域の x の値に対応する変数 y のとり得る値の範囲

最大値　関数の値域における y の最大の値

最小値　関数の値域における y の最小の値

3 1次関数のグラフ

1次関数 $y = ax + b$（ただし，$a \fallingdotseq 0$）のグラフは，傾き a，切片 b の直線。

$a>0$ のとき

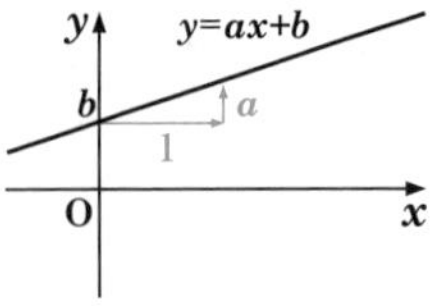

$a<0$ のとき

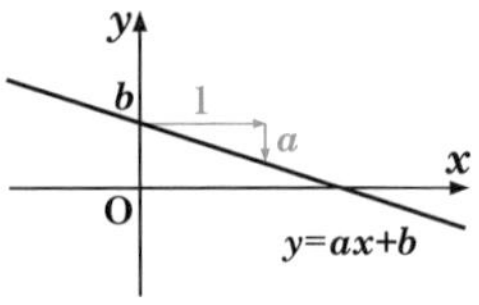

例 44　半径 x cm の円の周の長さを y cm とすると，y は x の関数であり，円周率を π として，y を x の式で表すと

$y =$ ア□ となる。

← 円の周の長さは
直径 $\times \pi = 2\pi \times$ 半径

例 45　関数 $f(x) = x^2 - 4x + 3$ において，$f(-1)$ の値は

$f(-1) = (-1)^2 - 4 \times (-1) + 3 = 1 + 4 + 3 =$ ア□

例 46　関数 $y = 2x + 4$ $(-1 \leqq x \leqq 2)$ の値域を求めてみよう。また，最大値，最小値を求めてみよう。

この関数のグラフは，$y = 2x + 4$ のグラフのうち，$-1 \leqq x \leqq 2$ に対応する部分である。

$x = -1$ のとき　$y = 2 \times (-1) + 4 =$ ア□

$x = 2$ のとき　$y = 2 \times 2 + 4 =$ イ□

よって，この関数のグラフは，右の図の実線部分であり，その値域は

ア□ $\leqq y \leqq$ イ□

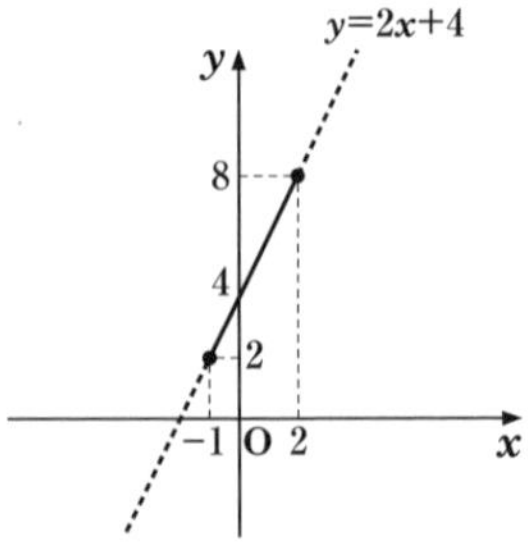

また，y は $x =$ ウ□ のとき　最大値 エ□ をとり，

$x =$ オ□ のとき　最小値 カ□ をとる。

練習問題

68 次の各場合について，y を x の式で表せ。 ◀例 44

*(1) 1 辺の長さが x cm の正三角形の周の長さを y cm とする。

(2) 1 本 50 円の鉛筆を x 本と，500 円の筆箱を買ったときの代金の合計を y 円とする。

69 関数 $f(x)=2x^2-5x+3$ において，次の値を求めよ。 ◀例 45

*(1) $f(3)$　　*(2) $f(-2)$

(3) $f(0)$　　(4) $f(a)$

70 次の 1 次関数のグラフをかけ。 ◀例 46

*(1) $y=2x+3$

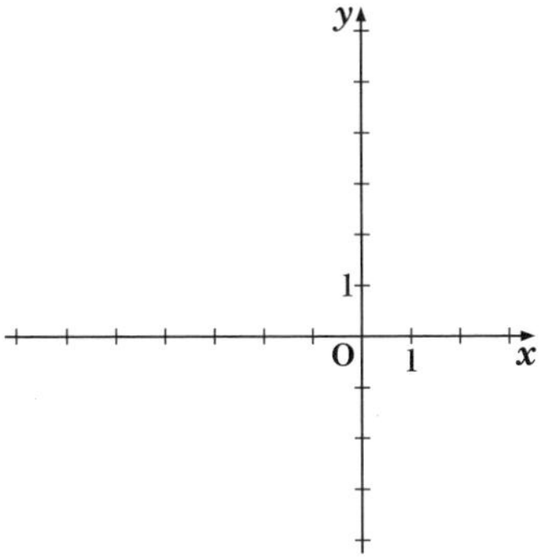

(2) $y=-3x-2$

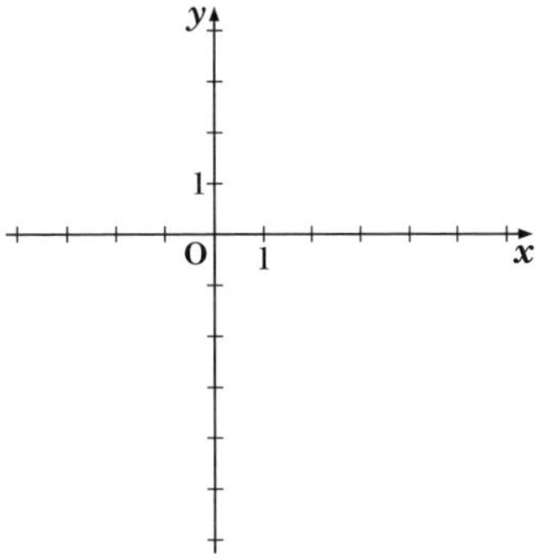

***71** 関数 $y=2x-3\ (-1 \leqq x \leqq 3)$ について，次の問いに答えよ。 ◀例 46

(1) グラフをかけ。

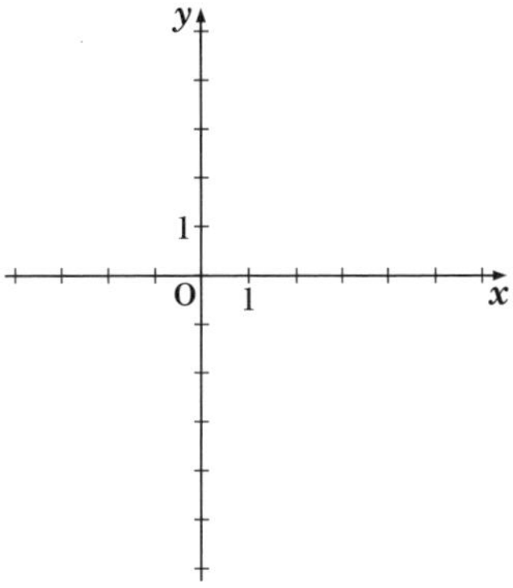

(2) 値域を求めよ。

(3) 最大値，最小値を求めよ。

19 2次関数のグラフ (1)

⇨教 p.76〜p.79

1 $y=ax^2$ のグラフ

軸が y 軸，頂点が 原点 (0, 0) の放物線

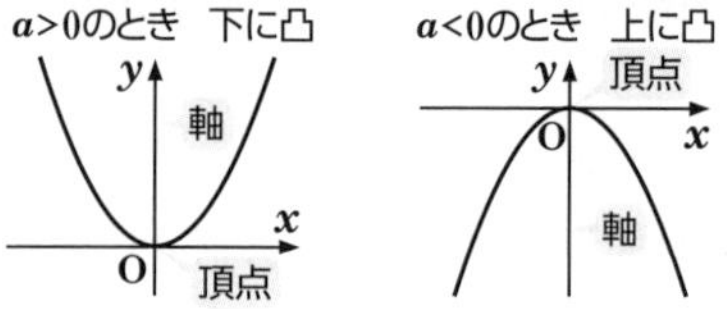

2 $y=ax^2+q$ のグラフ

$y=ax^2$ のグラフを y 軸方向に q だけ平行移動 した放物線

軸は y 軸，頂点は 点 $(0,\ q)$

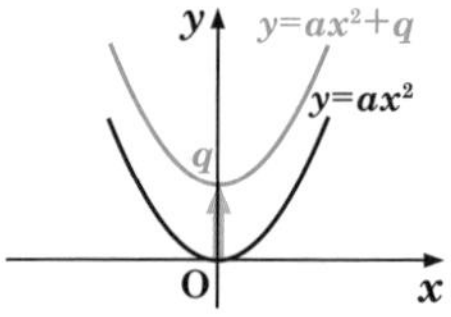

例 47 $y=3x^2$ のグラフは，

軸が ア[　　]，頂点が 原点 (0, 0)

の放物線で，右の図のようになる。

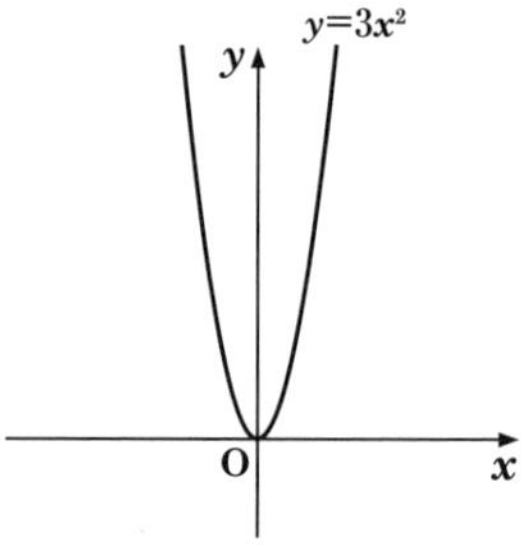

← $y=ax^2$ のグラフの頂点は 原点

例 48 $y=-3x^2+5$ のグラフは，

$y=-3x^2$ のグラフを

y 軸方向に ア[　　]

だけ平行移動した放物線である。

よって，この関数のグラフは，右の図のようになる。

また，この放物線の

軸は y 軸

頂点は 点 $\left(0,\ \text{イ}[\quad]\right)$

である。

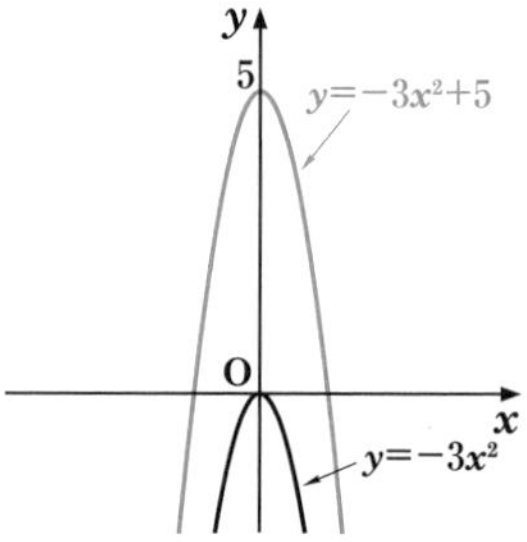

← $y=ax^2+q$ のグラフの軸は y 軸
頂点は 点 $(0,\ q)$

練 習 問 題

72 次の2次関数のグラフをかけ。 ◀例 47

*(1) $y=2x^2$

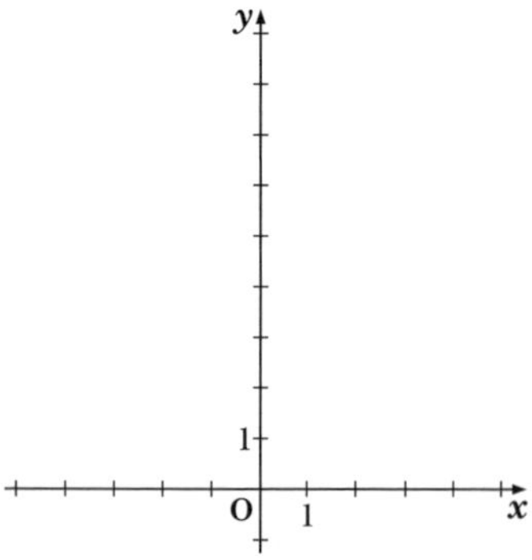

(2) $y=\dfrac{1}{2}x^2$

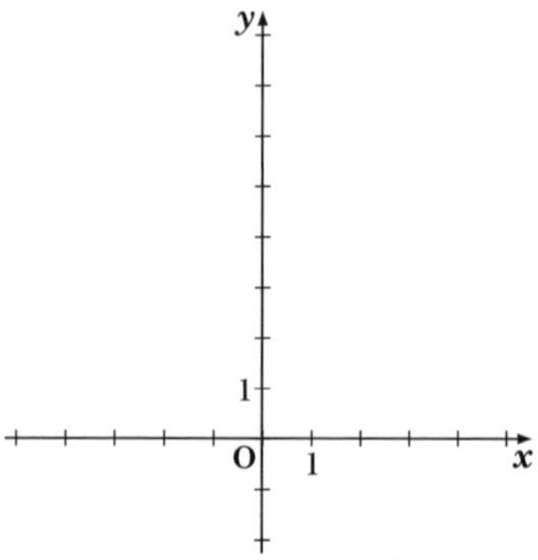

73 次の 2 次関数のグラフをかけ。 ◀例 47

*(1) $y=-x^2$

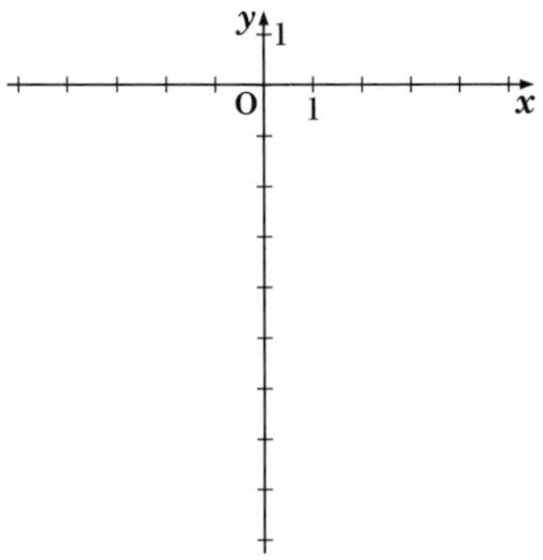

(2) $y=-\frac{1}{2}x^2$

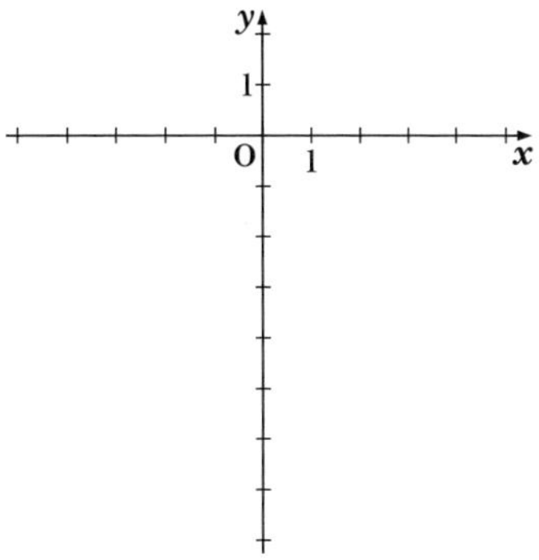

74 次の 2 次関数のグラフをかけ。また，その軸と頂点を求めよ。 ◀例 48

*(1) $y=x^2+3$

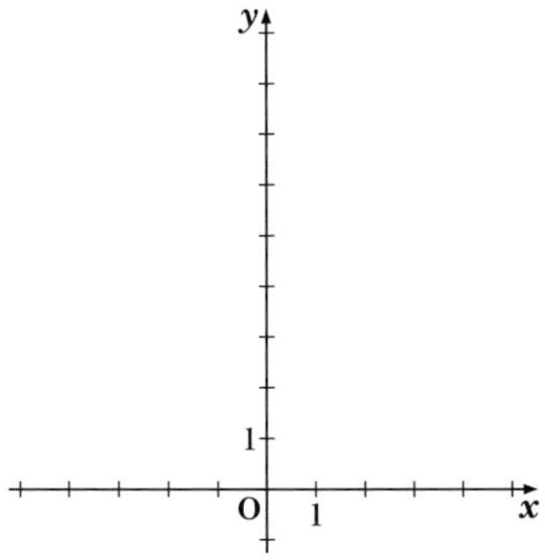

軸 ＿＿＿＿＿＿＿＿，頂点 ＿＿＿＿＿＿＿＿

(2) $y=2x^2-1$

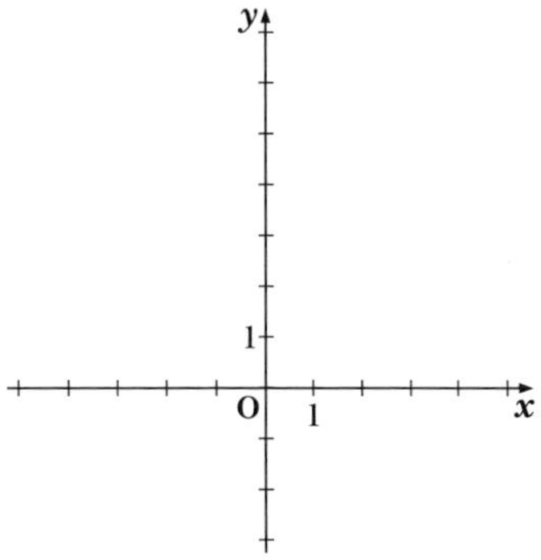

軸 ＿＿＿＿＿＿＿＿，頂点 ＿＿＿＿＿＿＿＿

*(3) $y=-x^2-2$

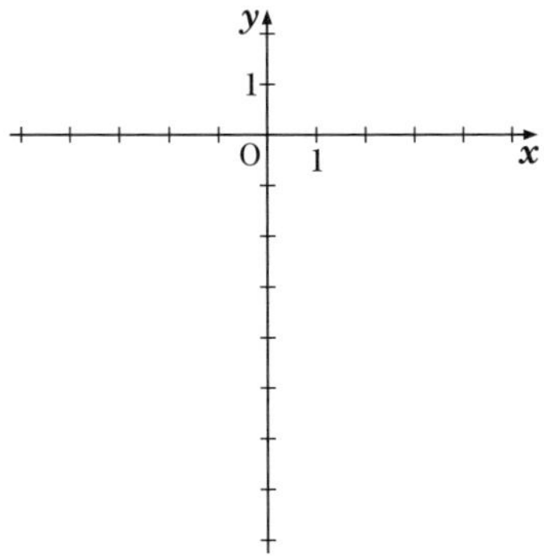

軸 ＿＿＿＿＿＿＿＿，頂点 ＿＿＿＿＿＿＿＿

(4) $y=-2x^2+1$

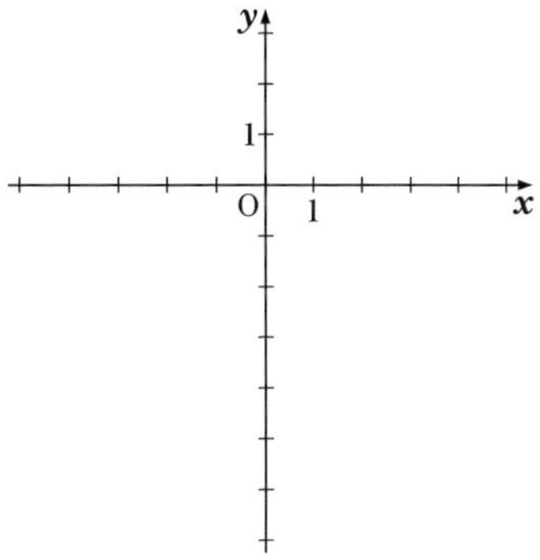

軸 ＿＿＿＿＿＿＿＿，頂点 ＿＿＿＿＿＿＿＿

20 2次関数のグラフ (2)

⇨教 p.80〜p.83

1 $y=a(x-p)^2$ のグラフ

$y=ax^2$ のグラフを x 軸方向に p だけ平行移動 した放物線

軸は 直線 $x=p$, 頂点は 点 $(p,\ 0)$

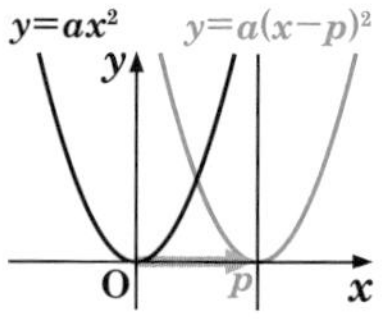

2 $y=a(x-p)^2+q$ のグラフ

$y=ax^2$ のグラフを x 軸方向に p, y 軸方向に q だけ平行移動 した放物線

軸は 直線 $x=p$, 頂点は 点 $(p,\ q)$

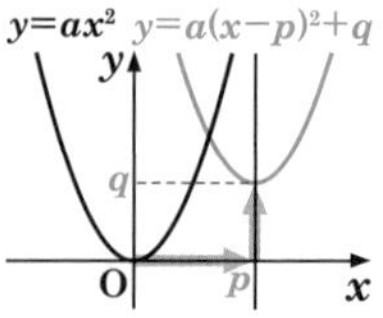

例 49

$y=2(x-3)^2$ のグラフは,

$y=2x^2$ のグラフを

x 軸方向に ア

だけ平行移動した放物線である。

よって, この関数のグラフは右の図のようになる。

また, この放物線の

軸は 直線 $x=$ イ

頂点は 点 ウ

である。

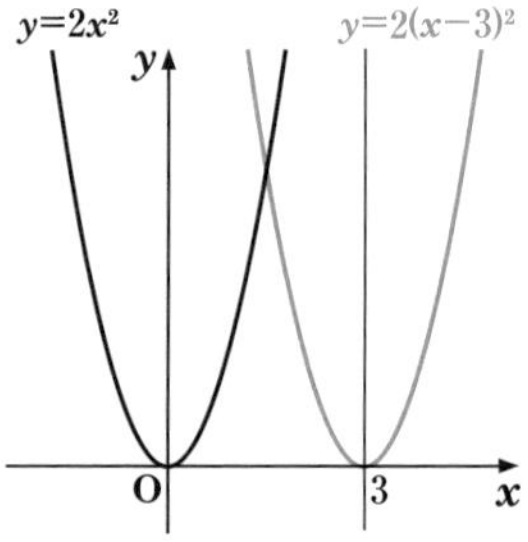

← $y=a(x-p)^2$ のグラフの軸は 直線 $x=p$
頂点は 点 $(p,\ 0)$

例 50

$y=(x-2)^2-1$ のグラフは,

$y=x^2$ のグラフを

x 軸方向に ア

y 軸方向に イ

だけ平行移動した放物線である。

よって, この関数のグラフは右の図のようになる。

また, この放物線の

軸は 直線 $x=$ ウ

頂点は 点 エ

である。

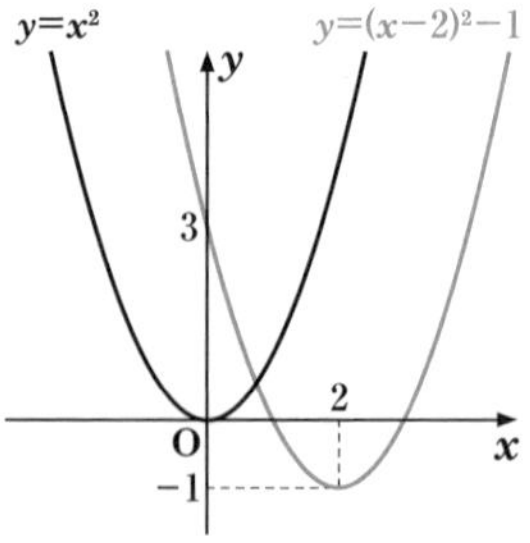

← $y=a(x-p)^2+q$ のグラフの軸は 直線 $x=p$
頂点は 点 $(p,\ q)$

練 習 問 題

*75　次の 2 次関数のグラフをかけ。また，その軸と頂点を求めよ。　◀例 49

(1)　$y=(x-1)^2$

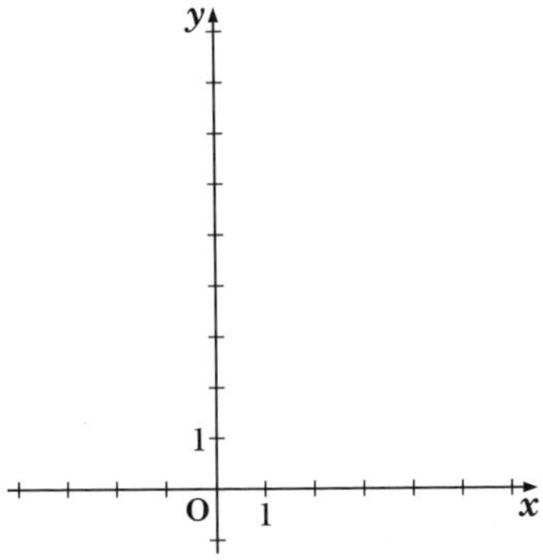

軸 ＿＿＿＿＿＿，頂点 ＿＿＿＿＿＿

(2)　$y=-(x+2)^2$

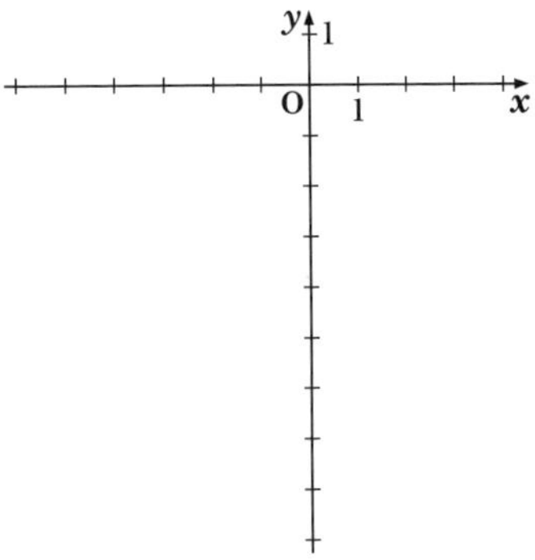

軸 ＿＿＿＿＿＿，頂点 ＿＿＿＿＿＿

76　次の 2 次関数のグラフをかけ。また，その軸と頂点を求めよ。　◀例 50

*(1)　$y=(x-2)^2-3$

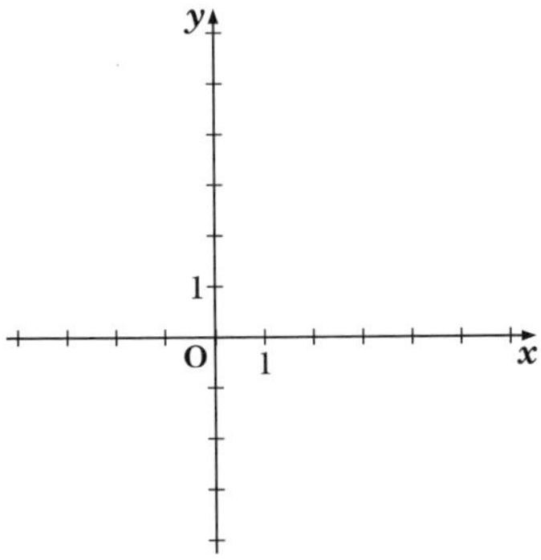

軸 ＿＿＿＿＿＿，頂点 ＿＿＿＿＿＿

(2)　$y=-(x-3)^2+4$

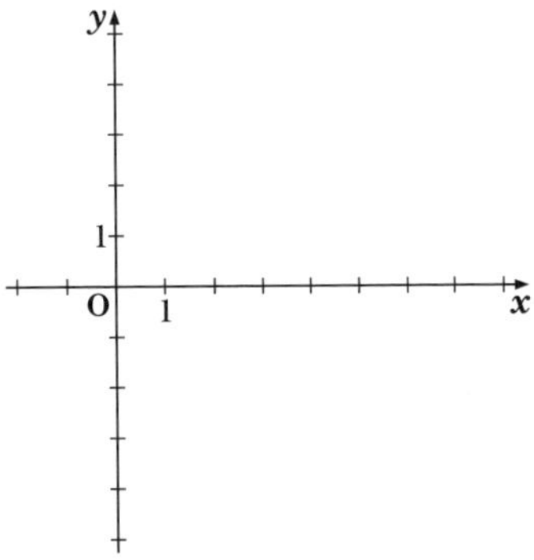

軸 ＿＿＿＿＿＿，頂点 ＿＿＿＿＿＿

(3)　$y=2(x+2)^2-4$

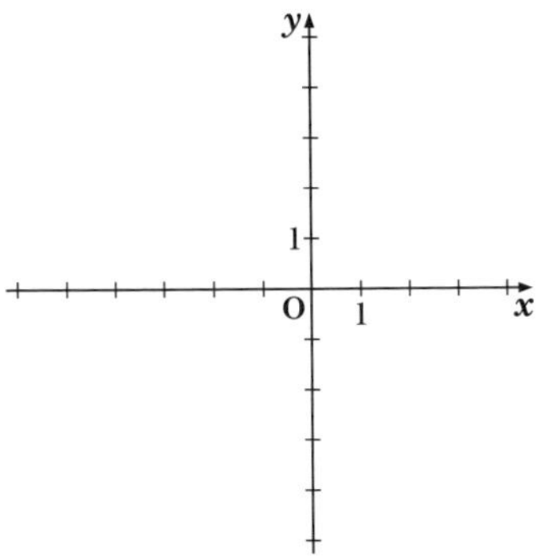

軸 ＿＿＿＿＿＿，頂点 ＿＿＿＿＿＿

*(4)　$y=-2(x+1)^2-2$

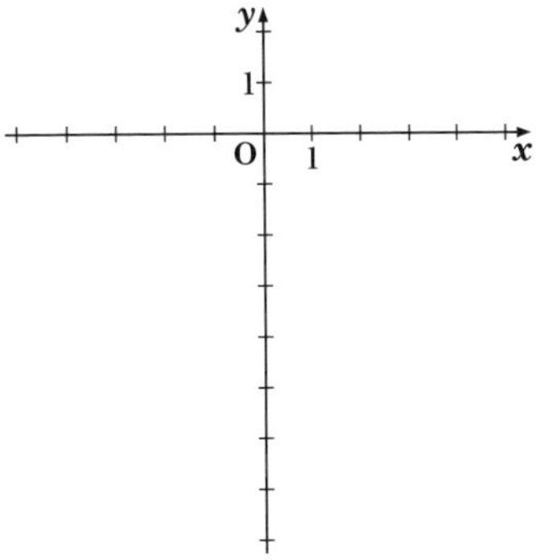

軸 ＿＿＿＿＿＿，頂点 ＿＿＿＿＿＿

21 2次関数のグラフ (3)

⇨教 p.84〜p.85

1 $y=ax^2+bx+c$ の変形

$x^2-2px=(x-p)^2-p^2$, $x^2+2px=(x+p)^2-p^2$

を用いて変形する。

例 51 次の2次関数を $y=a(x-p)^2+q$ の形に変形してみよう。

(1) $y=x^2-6x+1$

$=(x^2-6x)+1$ ⇐ $(x^2-2px)=(x-p)^2-p^2$

$=(x-3)^2-3^2+1$

$=$ ア［　　　］

(2) $y=2x^2+4x-5$

$=2(x^2+2x)-5$ ⇐ $(x^2+2px)=(x+p)^2-p^2$

$=2\{(x+1)^2-1^2\}-5$

$=2(x+1)^2-2\times1^2-5$

$=$ イ［　　　］

練　習　問　題

*77 次の2次関数を $y=(x-p)^2+q$ の形に変形せよ。 ◀例51 (1)

(1) $y=x^2-2x$

(2) $y=x^2+4x$

78 次の2次関数を $y=(x-p)^2+q$ の形に変形せよ。 ◀例51 (1)

*(1) $y=x^2-8x+9$

(2) $y=x^2+6x-2$

(3) $y=x^2+10x-5$

(4) $y=x^2-4x-4$

79 次の 2 次関数を $y=a(x-p)^2+q$ の形に変形せよ。 ◀例 51 (2)

*(1) $y=2x^2+12x$

(2) $y=4x^2-8x$

*(3) $y=3x^2-12x-4$

(4) $y=2x^2+4x+5$

(5) $y=4x^2+8x+1$

(6) $y=2x^2-8x+7$

80 次の 2 次関数を $y=a(x-p)^2+q$ の形に変形せよ。 ◀例 51 (2)

*(1) $y=-x^2-4x-4$

*(2) $y=-2x^2+4x+3$

(3) $y=-3x^2-12x+12$

(4) $y=-4x^2+8x-3$

22 2次関数のグラフ (4)

⇨教 p.86

1 $y = ax^2 + bx + c$ **のグラフ**

$y = ax^2 + bx + c$ を $y = a(x-p)^2 + q$ の形に変形してグラフをかく。

例 52 次の2次関数のグラフの軸と頂点を求め，そのグラフをかいてみよう。

(1) $y = x^2 + 2x - 1$

$= (x^2 + 2x) - 1$ ⬅ $x^2 + 2px = (x+p)^2 - p^2$

$= (x+1)^2 - 1^2 - 1$

$=$ ア［　　　　］

軸は 直線 イ［　　　　］

頂点は 点 ウ［　　　　］

$x = 0$ のとき $y = -1$ であるから，

グラフと y 軸との交点は点 エ［　　　　］

よって，グラフは下の図のようになる。

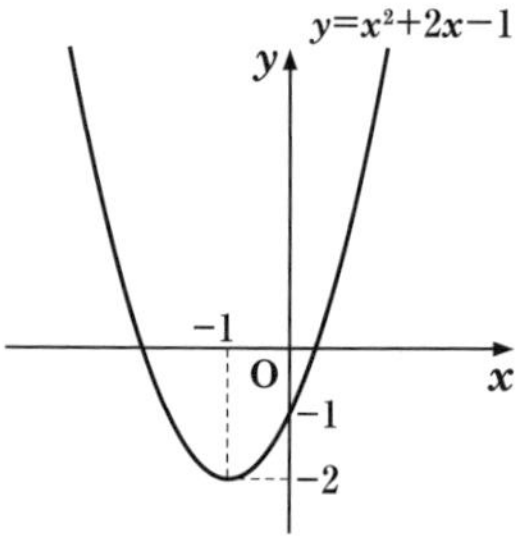

(2) $y = -2x^2 + 4x + 1$

$= -2(x^2 - 2x) + 1$

$= -2\{(x-1)^2 - 1^2\} + 1$

$= -2(x-1)^2 + 2 \times 1^2 + 1$

$=$ オ［　　　　］

軸は 直線 カ［　　　　］

頂点は 点 キ［　　　　］

$x = 0$ のとき $y = 1$ であるから，

グラフと y 軸との交点は ク［　　　　］

よって，グラフは下の図のようになる。

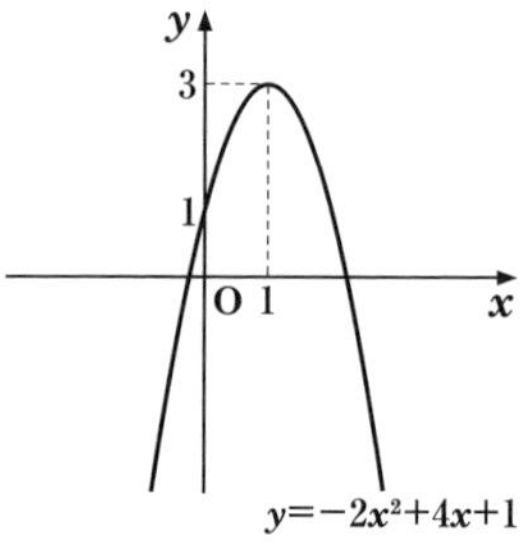

練 習 問 題

81 次の2次関数のグラフの軸と頂点を求め，そのグラフをかけ。 ◀例 52 (1)

*(1) $y = x^2 - 2x$

軸 ＿＿＿＿＿＿＿＿，頂点 ＿＿＿＿＿＿＿＿

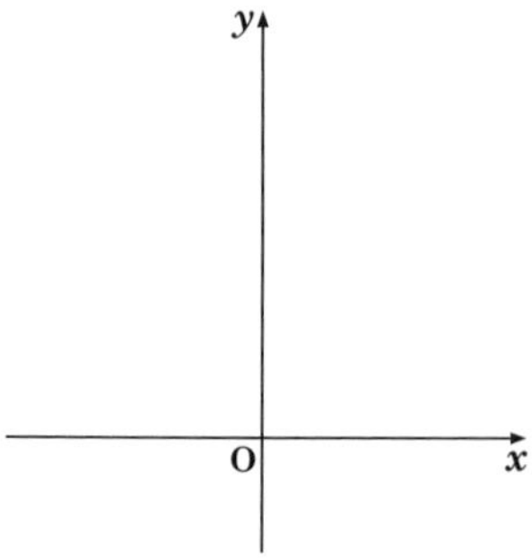

(2) $y = x^2 + 4x$

軸 ＿＿＿＿＿＿＿＿，頂点 ＿＿＿＿＿＿＿＿

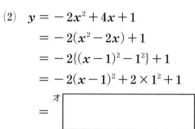

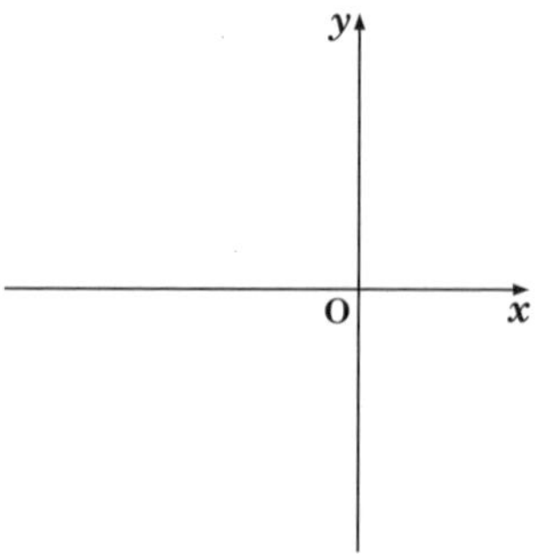

82 次の 2 次関数のグラフの軸と頂点を求め，そのグラフをかけ。 ◀例 52 (1)

*(1) $y=x^2+6x+7$

軸 ______________，頂点 ______________

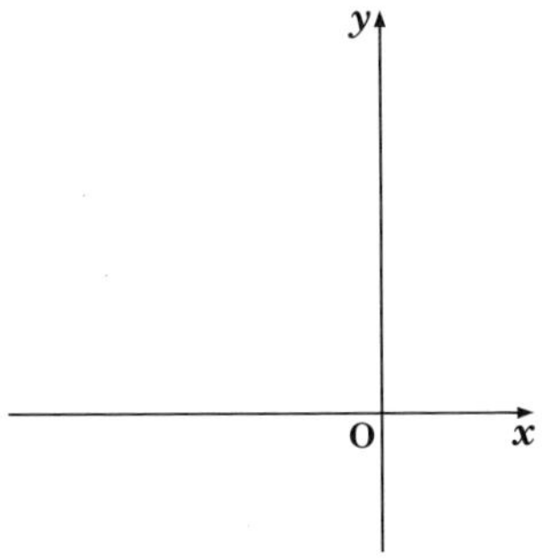

(2) $y=x^2-8x+13$

軸 ______________，頂点 ______________

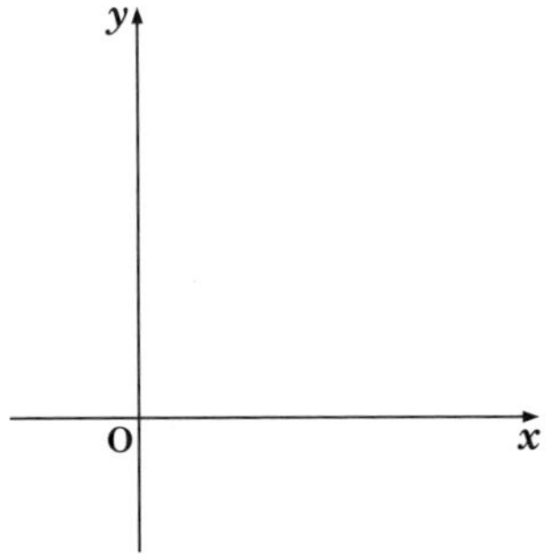

83 次の 2 次関数のグラフの軸と頂点を求め，そのグラフをかけ。 ◀例 52 (2)

*(1) $y=2x^2-8x+3$

軸 ______________，頂点 ______________

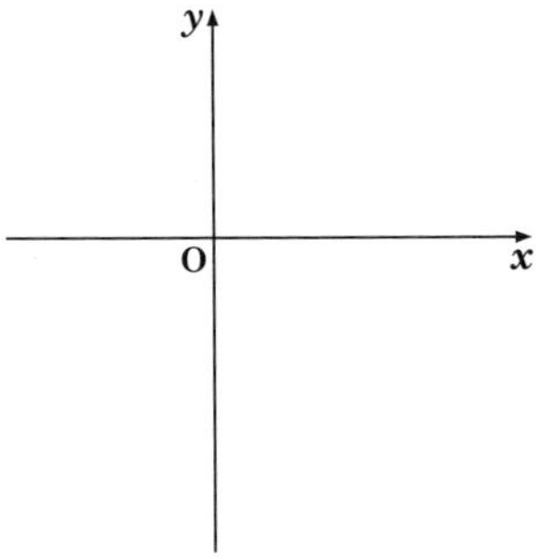

(2) $y=3x^2+6x+5$

軸 ______________，頂点 ______________

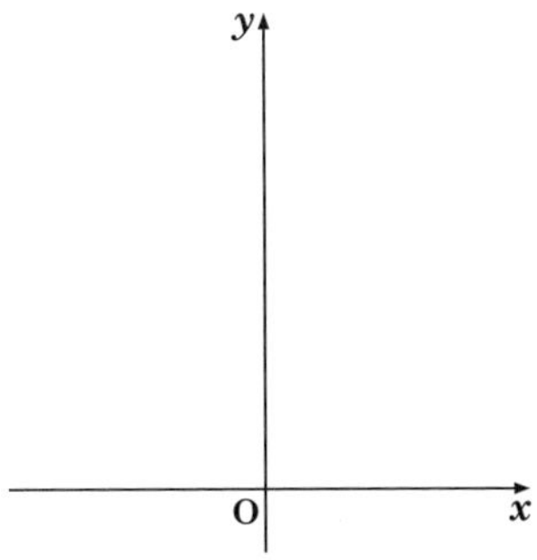

*(3) $y=-2x^2-4x+3$

軸 ______________，頂点 ______________

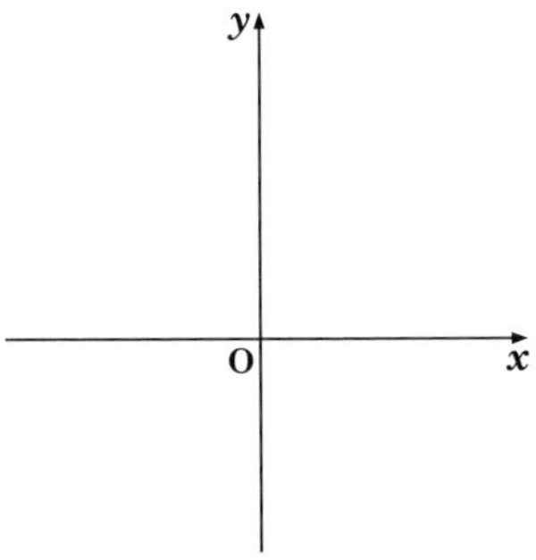

(4) $y=-x^2+6x-4$

軸 ______________，頂点 ______________

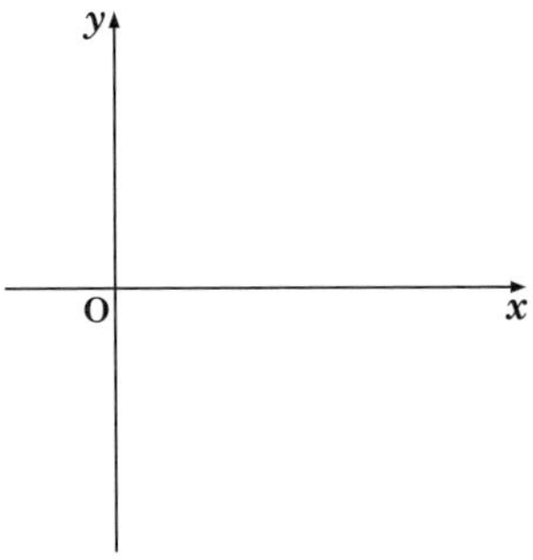

確　認　問　題　6

1　次の 2 次関数のグラフをかけ。

(1)　$y = 3x^2$

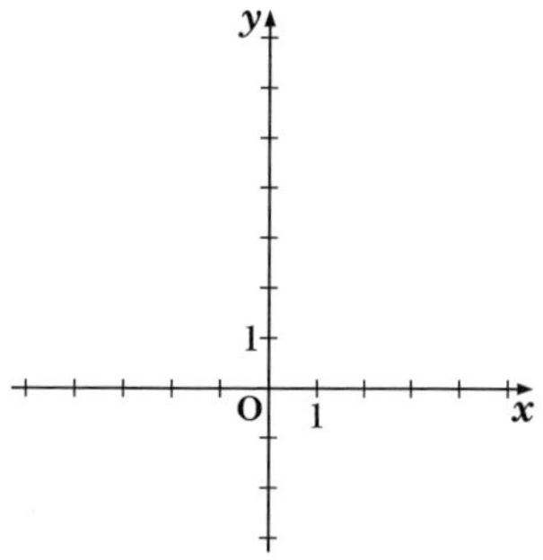

*(2)　$y = -2x^2$

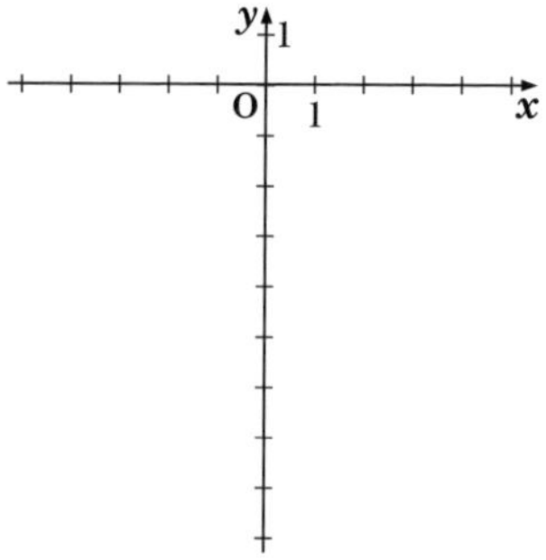

2　次の 2 次関数のグラフをかけ。また，その軸と頂点を求めよ。

*(1)　$y = 2x^2 + 1$

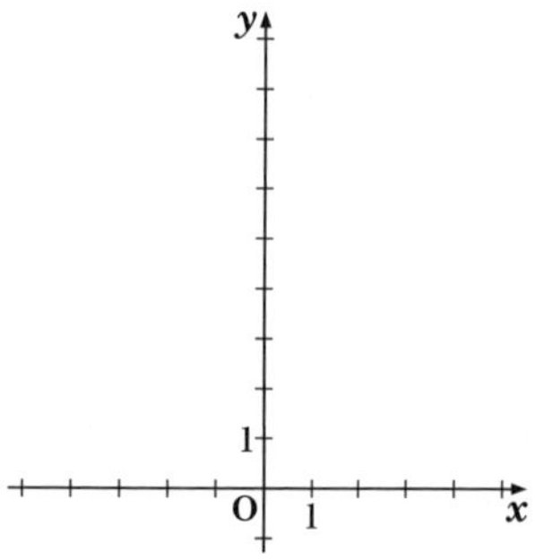

軸 ＿＿＿＿＿＿＿，頂点 ＿＿＿＿＿＿＿

*(2)　$y = -(x-1)^2$

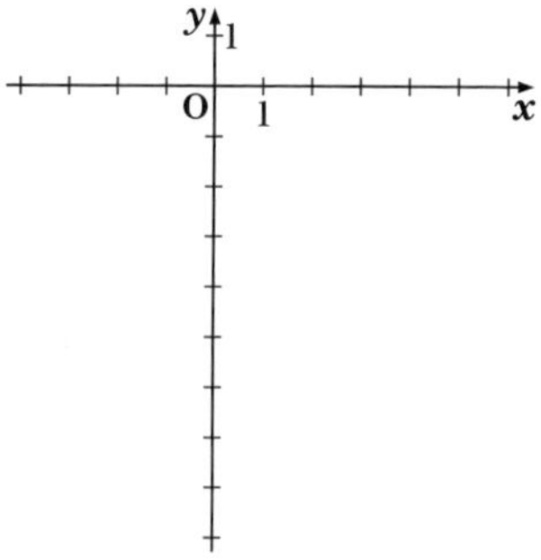

軸 ＿＿＿＿＿＿＿，頂点 ＿＿＿＿＿＿＿

*(3)　$y = (x+2)^2 + 3$

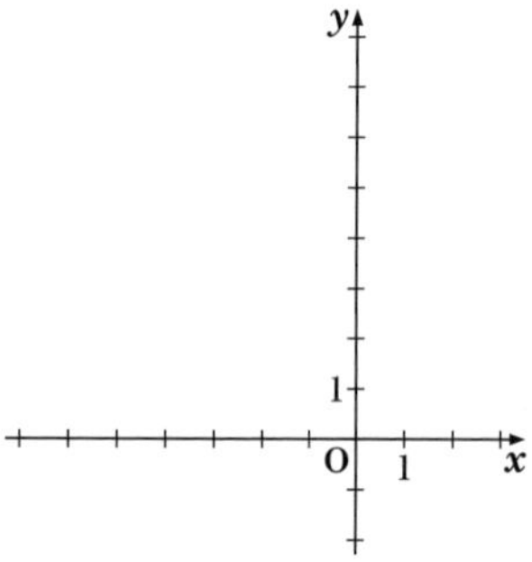

軸 ＿＿＿＿＿＿＿，頂点 ＿＿＿＿＿＿＿

(4)　$y = -2(x-1)^2 + 1$

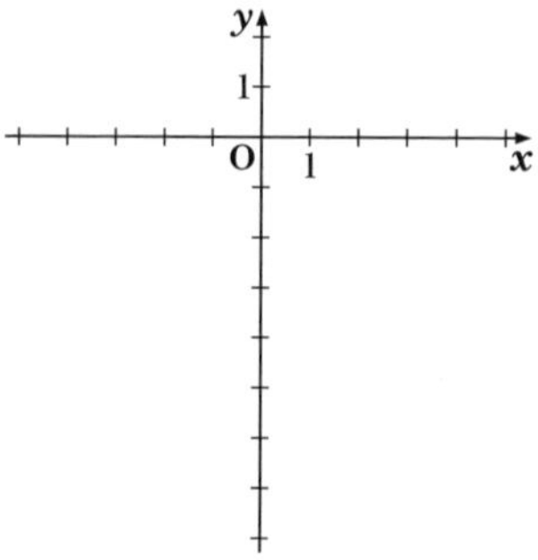

軸 ＿＿＿＿＿＿＿，頂点 ＿＿＿＿＿＿＿

3 次の 2 次関数のグラフの軸と頂点を求め，そのグラフをかけ。

*(1) $y = x^2 + 6x$

軸 ＿＿＿＿＿＿＿，頂点 ＿＿＿＿＿＿＿

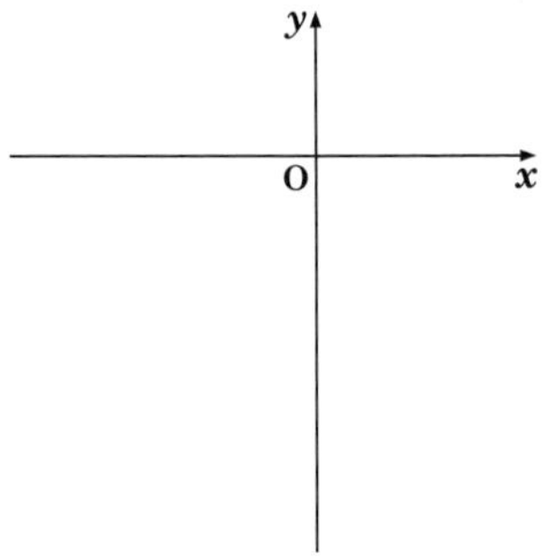

*(2) $y = x^2 - 4x + 5$

軸 ＿＿＿＿＿＿＿，頂点 ＿＿＿＿＿＿＿

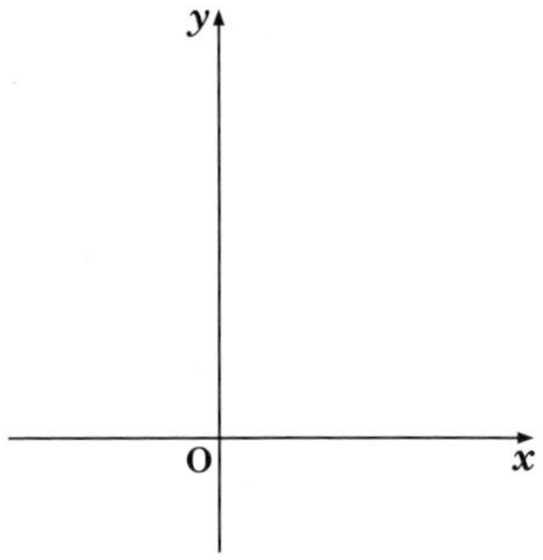

(3) $y = 2x^2 + 8x$

軸 ＿＿＿＿＿＿＿，頂点 ＿＿＿＿＿＿＿

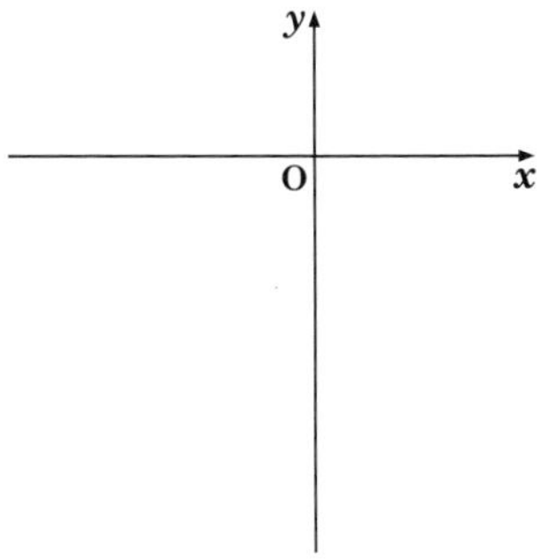

*(4) $y = 3x^2 - 6x - 1$

軸 ＿＿＿＿＿＿＿，頂点 ＿＿＿＿＿＿＿

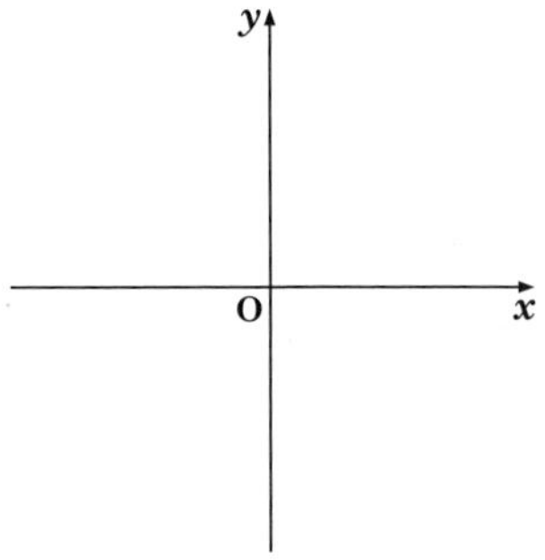

*(5) $y = -x^2 - 2x + 2$

軸 ＿＿＿＿＿＿＿，頂点 ＿＿＿＿＿＿＿

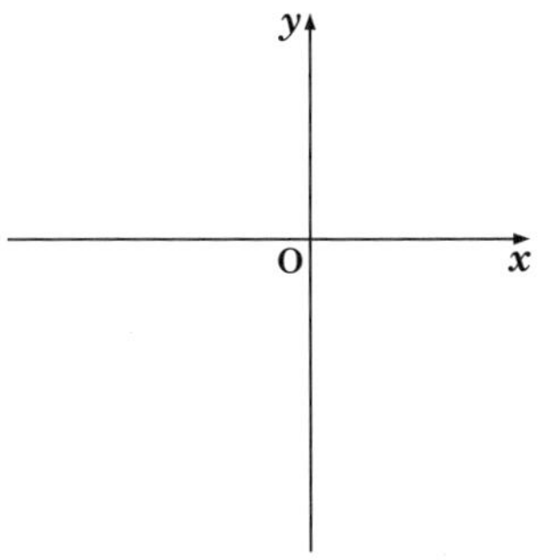

(6) $y = -2x^2 + 4x + 6$

軸 ＿＿＿＿＿＿＿，頂点 ＿＿＿＿＿＿＿

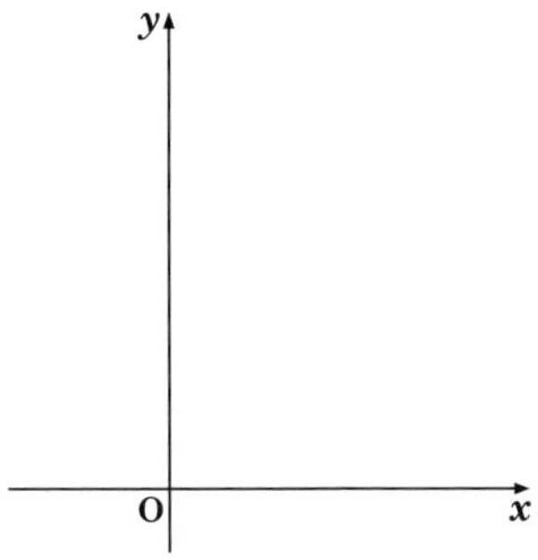

23 2 次関数の最大・最小 (1)

⇨教 p.90〜p.91

1 2 次関数の最大・最小

(1) 2 次関数 $y=a(x-p)^2+q$ の最大・最小
　$a>0$ のとき　$x=p$ で 最小値 q をとる。最大値はない。
　$a<0$ のとき　$x=p$ で 最大値 q をとる。最小値はない。

(2) 2 次関数 $y=ax^2+bx+c$ の最大・最小
　$y=a(x-p)^2+q$ の形に変形して求める。

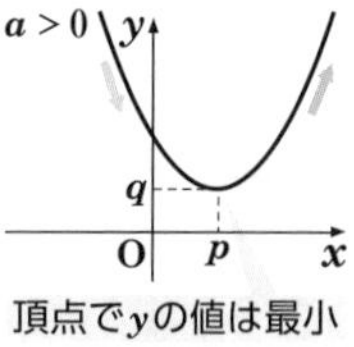

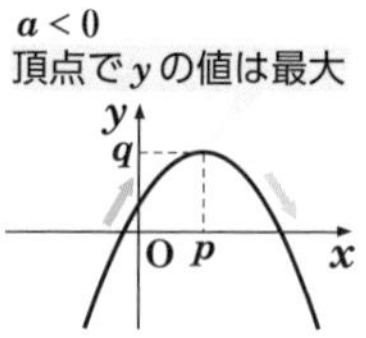

例 53 2 次関数 $y=2(x-3)^2+2$

において，y は

$x=$ ア[ ] のとき　最小値 イ[ ]

をとる。

最大値はない。

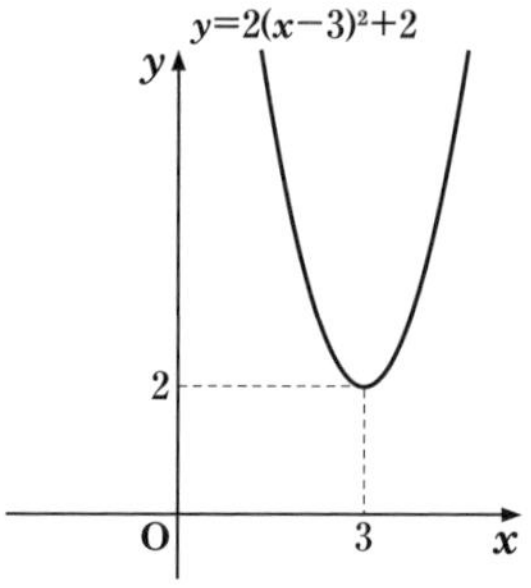

← $y=a(x-p)^2+q$ は $a>0$ のとき $x=p$ で最小値 q をとる

例 54 $y=-3x^2-12x-5$ を変形すると

$$\begin{aligned} y &= -3x^2-12x-5 \\ &= -3(x^2+4x)-5 \\ &= -3\{(x+2)^2-2^2\}-5 \\ &= -3(x+2)^2+7 \end{aligned}$$

よって，y は

$x=$ ア[ ] のとき　最大値 イ[ ]

をとる。

最小値はない。

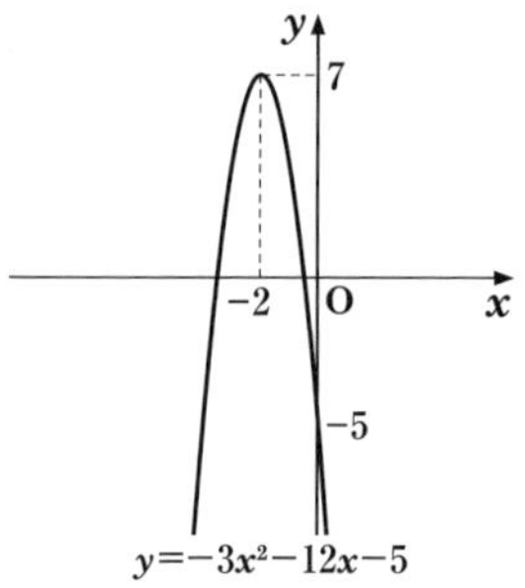

← $y=a(x-p)^2+q$ は $a<0$ のとき $x=p$ で最大値 q をとる

練　習　問　題

84 次の 2 次関数に最大値，最小値があれば，それを求めよ。 ◀例 53

*(1) $y=2(x-1)^2-4$

(2) $y=3(x+1)^2-6$

*(3) $y=-(x+4)^2-2$

(4) $y=-2(x-3)^2+5$

85 次の 2 次関数に最大値，最小値があれば，それを求めよ。 ◀例 54

(1) $y=x^2+2x$

*(2) $y=x^2-4x+1$

(3) $y=2x^2+12x+7$

*(4) $y=-2x^2+4x$

(5) $y=-x^2-8x+4$

(6) $y=-3x^2+6x-5$

検印

24 2次関数の最大・最小 (2)

⇨教 p.92〜p.94

1 定義域に制限がある 2 次関数の最大・最小

グラフをかいて,

{ 定義域の両端の点における y の値
{ 頂点における y の値

に注目する。

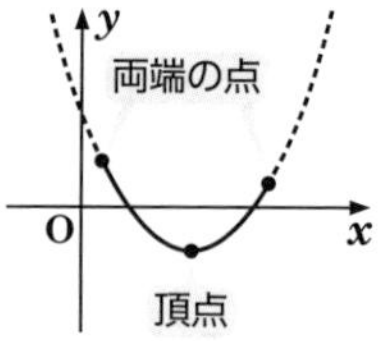

例 55 2次関数 $y=x^2+2x-3$ $(-2 \leqq x \leqq 2)$ の最大値,最小値を求めてみよう。

$y=x^2+2x-3$

$=(x+1)^2-1^2-3$ ⬅ $x^2+2px=(x+p)^2-p^2$

$=(x+1)^2-4$

$x=-2$ のとき　$y=-3$

$x=2$ のとき　$y=5$

であるから,この関数のグラフは,右の図の実線部分である。

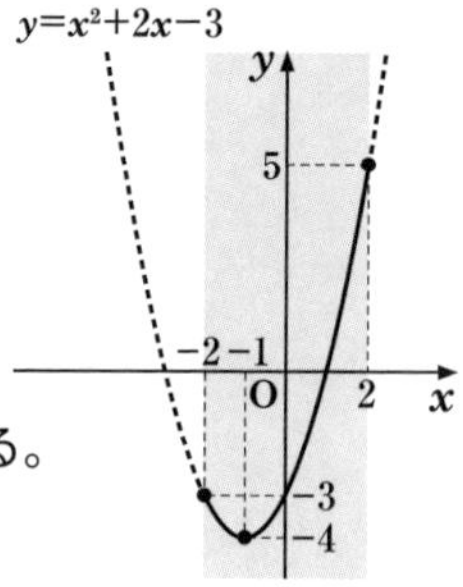

よって,y は

$x=$ ア［　　］ のとき　最大値 イ［　　］ をとり,

$x=$ ウ［　　］ のとき　最小値 エ［　　］ をとる。

⬅ 定義域 $-2 \leqq x \leqq 2$ の両端の点と頂点に注目する

TRY
例 56 隣り合う 2 辺の長さの和が 4 cm である長方形の面積を y cm² とするとき,y の最大値を求めてみよう。

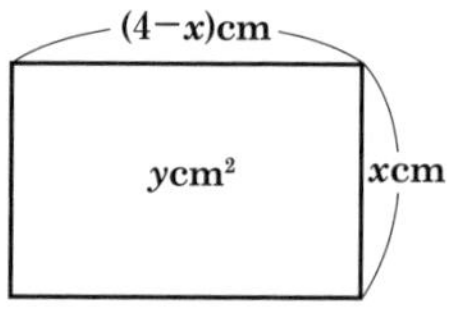

長方形の縦の長さを x cm とおくと,横の長さは $(4-x)$ cm である。

$x>0$ かつ $4-x>0$ であるから

$0<x<4$

このとき,長方形の面積は

$y=x(4-x)$

よって

$y=-x^2+4x$

$=-(x-2)^2+4$

ゆえに,$0<x<4$ におけるこの関数のグラフは,右の図の実線部分である。

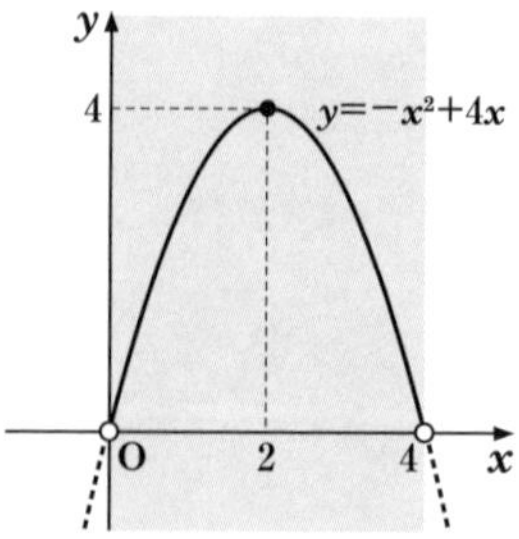

したがって,y は

$x=$ ア［　　］ のとき　最大値 イ［　　］ をとる。

練　習　問　題

86　次の 2 次関数の最大値，最小値を求めよ。　◀例 55

*(1)　$y=2x^2$　$(-2 \leqq x \leqq 1)$

(2)　$y=-(x-2)^2+1$　$(-1 \leqq x \leqq 1)$

87　次の 2 次関数の最大値，最小値を求めよ。　◀例 55

*(1)　$y=x^2+4x+1$　$(-1 \leqq x \leqq 1)$

(2)　$y=-2x^2+4x-1$　$(0 \leqq x \leqq 3)$

TRY

***88**　長さ 24 m の縄で，長方形の囲いをつくりたい。囲いの面積を y m^2 とするとき，y の最大値を求めよ。　◀例 56

25 2次関数の決定 (1)

⇨教 p.96〜p.97

1 グラフの頂点が与えられたとき
求める2次関数を $y=a(x-p)^2+q$ と表して，条件から a を求める。

2 グラフの軸が与えられたとき
求める2次関数を $y=a(x-p)^2+q$ と表して，条件から a，q を求める。

例 57

頂点が点 $(3,\ 1)$ で，点 $(1,\ -3)$ を通る放物線をグラフとする2次関数を求めてみよう。

頂点が点 $(3,\ 1)$ であるから，求める2次関数は

$$y=a(x-3)^2+1$$

と表される。

← $y=a(x-p)^2+q$ において $p=3$，$q=1$

グラフが点 $(1,\ -3)$ を通ることから

$$-3=a(1-3)^2+1$$

← $y=a(x-3)^2+1$ に $x=1$，$y=-3$ を代入

より　$-3=4a+1$

よって　$a=$ ア[　　]

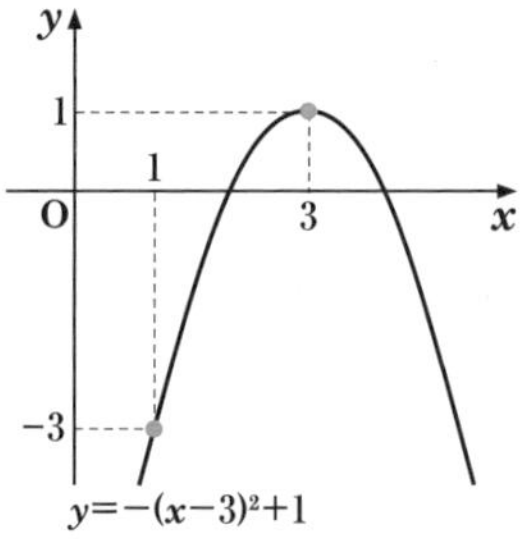

したがって，求める2次関数は

$$y=-(x-3)^2+1$$

例 58

軸が直線 $x=2$ で，2点 $(0,\ 7)$，$(3,\ -2)$ を通る放物線をグラフとする2次関数を求めてみよう。

軸が直線 $x=2$ であるから，求める2次関数は

$$y=a(x-2)^2+q$$

と表される。

← $y=a(x-p)^2+q$ において $p=2$

グラフが点 $(0,\ 7)$ を通ることから

$$7=a(0-2)^2+q \quad \cdots\cdots①$$

← $y=a(x-2)^2+q$ に $x=0$，$y=7$ を代入

グラフが点 $(3,\ -2)$ を通ることから

$$-2=a(3-2)^2+q \quad \cdots\cdots②$$

← $y=a(x-2)^2+q$ に $x=3$，$y=-2$ を代入

①，②より

$$\begin{cases} 4a+q=7 \\ a+q=-2 \end{cases}$$

これを解いて　$a=$ ア[　　]，$q=$ イ[　　]

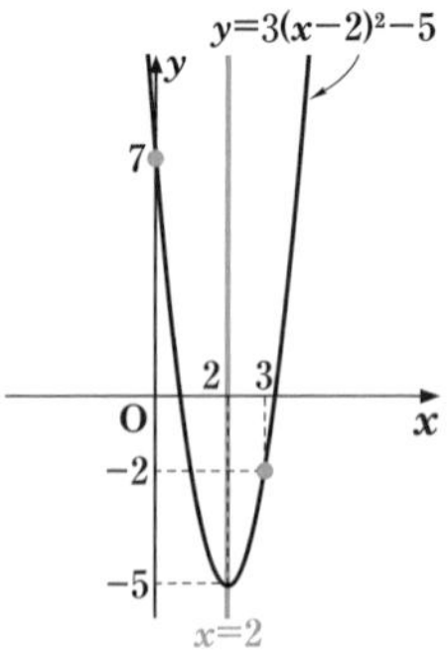

よって，求める2次関数は

$$y=3(x-2)^2-5$$

練 習 問 題

89 次の条件を満たす放物線をグラフとする2次関数を求めよ。 ◀例 57

*(1) 頂点が点 $(-3,\ 5)$ で，点 $(-2,\ 3)$ を通る

(2) 頂点が点 $(2,\ -4)$ で，原点を通る

90 次の条件を満たす放物線をグラフとする2次関数を求めよ。 ◀例 58

*(1) 軸が直線 $x=3$ で，2点 $(1,\ -2)$，$(4,\ -8)$ を通る

(2) 軸が直線 $x=-1$ で，2点 $(0,\ 1)$，$(2,\ 17)$ を通る

検印

26 2次関数の決定 (2)

⇨教 p.98

1 グラフの通る3点が与えられたとき

求める2次関数を $y=ax^2+bx+c$ と表して，条件から a，b，c を求める。

例 59 3点 $(0,\ -1)$，$(1,\ -2)$，$(2,\ 1)$ を通る放物線をグラフとする2次関数を求めてみよう。

求める2次関数を

$$y=ax^2+bx+c$$

とおく。

グラフが3点 $(0,\ -1)$，$(1,\ -2)$，$(2,\ 1)$ を通ることから

← $y=ax^2+bx+c$ に3点の座標をそれぞれ代入する

$$\begin{cases} -1=c & \cdots\cdots① \\ -2=a+b+c & \cdots\cdots② \\ 1=4a+2b+c & \cdots\cdots③ \end{cases}$$

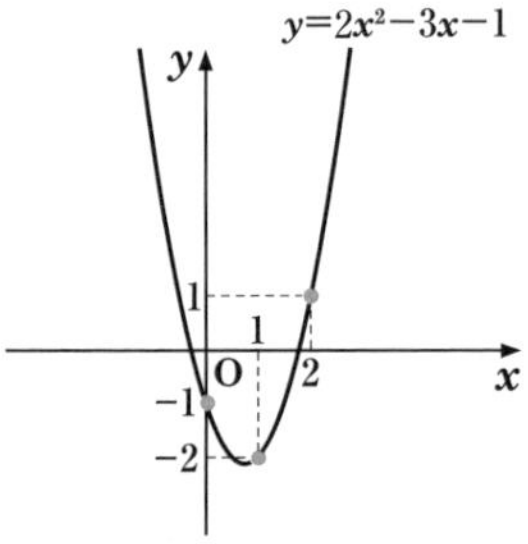

①より　$c=-1$

これを②，③に代入して整理すると

$$\begin{cases} a+b=-1 \\ 2a+b=1 \end{cases}$$

これを解いて

$$a=2,\ b=-3$$

よって，求める2次関数は

$y=$ ア［　　　　　］

練習問題

*91　3点 $(0,\ -1)$，$(1,\ 2)$，$(2,\ 7)$ を通る放物線をグラフとする2次関数を求めよ。

◀例 59

確認問題 7

1 次の 2 次関数に最大値，最小値があれば，それを求めよ。

(1) $y=-(x+2)^2+3$

*(2) $y=x^2-6x+5$

2 次の 2 次関数の最大値，最小値を求めよ。

(1) $y=3x^2\quad(-3\leqq x\leqq -1)$

*(2) $y=-x^2+4x+3\quad(-1\leqq x\leqq 4)$

***3** 次の条件を満たす放物線をグラフとする 2 次関数を求めよ。

(1) 頂点が点 $(-1,\ -2)$ で，点 $(-3,\ 10)$ を通る

(2) 軸が直線 $x=-2$ で，2 点 $(1,\ -2)$，$(-4,\ 3)$ を通る

検印

27 2次方程式

⇨教 p.101〜p.102

1 2次方程式 $ax^2+bx+c=0$ の解き方

① 左辺を因数分解して解く。

② 左辺が簡単に因数分解できないときは，次の 解の公式 を用いて解く。

$b^2-4ac \geqq 0$ のとき　$x=\dfrac{-b\pm\sqrt{b^2-4ac}}{2a}$

例 60 2次方程式 $x^2-7x+12=0$ を解いてみよう。

左辺を因数分解すると

$(x-3)(x-4)=0$

← $x^2-(\alpha+\beta)x+\alpha\beta=(x-\alpha)(x-\beta)$

よって　$x-3=0$　または　$x-4=0$

← $(x-\alpha)(x-\beta)=0$ のとき $x-\alpha=0$ または $x-\beta=0$

したがって　$x=$ ア［　　］, イ［　　］

例 61 2次方程式 $3x^2-2x-4=0$ を解いてみよう。

解の公式より

$x=\dfrac{-(-2)\pm\sqrt{(-2)^2-4\times3\times(-4)}}{2\times3}$

$=$ ア［　　］

← $ax^2+bx+c=0$ で $a=3$, $b=-2$, $c=-4$ として，解の公式に代入する

練習問題

*92 次の2次方程式を解け。 ◀例 60

(1) $(x+1)(x-2)=0$

(2) $(2x+1)(3x-2)=0$

(3) $x^2+2x-8=0$

(4) $x^2-25=0$

93 次の 2 次方程式を解け。 ◀例 61

*(1) $x^2+3x-2=0$

(2) $2x^2+8x+1=0$

(3) $x^2-5x+3=0$

*(4) $3x^2-5x-1=0$

*(5) $x^2+6x-8=0$

(6) $3x^2+8x+2=0$

検印

28 2次方程式の実数解の個数

⇨教 p.103~p.105

1 2次方程式の実数解の個数

2次方程式 $ax^2+bx+c=0$ の判別式を $D=b^2-4ac$ とすると

$D>0$ のとき　異なる2つの実数解をもつ　←実数解2個

$D=0$ のとき　ただ1つの実数解（重解）をもつ　←実数解1個

$D<0$ のとき　実数解をもたない　←実数解0個

例 62　2次方程式 $x^2+4x+2=0$ の実数解の個数を求めてみよう。

2次方程式 $x^2+4x+2=0$ の判別式を D とすると

$D=4^2-4\times1\times2$

$=16-8=8$

より　$D>0$

よって，実数解の個数は ア[　　] 個である。

例 63　(1)　2次方程式 $3x^2+6x+m+1=0$ が異なる2つの実数解をもつような定数 m の範囲を求めてみよう。

2次方程式 $3x^2+6x+m+1=0$ の判別式を D とすると

$D=6^2-4\times3\times(m+1)=$ ア[　　]

この2次方程式が異なる2つの実数解をもつためには，$D>0$ であればよい。

よって，ア[　　] >0 より　$m<$ イ[　　]

(2)　2次方程式 $2x^2+2mx+m+4=0$ が重解をもつような定数 m の値を求めてみよう。また，そのときの重解を求めてみよう。

2次方程式 $2x^2+2mx+m+4=0$ の判別式を D とすると

$D=(2m)^2-4\times2\times(m+4)=$ ウ[　　]

この2次方程式が重解をもつためには，$D=0$ であればよい。

よって，ウ[　　] $=0$ より　$m=$ エ[　　]，$-$ オ[　　]

$m=$ エ[　　] のとき，2次方程式は $2x^2+8x+8=0$

となり，$(x+2)^2=0$ より　重解は　$x=$ カ[　　]

$m=-$ オ[　　] のとき，2次方程式は $2x^2-4x+2=0$

となり，$(x-1)^2=0$ より　重解は　$x=$ キ[　　]

練　習　問　題

94　次の 2 次方程式の実数解の個数を求めよ。　◀例 62

*(1)　$x^2-2x-4=0$　　(2)　$4x^2-12x+9=0$

*(3)　$3x^2+3x+2=0$　　(4)　$2x^2-5x+2=0$

***95**　2 次方程式 $2x^2+8x+m=0$ が異なる 2 つの実数解をもつような定数 m の値の範囲を求めよ。　◀例 63 (1)

96　2 次方程式 $x^2+2mx+m+20=0$ が重解をもつような定数 m の値を求めよ。また，そのときの重解を求めよ。　◀例 63 (2)

第3章　2次関数

検印

29 2次関数のグラフと x 軸の位置関係

⇨教 p.106〜p.109

1 2次関数のグラフと x 軸の共有点

2次関数 $y = ax^2 + bx + c$ のグラフと x 軸の共有点の x 座標は，
2次方程式 $ax^2 + bx + c = 0$ の実数解である。

2 2次関数のグラフと x 軸の位置関係

$D = b^2 - 4ac$ の符号	$D > 0$	$D = 0$	$D < 0$
グラフと x 軸の共有点の個数	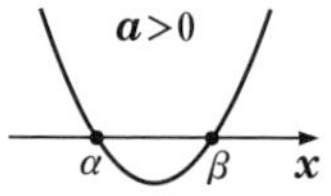2個	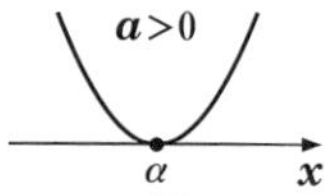1個	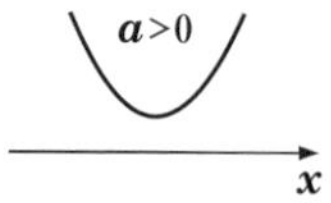0個
x 軸との位置関係	異なる2点で交わる	接する	共有点をもたない
$ax^2 + bx + c = 0$	異なる2つの実数解 α，β	重解 α	実数解はない

例 64 2次関数 $y = x^2 + x - 12$ のグラフと x 軸の共有点の x 座標を求めてみよう。

2次方程式 $x^2 + x - 12 = 0$ を解くと

$(x+4)(x-3) = 0$ より　$x = -$ ア□，イ□

よって，共有点の x 座標は $-$ ア□，イ□

例 65 次の2次関数のグラフと x 軸の共有点の個数を求めてみよう。

(1) $y = x^2 - 4x + 2$

2次関数 $y = x^2 - 4x + 2$ について，2次方程式 $x^2 - 4x + 2 = 0$ の判別式を D とすると

$D = (-4)^2 - 4 \times 1 \times 2 = 8 > 0$

よって，グラフと x 軸の共有点の個数は ア□ 個

(2) $y = 4x^2 - 4x + 1$

2次関数 $y = 4x^2 - 4x + 1$ について，2次方程式 $4x^2 - 4x + 1 = 0$ の判別式を D とすると

$D = (-4)^2 - 4 \times 4 \times 1 = 0$

よって，グラフと x 軸の共有点の個数は イ□ 個

例 66 2次関数 $y = 3x^2 - 2x + m$ のグラフと x 軸の共有点の個数が2個であるとき，定数 m の値の範囲を求めてみよう。

2次方程式 $3x^2 - 2x + m = 0$ の判別式を D とすると

$D = (-2)^2 - 4 \times 3 \times m =$ ア□

グラフと x 軸の共有点の個数が2個であるためには，$D > 0$ であればよい。

よって，ア□ > 0 より　$m <$ イ□

練　習　問　題

97　次の 2 次関数のグラフと x 軸の共有点の x 座標を求めよ。　◀ 例 64

*(1)　$y = x^2 + 5x + 6$　　(2)　$y = x^2 - 4x + 4$

98　次の 2 次関数のグラフと x 軸の共有点の x 座標を求めよ。　◀ 例 64

*(1)　$y = x^2 + 5x + 3$　　(2)　$y = 3x^2 + 6x - 1$

99　次の 2 次関数のグラフと x 軸の共有点の個数を求めよ。　◀ 例 65

*(1)　$y = x^2 - 4x + 2$　　(2)　$y = -3x^2 + 5x - 1$

(3)　$y = x^2 - 2x + 1$　　*(4)　$y = 3x^2 + 3x + 1$

***100**　2 次関数 $y = 2x^2 - 3x + m$ のグラフと x 軸の共有点の個数が 2 個であるとき，定数 m の値の範囲を求めよ。　◀ 例 66

検印

30 2次関数のグラフと2次不等式 (1)

⇨教 p.111〜p.115

1 1次関数のグラフと1次不等式

$ax+b>0$ の解　$y=ax+b$ のグラフが x 軸の 上側 にある部分の x の値の範囲

$ax+b<0$ の解　$y=ax+b$ のグラフが x 軸の 下側 にある部分の x の値の範囲

2 2次不等式の解

(1) $a>0$ として，$ax^2+bx+c=0$ が異なる2つの実数解 α，β $(\alpha<\beta)$ をもつとき

$ax^2+bx+c>0$ の解　$x<\alpha$，$\beta<x$

$ax^2+bx+c<0$ の解　$\alpha<x<\beta$

(2) $\alpha<\beta$ ならば $(x-\alpha)(x-\beta)>0 \iff x<\alpha$，$\beta<x$

$(x-\alpha)(x-\beta)<0 \iff \alpha<x<\beta$

注 $a<0$ の場合は 両辺に -1 を掛けて，x^2 の係数を正にして考える。

例67

1次関数のグラフを用いて，1次不等式 $3x+6<0$ を解いてみよう。

1次方程式 $3x+6=0$ の解は　$x=-2$

よって，$3x+6<0$ の解は，右の図より

$x<$ ア[　　]

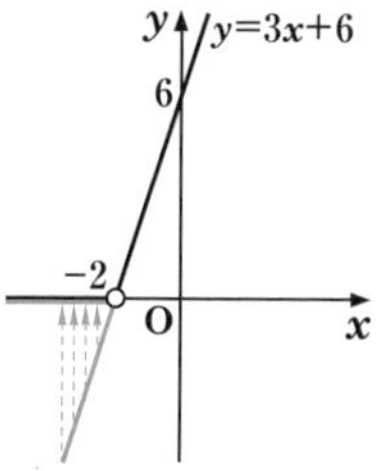

← $y=3x+6$ と x 軸の共有点の x 座標は，$3x+6=0$ の解

例68

2次不等式 $x^2-6x+8\leqq 0$ を解いてみよう。

2次方程式 $x^2-6x+8=0$ を解くと

$(x-2)(x-4)=0$ より　$x=2,\ 4$

よって，$x^2-6x+8\leqq 0$ の解は

ア[　　] $\leqq x\leqq$ イ[　　]

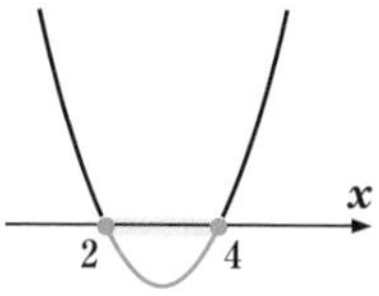

例69

2次不等式 $x^2+4x-3>0$ を解いてみよう。

2次方程式 $x^2+4x-3=0$ を解くと，解の公式より

$$x=\frac{-4\pm\sqrt{4^2-4\times1\times(-3)}}{2\times1}=-2\pm\sqrt{7}$$

よって，$x^2+4x-3>0$ の解は

$x<$ ア[　　]，イ[　　] $<x$

← $ax^2+bx+c=0$ の解の公式

$$x=\frac{-b\pm\sqrt{b^2-4ac}}{2a}$$

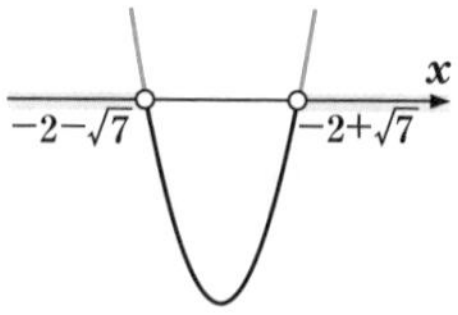

例70

2次不等式 $-x^2+6x-2>0$ を解いてみよう。

両辺に -1 を掛けると　$x^2-6x+2<0$

2次方程式 $x^2-6x+2=0$ を解くと，解の公式より

$$x=\frac{-(-6)\pm\sqrt{(-6)^2-4\times1\times2}}{2\times1}=3\pm\sqrt{7}$$

よって，$-x^2+6x-2>0$ の解は ア[　　] $<x<$ イ[　　]

← 両辺に -1 を掛けると，不等号の向きが変わる

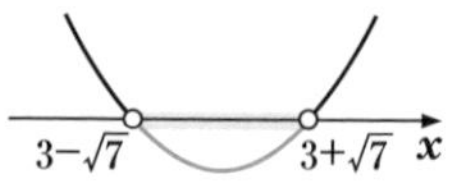

練　習　問　題

101　1次関数のグラフを用いて，次の1次不等式を解け。　◀例 67

*(1)　$2x+6>0$

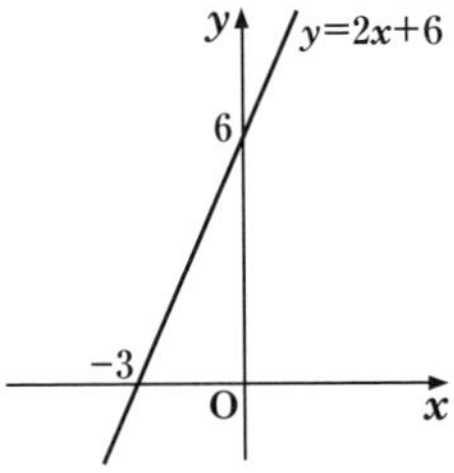

(2)　$3x-3<0$

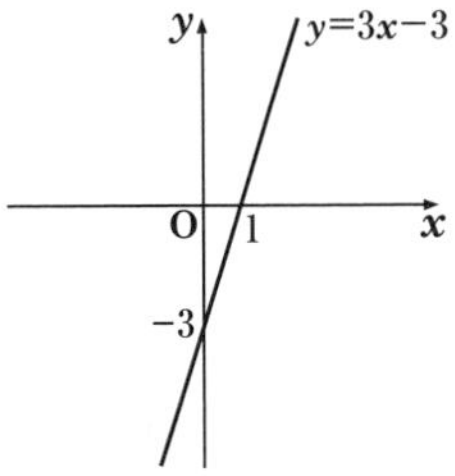

102　次の2次不等式を解け。　◀例 68

*(1)　$(x-3)(x-5)<0$

(2)　$(x-1)(x+2)\leqq 0$

*(3)　$x^2-7x+10\geqq 0$

(4)　$x^2-3x-10\geqq 0$

(5)　$x^2-9>0$

(6)　$x^2+x<0$

103　次の2次不等式を解け。　◀例 69

*(1)　$x^2+3x+1\geqq 0$

(2)　$3x^2-2x-4<0$

104　次の2次不等式を解け。　◀例 70

*(1)　$-x^2-2x+8<0$

(2)　$-x^2+4x-1\geqq 0$

31 2次関数のグラフと2次不等式 (2)

⇨教 p.116〜p.118

1 2次不等式の解のまとめ

$a>0$ の場合

$D=b^2-4ac$ の符号	$D>0$	$D=0$	$D<0$
$y=ax^2+bx+c$ のグラフと x 軸の位置関係	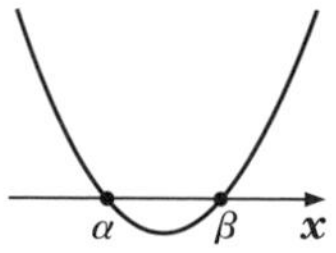	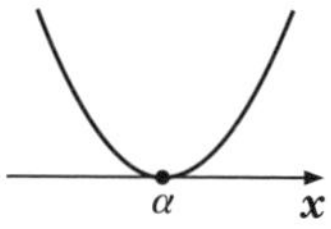	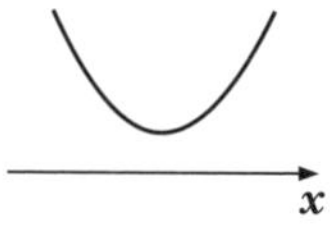
$ax^2+bx+c=0$ の実数解	$x=\alpha,\ \beta$	$x=\alpha$	ない
$ax^2+bx+c>0$ の解	$x<\alpha,\ \beta<x$	α 以外のすべての実数	すべての実数
$ax^2+bx+c\geqq 0$ の解	$x\leqq\alpha,\ \beta\leqq x$	すべての実数	すべての実数
$ax^2+bx+c<0$ の解	$\alpha<x<\beta$	ない	ない
$ax^2+bx+c\leqq 0$ の解	$\alpha\leqq x\leqq\beta$	$x=\alpha$	ない

例 71

2次不等式 $x^2-2x+1>0$ を解いてみよう。

2次方程式 $x^2-2x+1=0$ を解くと

$(x-1)^2=0$ より　$x=1$

よって，$x^2-2x+1>0$ の解は

ア［　　］以外のすべての実数

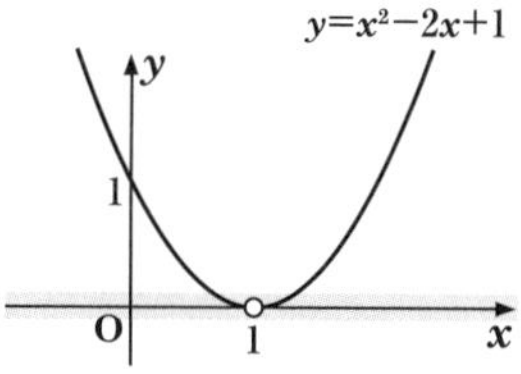

例 72

2次不等式 $x^2+2x+3\leqq 0$ を解いてみよう。

2次方程式 $x^2+2x+3=0$ の判別式を D とすると

$D=2^2-4\times1\times3$

$=-8<0$

より，この2次方程式は実数解をもたない。

よって，$x^2+2x+3\leqq 0$ の解は ア［　　］

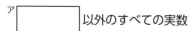

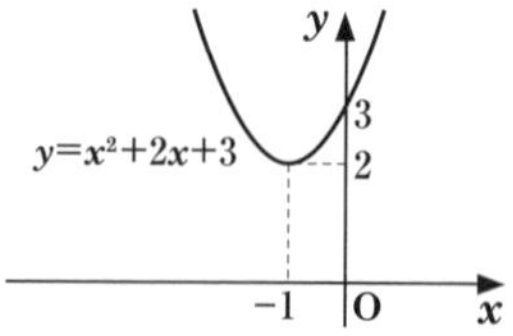

⬅ $D=b^2-4ac<0$ より，グラフは x 軸と共有点をもたない

練　習　問　題

105　次の 2 次不等式を解け。　◀例 71

*(1)　$(x-2)^2 > 0$

*(2)　$(2x+3)^2 \leqq 0$

(3)　$x^2+4x+4 < 0$

(4)　$9x^2+6x+1 \geqq 0$

106　次の 2 次不等式を解け。　◀例 72

(1)　$x^2+4x+5 > 0$

*(2)　$x^2-5x+7 < 0$

(3)　$x^2-3x+4 \geqq 0$

*(4)　$2x^2-3x+2 \leqq 0$

検印

確認問題 8

1 次の 2 次方程式を解け。

(1) $x^2+3x-10=0$

*(2) $2x^2-7x+6=0$

(3) $2x^2-5x-2=0$

(4) $3x^2+2x-2=0$

2 次の 2 次関数のグラフと x 軸の共有点の個数を求めよ。

*(1) $y=2x^2-7x+6$

(2) $y=16x^2-8x+1$

(3) $y=x^2+3x$

*(4) $y=-x^2+4x-6$

3 2 次方程式 $x^2+(m+1)x+2m-1=0$ が重解をもつような，定数 m の値を求めよ。また，そのときの重解を求めよ。

4 2次関数 $y = x^2 - 4x + m$ のグラフと x 軸の共有点がないとき，定数 m の値の範囲を求めよ。

5 次の2次不等式を解け。

(1) $x^2 - 3x - 40 > 0$

*(2) $-2x^2 + x + 3 \geqq 0$

*(3) $x^2 + 5x + 3 \leqq 0$

(4) $3x^2 + 2x - 2 > 0$

(5) $-5x^2 + 3x < 0$

(6) $9x^2 - 6x + 1 \leqq 0$

TRY PLUS

例題 3　2 次関数のグラフの平行移動

⇨教 p.87 応用例題 1

2 次関数 $y=x^2+4x+3$ のグラフをどのように平行移動すれば，
$y=x^2-2x+2$ のグラフに重なるか。

解　$y=x^2+4x+3$ を変形すると　$y=(x+2)^2-1$　……①
$y=x^2-2x+2$ を変形すると　$y=(x-1)^2+1$　……②

よって，①，②のグラフは，ともに $y=x^2$ のグラフを平行移動した放物線であり，頂点はそれぞれ

点 $(-2,\ -1)$，点 $(1,\ 1)$

したがって，$y=x^2+4x+3$ のグラフを

x 軸方向に 3，y 軸方向に 2

だけ平行移動すれば，$y=x^2-2x+2$ のグラフに重なる。

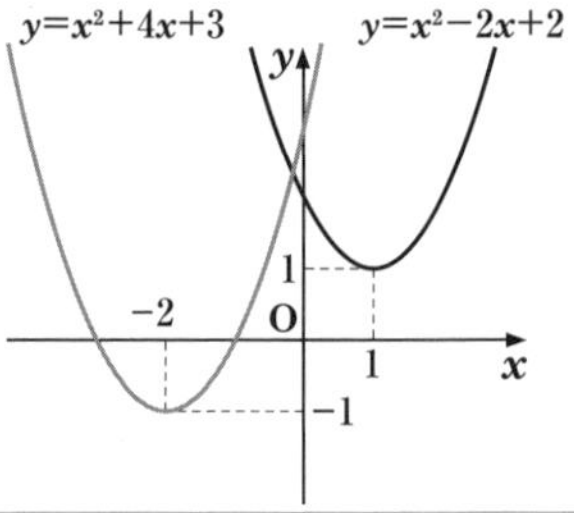

問 3　2 次関数 $y=-x^2-2x+3$ のグラフをどのように平行移動すれば，$y=-x^2-6x+1$ のグラフに重なるか。

例題 4　連立不等式

⇨教 p.119 応用例題 1

連立不等式 $\begin{cases} x^2+4x+3 \geqq 0 \\ x^2+4x-5 \leqq 0 \end{cases}$ を解け。

解　$x^2+4x+3 \geqq 0$ を解くと

$(x+3)(x+1) \geqq 0$ より

$x \leqq -3,\ -1 \leqq x$　……①

$x^2+4x-5 \leqq 0$ を解くと

$(x+5)(x-1) \leqq 0$ より

$-5 \leqq x \leqq 1$　……②

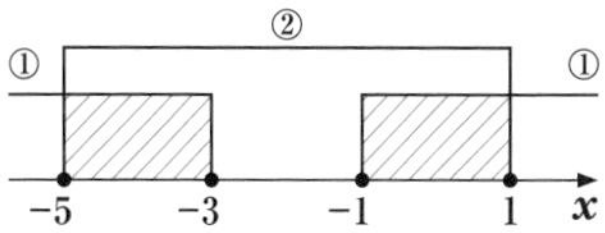

①，②より，連立不等式の解は

$-5 \leqq x \leqq -3,\ -1 \leqq x \leqq 1$

問 4　次の連立不等式を解け。

(1) $\begin{cases} 2x+1 > 0 \\ x^2-4 < 0 \end{cases}$

(2) $\begin{cases} x^2-3x < 0 \\ x^2-6x+8 \geqq 0 \end{cases}$

32 三角比 (1)

⇨教 p.126〜p.129

1 サイン・コサイン・タンジェント

∠C が直角の直角三角形 ABC において

$$\sin A = \frac{a}{c},\ \cos A = \frac{b}{c},\ \tan A = \frac{a}{b}$$

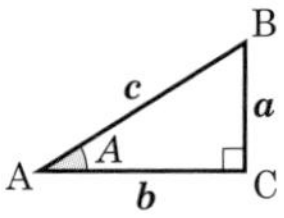

2 30°, 45°, 60° の三角比

A	30°	45°	60°
$\sin A$	$\frac{1}{2}$	$\frac{1}{\sqrt{2}}$	$\frac{\sqrt{3}}{2}$
$\cos A$	$\frac{\sqrt{3}}{2}$	$\frac{1}{\sqrt{2}}$	$\frac{1}{2}$
$\tan A$	$\frac{1}{\sqrt{3}}$	1	$\sqrt{3}$

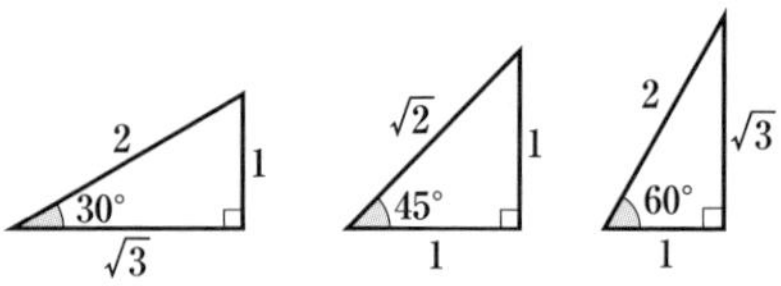

例 73

右の図の直角三角形 ABC において，$\sin A$，$\cos A$，$\tan A$ の値を求めてみよう。

$\sin A = \dfrac{\mathrm{BC}}{\mathrm{AB}} =$ ア

$\cos A = \dfrac{\mathrm{AC}}{\mathrm{AB}} =$ イ

$\tan A = \dfrac{\mathrm{BC}}{\mathrm{AC}} =$ ウ

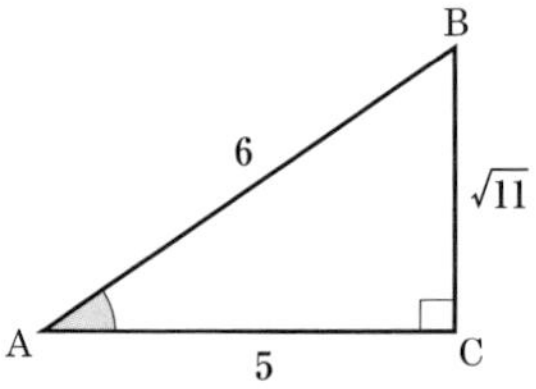

例 74

右の図の直角三角形 ABC において，$\sin A$，$\cos A$，$\tan A$ の値を求めてみよう。

三平方の定理より　$\mathrm{AC}^2 + (\sqrt{21})^2 = 5^2$

よって　$\mathrm{AC}^2 = 25 - 21 = 4$

ここで，$\mathrm{AC} > 0$ であるから　$\mathrm{AC} = 2$

したがって

$\sin A =$ ア，$\cos A =$ イ，$\tan A =$ ウ

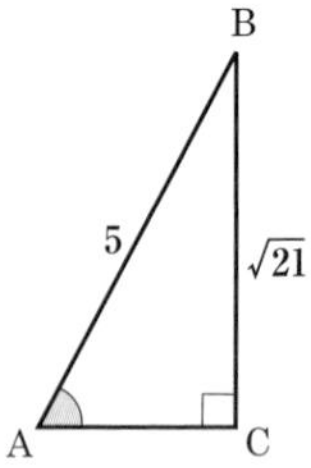

例 75

$\sin A = 0.36$ を満たす A のおよその値を，右の三角比の表を用いて求めてみよう。

右の三角比の表から，　$\sin 21^\circ = 0.3584$，$\sin 22^\circ = 0.3746$ であるから，0.36 に最も近くなる A の値を求めると

$A \fallingdotseq$ ア

A	$\sin A$	$\cos A$	$\tan A$
16°	0.2756	0.9613	0.2867
17°	0.2924	0.9563	0.3057
18°	0.3090	0.9511	0.3249
19°	0.3256	0.9455	0.3443
20°	0.3420	0.9397	0.3640
21°	0.3584	0.9336	0.3839
22°	0.3746	0.9272	0.4040
23°	0.3907	0.9205	0.4245

練　習　問　題

107　次の直角三角形 ABC において，$\sin A$，$\cos A$，$\tan A$ の値を求めよ。　◀例 73

*(1)
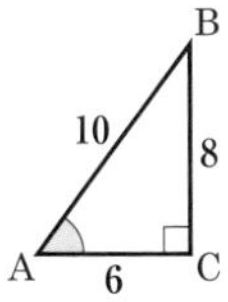

(2)
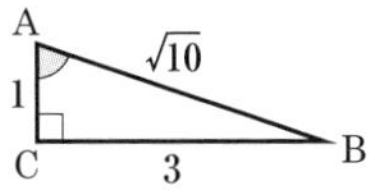

(3)
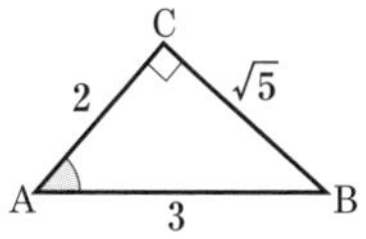

108　次の直角三角形 ABC において，$\sin A$，$\cos A$，$\tan A$ の値を求めよ。　◀例 74

*(1)
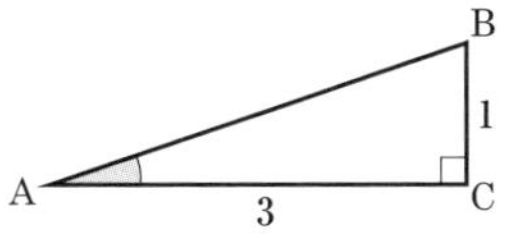

(2)
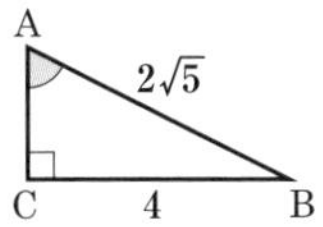

(3)
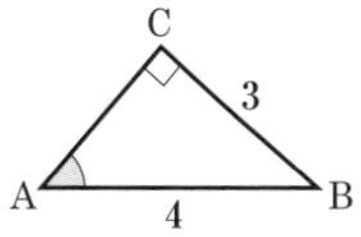

109　次の三角比の値を，135 ページの三角比の表を用いて求めよ。　◀例 75

*(1)　$\sin 39°$　　(2)　$\cos 26°$　　*(3)　$\tan 70°$

110　次のそれぞれの式を満たす A のおよその値を，135 ページの三角比の表を用いて求めよ。　◀例 75

*(1)　$\sin A = 0.6$　　(2)　$\cos A = \dfrac{4}{5}$　　*(3)　$\tan A = 5$

33 三角比 (2)

⇨教 p.130〜p.131

1 三角比の利用

∠C が直角の直角三角形 ABC において

$a = c\sin A$, $b = c\cos A$, $a = b\tan A$

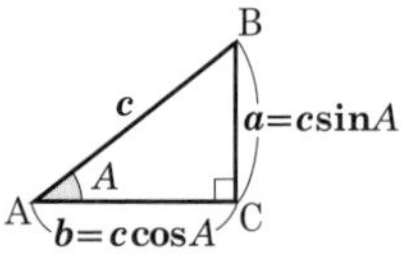

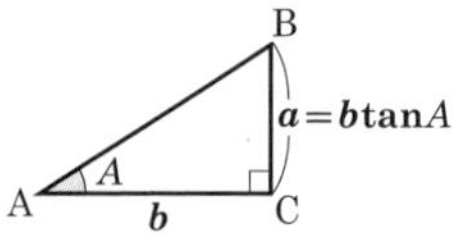

例 76

右の直角三角形 ABC において，x，y の値を求めてみよう。

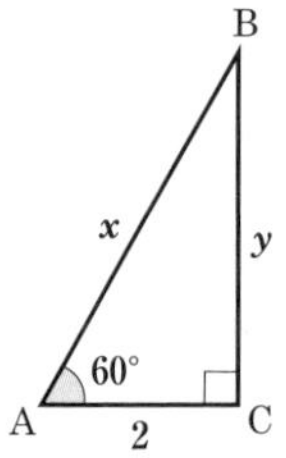

$2 = x\cos 60°$ より

$x = 2 \div \cos 60° = 2 \div \dfrac{1}{2} = 2 \times \dfrac{2}{1} =$ ア［　　］

また，$y = 2\tan 60° = 2 \times \sqrt{3} =$ イ［　　］

例 77

傾斜角が 8° の坂道を 500 m 進むと，垂直方向に何 m 登ったことになるか。また，水平方向に何 m 進んだことになるか。小数第 1 位を四捨五入して求めてみよう。ただし，$\sin 8° = 0.1392$，$\cos 8° = 0.9903$ とする。

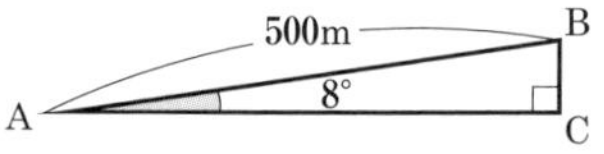

右の図において

$BC = 500\sin 8°$

$= 500 \times 0.1392 = 69.6 ≒ 70$

$AC = 500\cos 8°$

$= 500 \times 0.9903 = 495.15 ≒ 495$

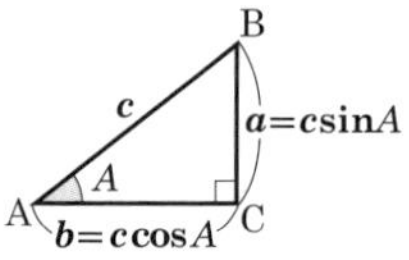

よって，垂直方向に ア［　　］m，水平方向に イ［　　］m

TRY
例 78

ある木の根元から水平に 5 m 離れた地点で木の先端を見上げたら，見上げる角が 7° であった。目の高さを 1.5 m とすると，木の高さは何 m か。小数第 2 位を四捨五入して求めてみよう。ただし，$\tan 7° = 0.1228$ とする。

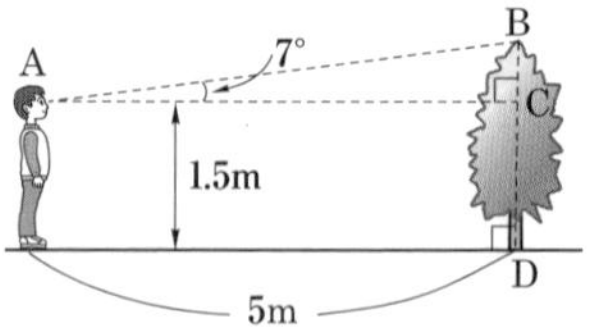

右の図において

$BC = 5\tan 7°$

$= 5 \times 0.1228 = 0.614 ≒ 0.6$

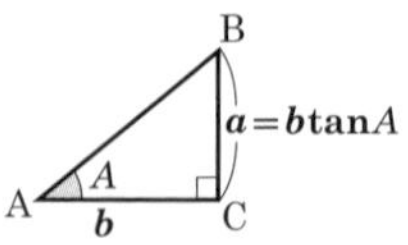

よって

$BD = BC + CD = 0.6 + 1.5 = 2.1$

したがって，木の高さは ア［　　］m

練 習 問 題

111 次の直角三角形 ABC において，x，y の値を求めよ。 ◀例 76

*(1)

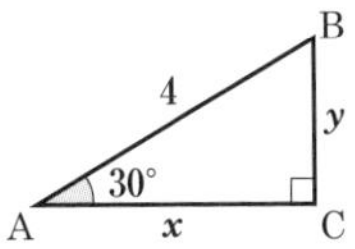

(2)

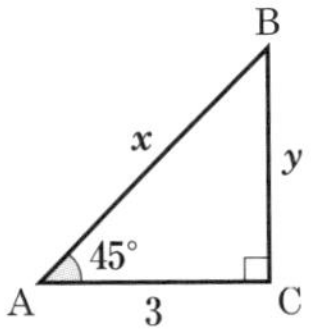

***112** 山のふもとの A 地点と山頂の B 地点を結ぶケーブルカーがある。2 地点 A，B 間の距離は 4000 m，傾斜角は 29° である。A 地点と B 地点の標高差 BC と水平距離 AC はそれぞれ何 m か。小数第 1 位を四捨五入して求めよ。ただし，$\sin 29^\circ = 0.4848$，$\cos 29^\circ = 0.8746$ とする。 ◀例 77

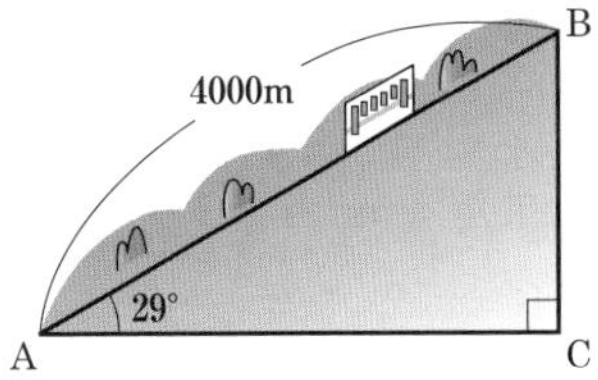

TRY
113 ある鉄塔の根元から水平に 20 m 離れた地点で，この鉄塔の先端を見上げたら，見上げる角が 25° であった。目の高さを 1.6 m とすると，鉄塔の高さは何 m か。小数第 2 位を四捨五入して求めよ。ただし，$\tan 25^\circ = 0.4663$ とする。
◀例 78

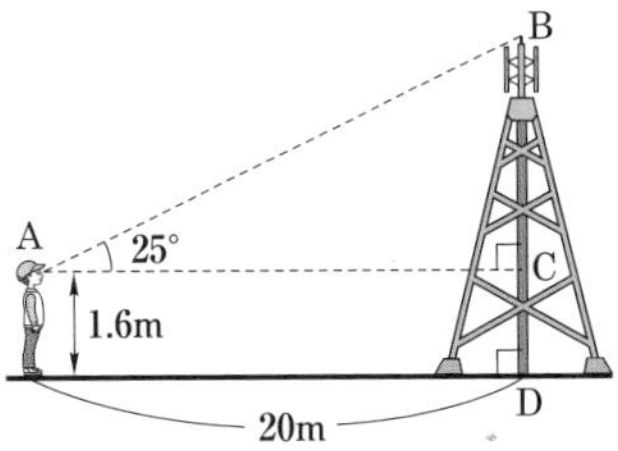

34 三角比の性質

⇨教 p.132〜p.135

1 三角比の相互関係

$$\tan A=\frac{\sin A}{\cos A},\quad \sin^2 A+\cos^2 A=1,\quad 1+\tan^2 A=\frac{1}{\cos^2 A}$$

2 $90^\circ - A$ の三角比

$$\sin(90^\circ - A)=\cos A,\quad \cos(90^\circ - A)=\sin A,\quad \tan(90^\circ - A)=\frac{1}{\tan A}$$

例 79

$\sin A=\dfrac{1}{4}$ のとき，$\cos A$，$\tan A$ の値を求めてみよう。

ただし，$0^\circ < A < 90^\circ$ とする。

← A は鋭角

$\sin A=\dfrac{1}{4}$ のとき，$\sin^2 A+\cos^2 A=1$ より

$$\cos^2 A=1-\sin^2 A=1-\left(\frac{1}{4}\right)^2=\frac{15}{16}$$

$0^\circ < A < 90^\circ$ のとき，$\cos A>0$ であるから　$\cos A=\sqrt{\dfrac{15}{16}}=$ ア $\square$

← A が鋭角のとき
$\sin A>0$，$\cos A>0$
$\tan A>0$

また，$\tan A=\dfrac{\sin A}{\cos A}$ より

$\tan A=\dfrac{1}{4}\div$ ア $\square$ $=$ イ $\square$

TRY

例 80

$\tan A=2\sqrt{2}$ のとき，$\cos A$，$\sin A$ の値を求めてみよう。

ただし，$0^\circ < A < 90^\circ$ とする。

$\tan A=2\sqrt{2}$ のとき，$1+\tan^2 A=\dfrac{1}{\cos^2 A}$ より

$$\frac{1}{\cos^2 A}=1+\tan^2 A=1+(2\sqrt{2})^2=9$$

よって　$\cos^2 A=\dfrac{1}{9}$

$0^\circ < A < 90^\circ$ のとき，$\cos A>0$ であるから　$\cos A=\sqrt{\dfrac{1}{9}}=$ ア $\square$

また，$\tan A=\dfrac{\sin A}{\cos A}$ より

$\sin A=\tan A\times\cos A=2\sqrt{2}\times$ ア $\square$ $=$ イ $\square$

例 81

55° の三角比を 45° 以下の角の三角比で表してみよう。

$\sin 55^\circ=\sin(90^\circ-35^\circ)=$ ア $\square$

$\cos 55^\circ=\cos(90^\circ-35^\circ)=$ イ $\square$

$\tan 55^\circ=\tan(90^\circ-35^\circ)=$ ウ $\square$

← $90^\circ - A$ の公式を用いる

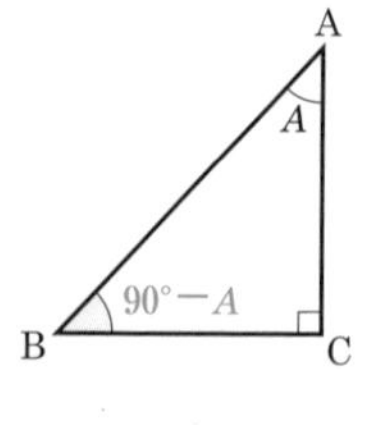

練習問題

*114　$\sin A = \dfrac{\sqrt{5}}{3}$ のとき，$\cos A$，$\tan A$ の値を求めよ。ただし，$0^\circ < A < 90^\circ$ とする。

◀例 79

115　$\cos A = \dfrac{4}{5}$ のとき，$\sin A$，$\tan A$ の値を求めよ。ただし，$0^\circ < A < 90^\circ$ とする。

◀例 79

TRY
116　$\tan A = \sqrt{5}$ のとき，$\cos A$，$\sin A$ の値を求めよ。ただし，$0^\circ < A < 90^\circ$ とする。

◀例 80

117　次の三角比を，45° 以下の角の三角比で表せ。　◀例 81

*(1)　$\sin 81^\circ$　　(2)　$\cos 74^\circ$　　*(3)　$\tan 65^\circ$

検印

35 三角比の拡張 (1)

⇨教 p.136〜p.139

1 三角比の拡張

右の図で，$\angle AOP = \theta$，$OP = r$，$P(x,\ y)$ とすると

$$\sin\theta = \frac{y}{r},\quad \cos\theta = \frac{x}{r},\quad \tan\theta = \frac{y}{x}$$

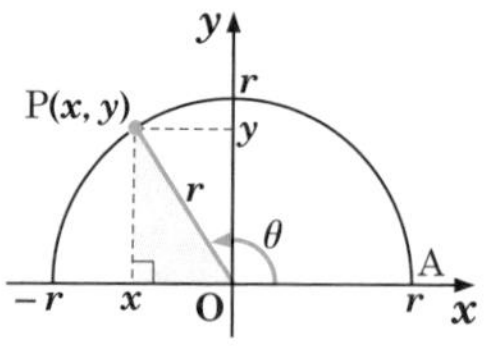

2 三角比の符号

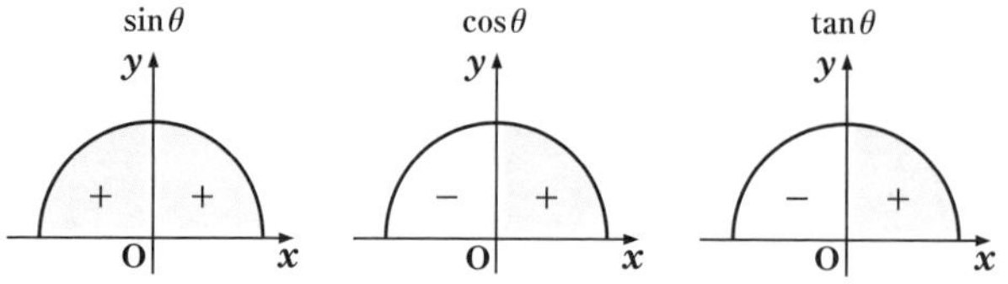

3 $180^\circ - \theta$ の三角比

$$\sin(180^\circ - \theta) = \sin\theta,\quad \cos(180^\circ - \theta) = -\cos\theta,\quad \tan(180^\circ - \theta) = -\tan\theta$$

例 82

次の図において，$\sin\theta$，$\cos\theta$，$\tan\theta$ の値を求めてみよう。

点 P の座標が $(-4,\ 3)$ であるから

$\sin\theta =$ ア［　　　］

$\cos\theta =$ イ［　　　］

$\tan\theta =$ ウ［　　　］

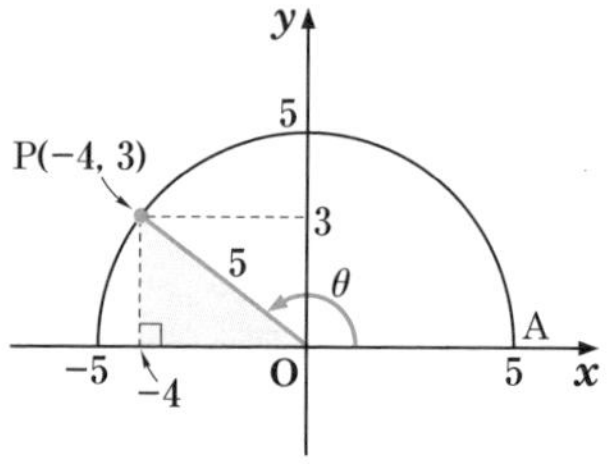

⬅ $\sin\theta = \dfrac{\text{P の } y \text{ 座標}}{\text{半径}}$

⬅ $\cos\theta = \dfrac{\text{P の } x \text{ 座標}}{\text{半径}}$

⬅ $\tan\theta = \dfrac{\text{P の } y \text{ 座標}}{\text{P の } x \text{ 座標}}$

例 83

(1) 次の図を用いて，150° の三角比の値をそれぞれ求めてみよう。

$\sin 150^\circ =$ ア［　　　］

$\cos 150^\circ =$ イ［　　　］

$\tan 150^\circ =$ ウ［　　　］

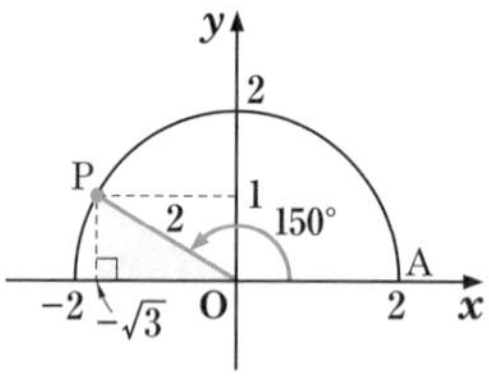

(2) 次の図を用いて，90° の三角比の値をそれぞれ求めてみよう。

$\sin 90^\circ =$ エ［　　　］

$\cos 90^\circ =$ オ［　　　］

$\tan 90^\circ$ の値はない。

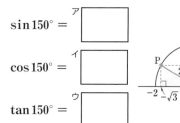

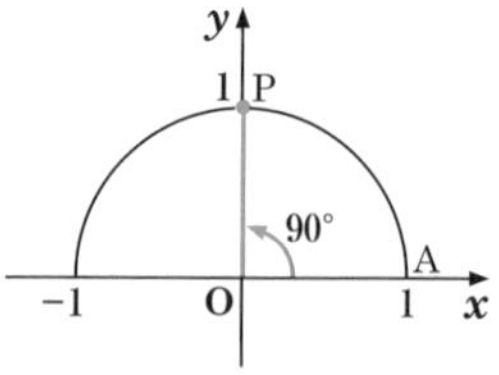

例 84

$\sin 110^\circ$ の値を，鋭角の三角比で表してみよう。

$\sin 110^\circ = \sin(180^\circ - 70^\circ) =$ ア［　　　］

⬅ $180^\circ - \theta$ の公式を用いる

練習問題

118 次の図において，$\sin\theta$，$\cos\theta$，$\tan\theta$ の値を求めよ。 ◀例 82

*(1)

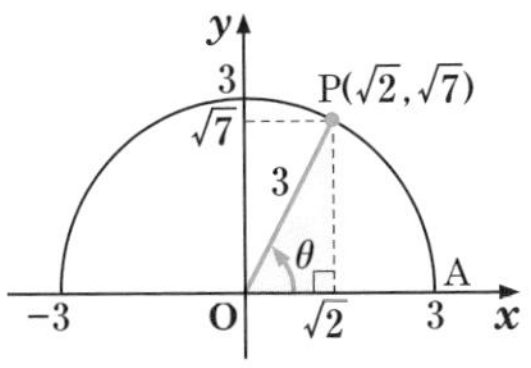

(2)

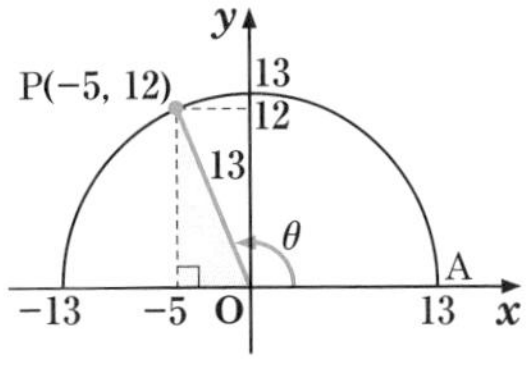

119 右の図を用いて，次の角の三角比の値をそれぞれ求めよ。 ◀例 83

*(1) 135°

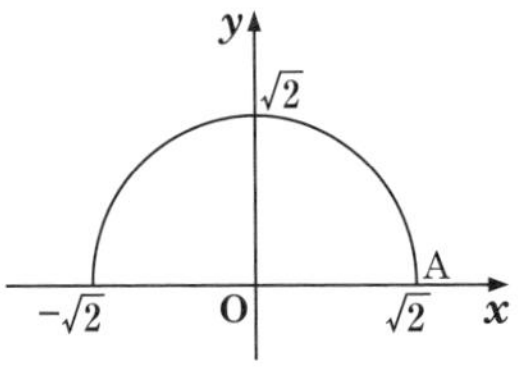

(2) 120°

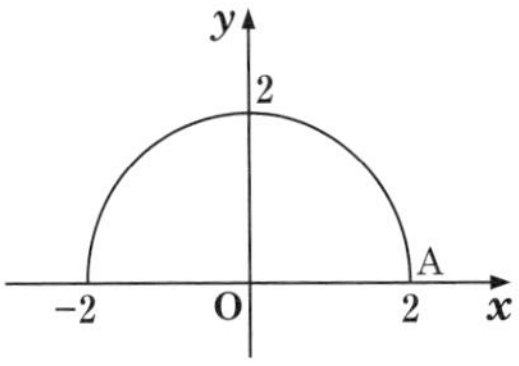

(3) 180°

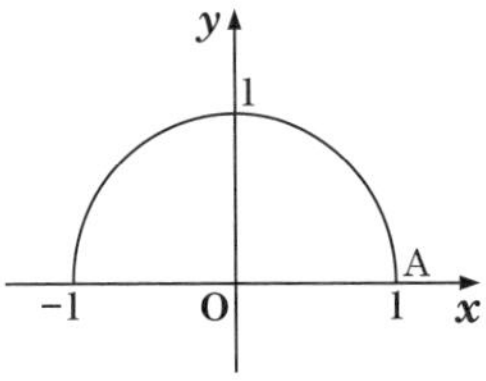

120 次の三角比を，鋭角の三角比で表せ。 ◀例 84

*(1) $\sin 130^\circ$　　(2) $\cos 105^\circ$　　*(3) $\tan 168^\circ$

検印

36 三角比の拡張 (2)

⇨教 p.140〜p.141

1 三角比の値と角

$\sin\theta$，$\cos\theta$ の値から θ を求めるには，単位円上の点で，サインは y 座標，コサインは x 座標を考える。

例 85

$0^\circ \leqq \theta \leqq 180^\circ$ のとき，次の等式を満たす θ を求めてみよう。

(1) $\sin\theta = \dfrac{\sqrt{3}}{2}$

単位円の x 軸より上側の周上の点で，y 座標が $\dfrac{\sqrt{3}}{2}$ となるのは，右の図の2点P，P′ である。

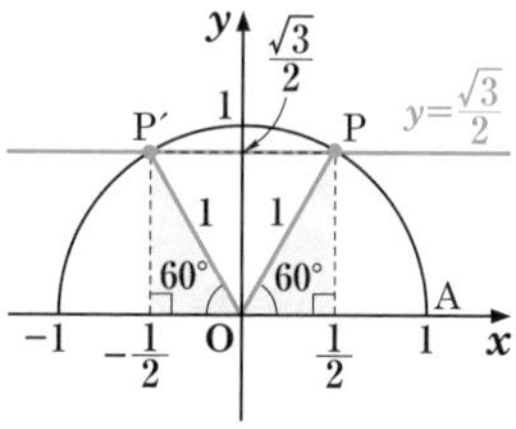

$\angle\text{AOP} = 60^\circ$

$\angle\text{AOP}' = 180^\circ - 60^\circ = 120^\circ$

であるから，求める θ は

$\theta =$ ア［　　］ と $\theta =$ イ［　　］

(2) $\cos\theta = -\dfrac{1}{2}$

単位円の x 軸より上側の周上の点で，x 座標が $-\dfrac{1}{2}$ となるのは，右の図の点Pである。

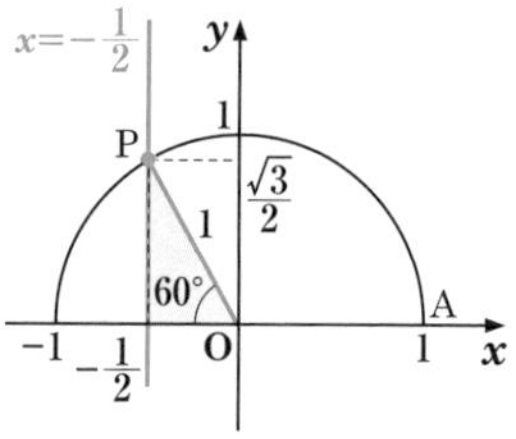

$\angle\text{AOP} = 180^\circ - 60^\circ = 120^\circ$

であるから，求める θ は

$\theta =$ ウ［　　］

TRY

例 86

$0^\circ \leqq \theta \leqq 180^\circ$ のとき，$\tan\theta = -\dfrac{1}{\sqrt{3}}$ を満たす θ を求めてみよう。

直線 $x = 1$ 上に点 $\text{Q}\left(1,\ -\dfrac{1}{\sqrt{3}}\right)$ をとり，直線OQと単位円との交点Pを右の図のように定める。

このとき，$\angle\text{AOP}$ の大きさが求める θ であるから

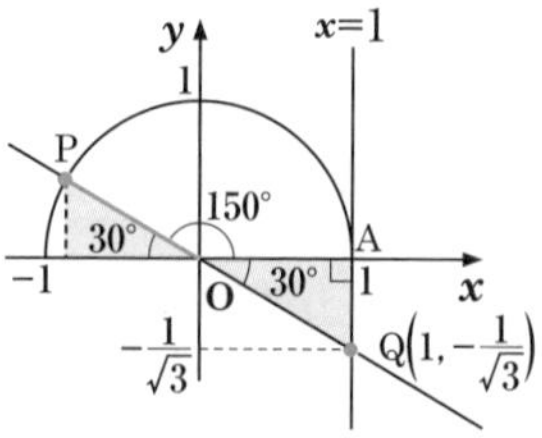

$\theta = 180^\circ - 30^\circ =$ ア［　　］

練 習 問 題

121 $0^\circ \leqq \theta \leqq 180^\circ$ のとき，次の等式を満たす θ を求めよ。 ◀例 85

*(1) $\sin\theta = \dfrac{1}{\sqrt{2}}$

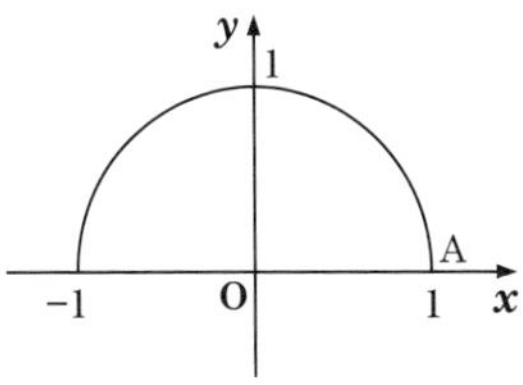

(2) $\cos\theta = \dfrac{1}{2}$

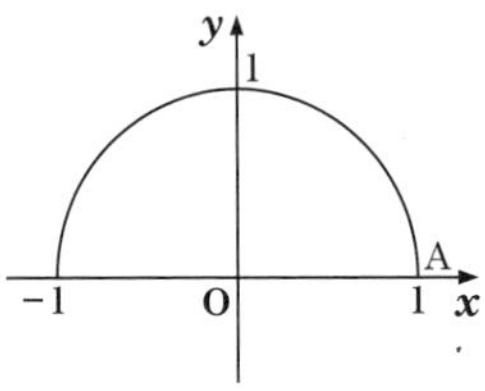

TRY
122 $0^\circ \leqq \theta \leqq 180^\circ$ のとき，$\tan\theta = \dfrac{1}{\sqrt{3}}$ を満たす θ を求めよ。 ◀例 86

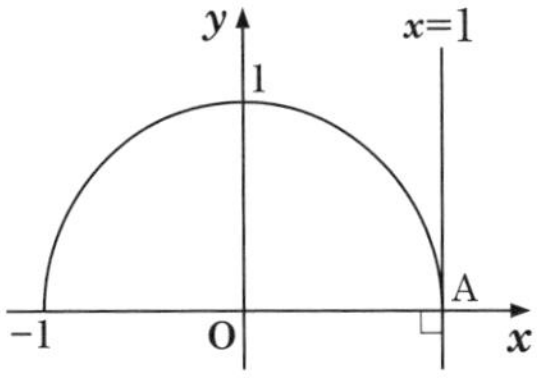

37 三角比の拡張 (3)

⇨教 p.141〜p.142

1 三角比の相互関係

$$\tan\theta=\frac{\sin\theta}{\cos\theta},\quad \sin^2\theta+\cos^2\theta=1,\quad 1+\tan^2\theta=\frac{1}{\cos^2\theta}$$

例 87 $\sin\theta=\frac{2}{3}$ のとき，$\cos\theta$，$\tan\theta$ の値を求めてみよう。
ただし，$90^\circ<\theta<180^\circ$ とする。

$\sin\theta=\frac{2}{3}$ のとき，$\sin^2\theta+\cos^2\theta=1$ より

$$\cos^2\theta=1-\sin^2\theta=1-\left(\frac{2}{3}\right)^2=\frac{5}{9}$$

$90^\circ<\theta<180^\circ$ のとき，$\cos\theta<0$ であるから

$$\cos\theta=-\sqrt{\frac{5}{9}}=\ ^{ア}\boxed{}$$

← θ が鈍角のとき $\cos\theta<0$

また，$\tan\theta=\frac{\sin\theta}{\cos\theta}$

$$=\frac{2}{3}\div\left(^{ア}\boxed{}\right)=\ ^{イ}\boxed{}$$

TRY
例 88 $\tan\theta=-\frac{1}{3}$ のとき，$\cos\theta$，$\sin\theta$ の値を求めてみよう。
ただし，$90^\circ<\theta<180^\circ$ とする。

$\tan\theta=-\frac{1}{3}$ のとき，$1+\tan^2\theta=\frac{1}{\cos^2\theta}$ より

$$\frac{1}{\cos^2\theta}=1+\left(-\frac{1}{3}\right)^2=\frac{10}{9}$$

よって　　$\cos^2\theta=\frac{9}{10}$

$90^\circ<\theta<180^\circ$ のとき，$\cos\theta<0$ であるから

← θ が鈍角のとき $\cos\theta<0$

$$\cos\theta=-\sqrt{\frac{9}{10}}=\ ^{ア}\boxed{}$$

また，$\tan\theta=\frac{\sin\theta}{\cos\theta}$ より　　$\sin\theta=\tan\theta\times\cos\theta$

したがって　　$\sin\theta=-\frac{1}{3}\times\left(^{ア}\boxed{}\right)=\ ^{イ}\boxed{}$

練　習　問　題

123　次の各場合について，他の三角比の値を求めよ。ただし，$90^\circ < \theta < 180^\circ$ とする。

◀例 87

*(1)　$\sin\theta = \dfrac{1}{4}$

(2)　$\cos\theta = -\dfrac{1}{3}$

(3)　$\sin\theta = \dfrac{2}{\sqrt{5}}$

TRY
124　$\tan\theta = -\sqrt{2}$ のとき，$\cos\theta$，$\sin\theta$ の値を求めよ。ただし，$90^\circ < \theta < 180^\circ$ とする。　◀例 88

検印

確認問題 9

1 次の直角三角形 ABC において，$\sin A$，$\cos A$，$\tan A$ の値を求めよ。

*(1)

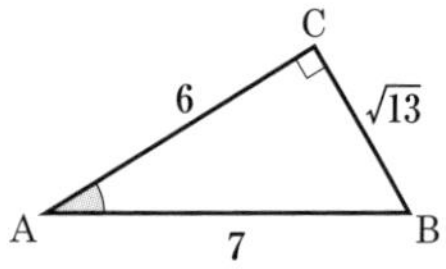

(2)

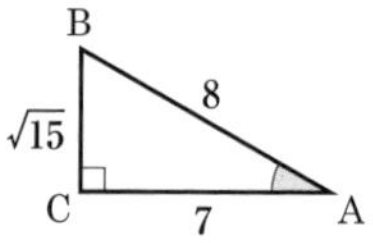

2 次の直角三角形 ABC において，x，y の値を求めよ。ただし，$\sin 12^\circ = 0.2079$，$\cos 12^\circ = 0.9781$ とする。

*(1)

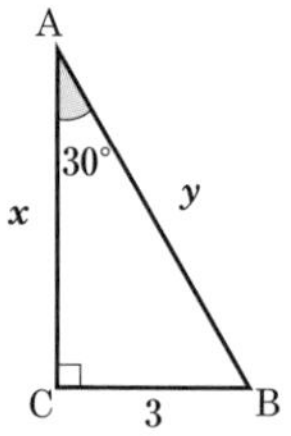

(2)

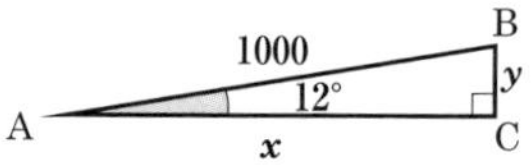

3 次の各場合について，他の三角比の値を求めよ。ただし，$0^\circ < A < 90^\circ$ とする。

*(1) $\cos A = \dfrac{2}{3}$　　(2) $\sin A = \dfrac{12}{13}$

4 次の三角比を，45° 以下の角の三角比で表せ。

*(1) $\sin 74^\circ$　　(2) $\cos 67^\circ$

*5　三角比の値について，次の表の空欄をうめよ。

θ	0°	30°	45°	60°	90°	120°	135°	150°	180°
$\sin\theta$									
$\cos\theta$									
$\tan\theta$					/				

6　次の三角比を，鋭角の三角比で表せ。

*(1)　$\sin 140^\circ$　　　(2)　$\cos 165^\circ$

*7　$0^\circ \leqq \theta \leqq 180^\circ$ のとき，$\cos\theta = -\dfrac{\sqrt{3}}{2}$ を満たす θ を求めよ。

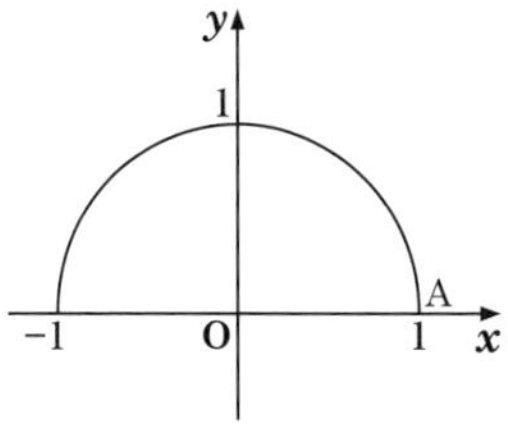

8　次の各場合について，他の三角比の値を求めよ。ただし，$90^\circ < \theta < 180^\circ$ とする。

*(1)　$\sin\theta = \dfrac{1}{5}$　　　(2)　$\cos\theta = -\dfrac{1}{4}$

第4章　図形と計量

検印

38 正弦定理

⇨教 p.144〜p.145

1 正弦定理

△ABC において，次の正弦定理が成り立つ。

$$\frac{a}{\sin A}=\frac{b}{\sin B}=\frac{c}{\sin C}=2R$$

ただし，R は △ABC の外接円の半径

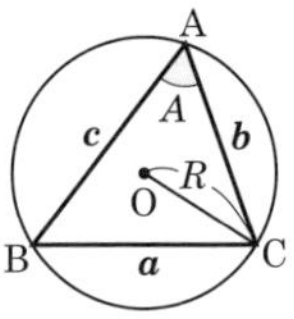

例 89 △ABC において，$a=7$，$A=30^\circ$ のとき，外接円の半径 R を求めてみよう。

正弦定理より $\dfrac{7}{\sin 30^\circ}=2R$　← $\dfrac{a}{\sin A}=2R$

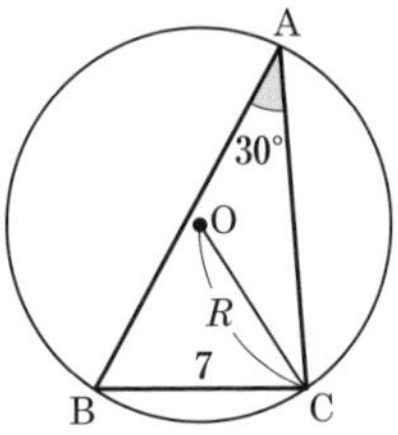

ゆえに　$2R=\dfrac{7}{\sin 30^\circ}$

よって　$R=\dfrac{7}{2\sin 30^\circ}$

$=\dfrac{7}{2}\div\sin 30^\circ$　← $\sin 30^\circ=\dfrac{1}{2}$

$=\dfrac{7}{2}\div\dfrac{1}{2}$

$=\dfrac{7}{2}\times\dfrac{2}{1}=$ ア［　　］

例 90 △ABC において，$c=8$，$B=30^\circ$，$C=45^\circ$ のとき，b を求めてみよう。

正弦定理より $\dfrac{b}{\sin 30^\circ}=\dfrac{8}{\sin 45^\circ}$　← $\dfrac{b}{\sin B}=\dfrac{c}{\sin C}$

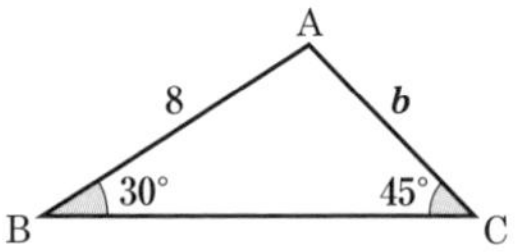

両辺に $\sin 30^\circ$ を掛けて

$b=\dfrac{8}{\sin 45^\circ}\times\sin 30^\circ$

$=8\div\sin 45^\circ\times\sin 30^\circ$　← $\sin 45^\circ=\dfrac{1}{\sqrt{2}}$，$\sin 30^\circ=\dfrac{1}{2}$

$=8\div\dfrac{1}{\sqrt{2}}\times\dfrac{1}{2}$

$=8\times\dfrac{\sqrt{2}}{1}\times\dfrac{1}{2}=$ ア［　　］

練 習 問 題

125 次のような △ABC において，外接円の半径 R を求めよ。 ◀例 89

*(1) $b=5$，$B=45^\circ$

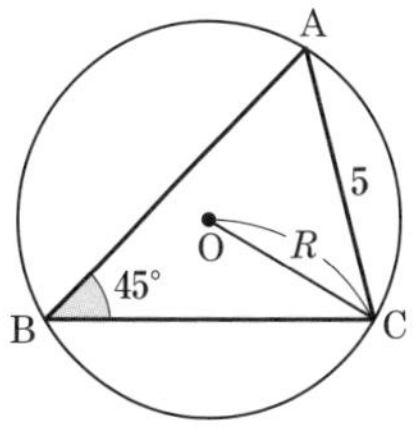

(2) $a=3$，$A=60^\circ$

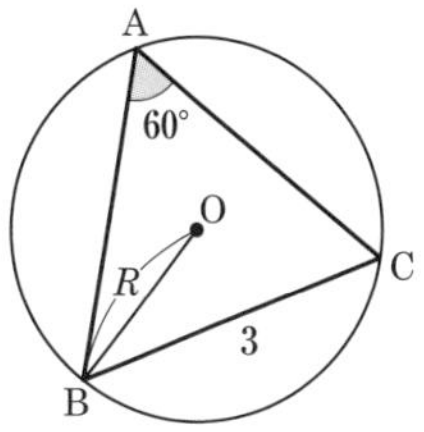

(3) $c=\sqrt{3}$，$C=150^\circ$

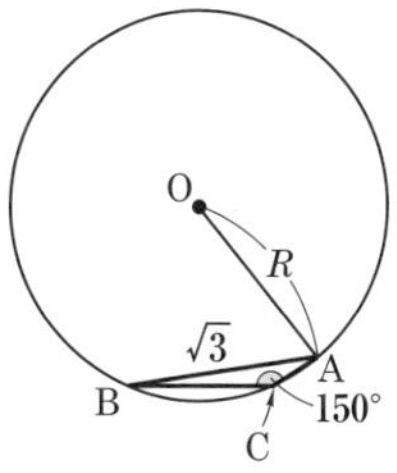

126 △ABC において，次の問いに答えよ。 ◀例 90

*(1) $a=12$，$A=30^\circ$，$B=45^\circ$ のとき，b を求めよ。

(2) $a=4$，$B=75^\circ$，$C=45^\circ$ のとき，c を求めよ。

第4章 図形と計量

検印

39 余弦定理

⇨教 p.146～p.147

1 余弦定理

△ABC において，次の余弦定理が成り立つ。

$a^2 = b^2 + c^2 - 2bc\cos A$

$b^2 = c^2 + a^2 - 2ca\cos B$

$c^2 = a^2 + b^2 - 2ab\cos C$

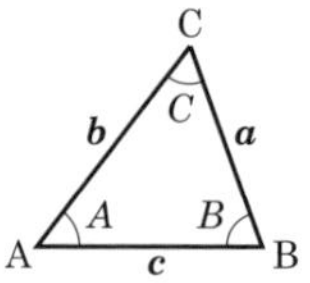

これらの式から，次の式も成り立つ。

$\cos A = \dfrac{b^2+c^2-a^2}{2bc}$, $\cos B = \dfrac{c^2+a^2-b^2}{2ca}$, $\cos C = \dfrac{a^2+b^2-c^2}{2ab}$

例 91 △ABC において，$b=4$，$c=6$，$A=60^\circ$ のとき，a を求めてみよう。

余弦定理より

$a^2 = b^2 + c^2 - 2bc\cos A$

$= 4^2 + 6^2 - 2\times4\times6\times\cos60^\circ$

$= 16+36-48\times\dfrac{1}{2}$ ← $\cos60^\circ = \dfrac{1}{2}$

$= 16+36-24$

$= 28$

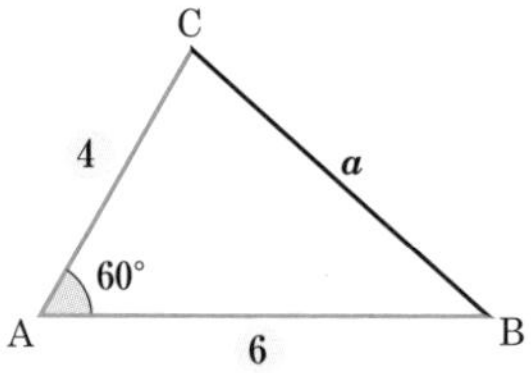

$a > 0$ より

$a = \sqrt{28} =$ ア［　　］

例 92 △ABC において，$a=7$，$b=5$，$c=3$ のとき，$\cos A$ の値と A を求めてみよう。

余弦定理より

$\cos A = \dfrac{b^2+c^2-a^2}{2bc}$

$= \dfrac{5^2+3^2-7^2}{2\times5\times3}$

$= \dfrac{25+9-49}{2\times5\times3}$

$= -\dfrac{15}{2\times5\times3} =$ ア［　　］

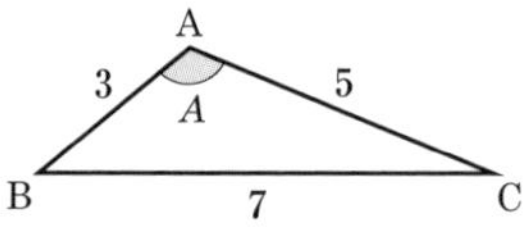

よって，$0^\circ < A < 180^\circ$ より

$A =$ イ［　　］

練　習　問　題

127　△ABC において，次の問いに答えよ。　◀ 例 91

*(1)　$c=\sqrt{3}$，$a=4$，$B=30^\circ$ のとき，b を求めよ。

(2)　$b=3$，$c=4$，$A=120^\circ$ のとき，a を求めよ。

128　次のような △ABC において，次のものを求めよ。　◀ 例 92

*(1)　$a=\sqrt{7}$，$b=1$，$c=\sqrt{3}$ のとき，$\cos A$ の値と A を求めよ。

(2)　$a=2\sqrt{3}$，$b=1$，$c=\sqrt{7}$ のとき，$\cos C$ の値と C を求めよ。

40 三角形の面積 / 空間図形の計量

⇨教 p.150〜p.151，p.154

1 三角形の面積

△ABC の面積 S は

$$S=\frac{1}{2}bc\sin A=\frac{1}{2}ca\sin B$$
$$=\frac{1}{2}ab\sin C$$

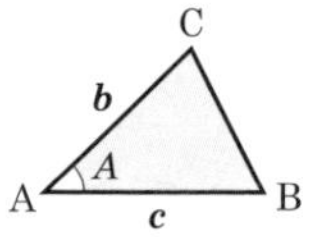

2 空間図形への応用

空間図形においても，正弦定理や余弦定理などを利用して，辺の長さや角の大きさを求めることができる。

例 93 $b=4$，$c=2\sqrt{3}$，$A=120°$ のとき，△ABC の面積 S を求めてみよう。

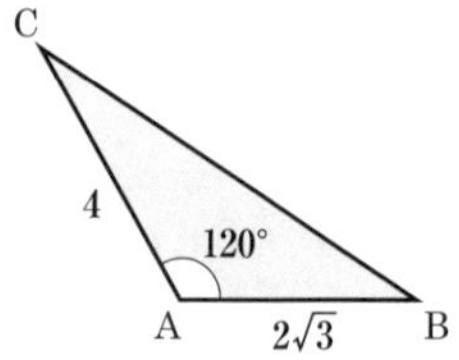

$$S=\frac{1}{2}bc\sin A$$
$$=\frac{1}{2}\times4\times2\sqrt{3}\times\sin120°=\frac{1}{2}\times4\times2\sqrt{3}\times\frac{\sqrt{3}}{2}=\text{ア}\boxed{}$$

← $\sin120°=\frac{\sqrt{3}}{2}$

例 94 $a=11$，$b=9$，$c=4$ である △ABC について，次の問いに答えてみよう。

(1) $\cos A$ の値を求めてみよう。

← $\sin A$ を求めるために，まず，$\cos A$ を求める

余弦定理より

$$\cos A=\frac{9^2+4^2-11^2}{2\times9\times4}=-\frac{24}{2\times9\times4}=\text{ア}\boxed{}$$

← $\cos A=\frac{b^2+c^2-a^2}{2bc}$

(2) $\sin A$ の値を求めてみよう。

$$\sin^2A=1-\cos^2A=1-\left(\text{ア}\boxed{}\right)^2=\frac{8}{9}$$

← $\sin^2A+\cos^2A=1$ から $\sin^2A=1-\cos^2A$

ここで，$\sin A>0$ であるから　$\sin A=\text{イ}\boxed{}$

(3) △ABC の面積 S を求めてみよう。

$$S=\frac{1}{2}bc\sin A=\frac{1}{2}\times9\times4\times\text{イ}\boxed{}=\text{ウ}\boxed{}$$

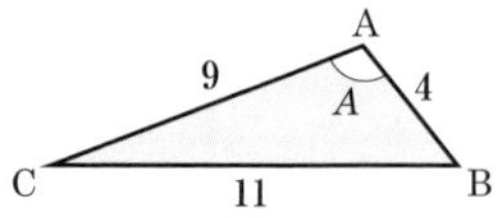

例 95 右の図のように，60 m 離れた 2 地点 A，B と塔の先端 C について，∠CAH = 30°，∠BAC = 75°，∠ABC = 45° であった。このとき，塔の高さ CH を求めてみよう。

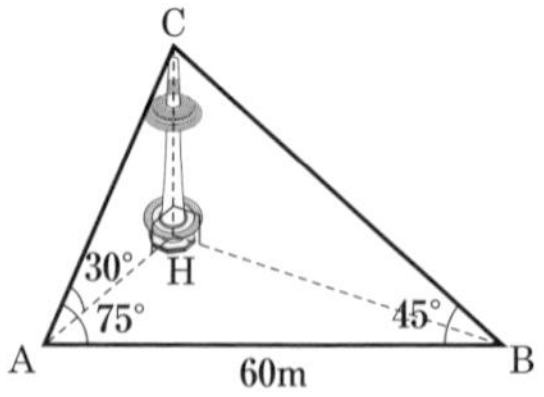

△ABC において，∠ACB = 180° − (75° + 45°) = 60°

であるから，正弦定理より　$\frac{AC}{\sin45°}=\frac{60}{\sin60°}$

よって　$AC=\frac{60}{\sin60°}\times\sin45°=60\div\frac{\sqrt{3}}{2}\times\frac{1}{\sqrt{2}}=20\sqrt{6}$

したがって，△ACH において

$$CH=AC\sin30°=20\sqrt{6}\times\frac{1}{2}=\text{ア}\boxed{}\ (\text{m})$$

練 習 問 題

129 次の $\triangle$ABC の面積 S を求めよ。 ◀例 93

*(1) $b=5$, $c=4$, $A=45^\circ$

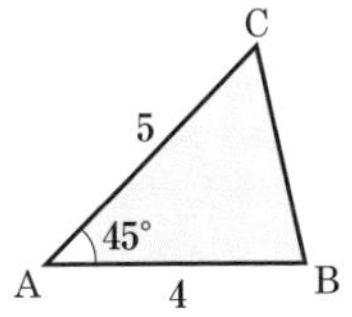

(2) $a=6$, $b=4$, $C=120^\circ$

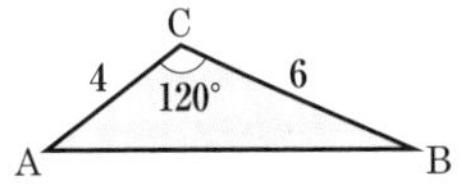

***130** $\triangle$ABC において，$a=2$, $b=3$, $c=4$ のとき，次の問いに答えよ。 ◀例 94

(1) $\cos A$ の値を求めよ。

(2) $\sin A$ の値を求めよ。

(3) $\triangle$ABC の面積 S を求めよ。

131 右の図のように，40 m 離れた 2 地点 A，B と塔の先端 C について，$\angle$CBH $=60^\circ$，$\angle$BAC $=60^\circ$，$\angle$ABC $=75^\circ$ であった。このとき，塔の高さ CH を求めよ。 ◀例 95

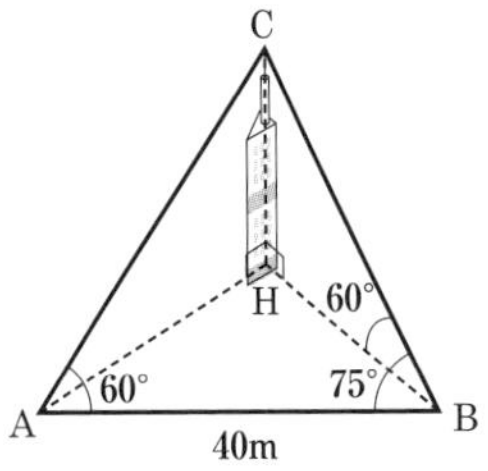

第4章 図形と計量

検印

確認問題 10

1 次のような △ABC において，外接円の半径 R を求めよ。

*(1) $a=12$，$A=30^\circ$　　(2) $b=9$，$B=120^\circ$

2 △ABC において，次の問いに答えよ。

(1) $c=6$，$A=60^\circ$，$C=45^\circ$ のとき，a を求めよ。

(2) $b=3$，$c=3\sqrt{2}$，$A=135^\circ$ のとき，a を求めよ。

3 △ABC において，$a=5$，$b=6$，$c=4$ のとき，$\cos B$ と $\cos C$ の値を求めよ。

4 $b=6\sqrt{2}$, $c=5$, $A=135°$ である △ABC の面積 S を求めよ。

***5** △ABC において，$a=6$, $b=7$, $c=3$ のとき，次の問いに答えよ。

(1) $\cos C$ を求めよ。

(2) △ABC の面積 S を求めよ。

6 右の図のように，

$\angle CAH=60°$, $\angle HAB=30°$

$\angle AHB=105°$, $BH=10$ m

のとき，塔の高さ CH を求めよ。

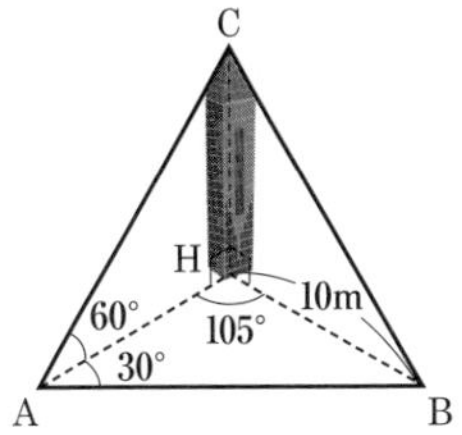

検印

TRY PLUS

例題 5　正弦定理と余弦定理の応用

⇨教 p.148 応用例題 1

$\triangle$ABC において，$a=2$，$b=1+\sqrt{3}$，$C=60^\circ$ のとき，
残りの辺の長さと角の大きさを求めよ。

解　余弦定理より

$$c^2=2^2+(1+\sqrt{3})^2-2\times2\times(1+\sqrt{3})\times\cos60^\circ$$
$$=4+(1+2\sqrt{3}+3)-4(1+\sqrt{3})\times\frac{1}{2}=6$$

ここで，$c>0$ であるから　$c=\sqrt{6}$

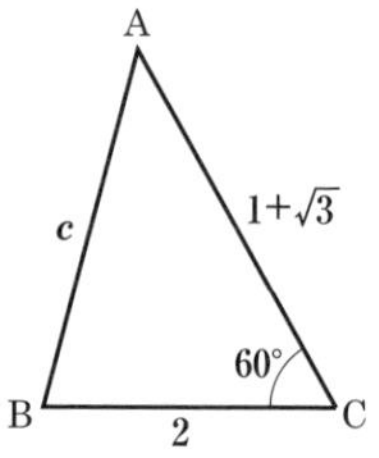

また，正弦定理より　$\dfrac{2}{\sin A}=\dfrac{\sqrt{6}}{\sin60^\circ}$

両辺に $\sin A\sin60^\circ$ を掛けて

$$2\sin60^\circ=\sqrt{6}\sin A$$

ゆえに　$\sin A=\dfrac{2}{\sqrt{6}}\sin60^\circ=\dfrac{2}{\sqrt{6}}\times\dfrac{\sqrt{3}}{2}=\dfrac{1}{\sqrt{2}}$

ここで，$C=60^\circ$ であるから，$A<120^\circ$ より

$$A=45^\circ$$

よって　$B=180^\circ-(45^\circ+60^\circ)=75^\circ$

したがって　$c=\sqrt{6}$，$A=45^\circ$，$B=75^\circ$

問 5　$\triangle$ABC において，$b=\sqrt{3}$，$c=2\sqrt{3}$，$A=60^\circ$ のとき，残りの辺の長さと角の大きさを求めよ。

例題 6　三角形の内接円と面積

⇨教 p.152 応用例題 2

$A=45^\circ$, $b=4\sqrt{2}$, $c=7$ である △ABC の面積を S,
内接円の半径を r として，次の問いに答えよ。

(1) a を求めよ。　　(2) S および r を求めよ。

解 (1) 余弦定理より

$$a^2=(4\sqrt{2})^2+7^2-2\times4\sqrt{2}\times7\times\cos45^\circ$$

$$=32+49-56\sqrt{2}\times\frac{1}{\sqrt{2}}=25$$

よって，$a>0$ より　$a=5$

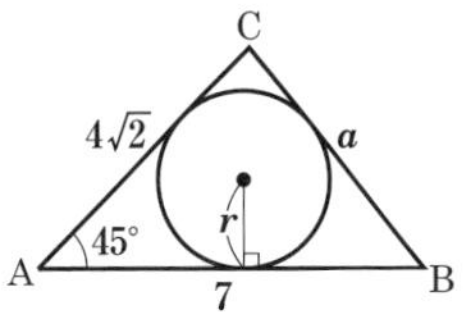

(2) $S=\frac{1}{2}\times4\sqrt{2}\times7\times\sin45^\circ=14\sqrt{2}\times\frac{1}{\sqrt{2}}=14$

ここで，$S=\frac{1}{2}r(a+b+c)$ であるから

$$14=\frac{1}{2}r(5+4\sqrt{2}+7)$$

よって　$14=2(3+\sqrt{2})r$ より

$$r=\frac{7}{3+\sqrt{2}}=\frac{7(3-\sqrt{2})}{(3+\sqrt{2})(3-\sqrt{2})}=\frac{7(3-\sqrt{2})}{7}=3-\sqrt{2}$$

問 6　$A=60^\circ$, $b=8$, $c=3$ である △ABC の面積を S, 内接円の半径を r として，次の問いに答えよ。

(1) a を求めよ。　　(2) S および r を求めよ。

第4章　図形と計量

検印

41 データの整理

⇨教 p.162〜p.163

1 度数分布表

度数分布表

階級　データの値の範囲をいくつかに分けた各区間
階級の幅　データの値の範囲をいくつかに分けた区間の幅
度数　各階級に含まれる値の個数
階級値　各階級の中央の値

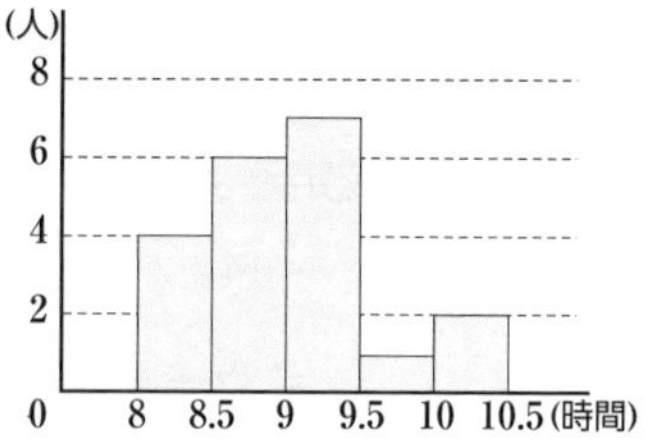

ヒストグラム　度数分布表の階級の幅を底辺，度数を高さとする長方形で表したグラフ

相対度数　$\dfrac{\text{度数}}{\text{度数の合計}}$

相対度数分布表　相対度数を記した表

例 96

右のデータは，30 人のクラスで行った英語のテストの結果である。

83	64	52	99	74	61	59	68	50	77
57	95	69	91	97	92	76	99	95	62
78	98	86	92	54	67	94	92	77	54

(点)

(1)　このデータをまとめた右の表を完成させてみよう。

階級 50 点以上 60 点未満の階級値は

$$\frac{50+60}{2} = {}^{ア}\boxed{}\ (点)$$

階級（点）以上〜未満	階級値（点）	度数（人）
50〜60	ア□	6
60〜70	65	6
70〜80	75	5
80〜90	85	2
90〜100	95	11
計		30

(2)　(1)の度数分布表から，階級 60 点以上 70 点未満の長方形をかき加えて，ヒストグラムを完成させてみよう。

イ

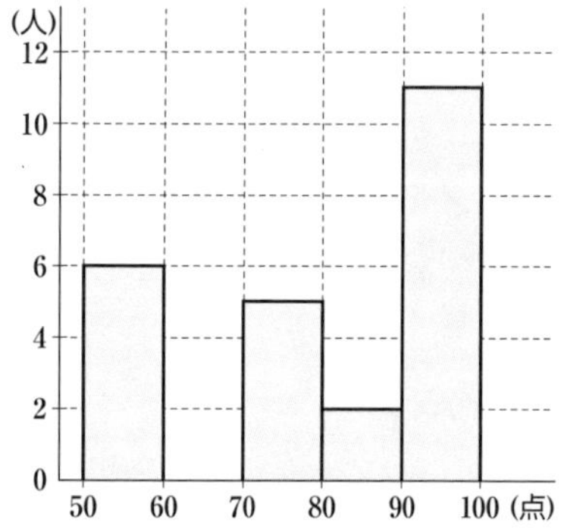

⬅ 度数が 6 であるから，60〜70 を底辺とし，高さが 6 の長方形をかく

例 97

右の度数分布表は，ある高校の生徒 50 人について，半年間に図書館を訪れた回数を調べた結果である。回数 4 の相対度数は，度数の 9 を合計の 50 で割った値であるから

$$9 \div 50 = {}^{ア}\boxed{}$$

なお，相対度数の合計は

$$0.04 + 0.06 + \cdots\cdots + 0.02 = {}^{イ}\boxed{}$$

回数	度数（人）	相対度数
2	2	0.04
3	3	0.06
4	9	ア□
5	21	0.42
6	8	0.16
7	3	0.06
8	1	0.02
9	2	0.04
10	1	0.02
計	50	イ□

練　習　問　題

*132　右のデータは，ある高校の1年生女子20人の上体起こしの記録である。　◀例 96

24	31	19	27	24	25	23	20	12	21	
21	19	24	23	26	21	31	26	27	18	(回)

(1)　このデータの度数分布表を完成せよ。

階級（回） 以上～未満	階級値 （回）	度数 （人）
12～16		
16～20		
20～24		
24～28		
28～32		
計		20

(2)　(1)の度数分布表からヒストグラムをかけ。

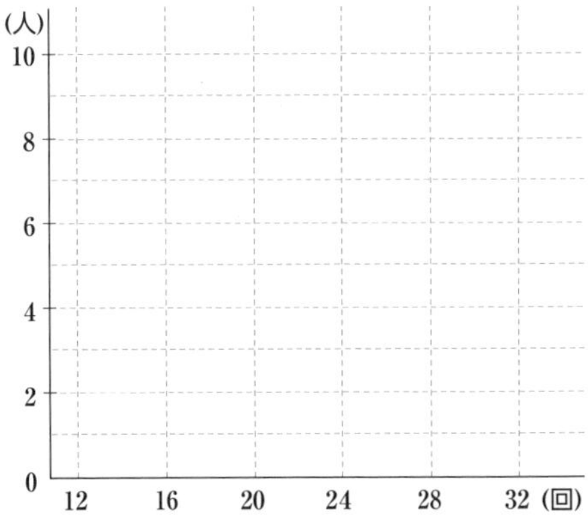

133　右の度数分布表は，ある日のA町バス停を利用した人を，年代別に数えた結果である。10歳～20歳と，60歳～70歳の階級の相対度数を計算せよ。　◀例 97

階級（歳） 以上～未満	度数（人）	相対度数
0～10	2	0.04
10～20	3	
20～30	5	0.10
30～40	4	0.08
40～50	7	0.14
50～60	9	0.18
60～70	11	
70～80	6	0.12
80～90	2	0.04
90～100	1	0.02
計	50	1.00

42 代表値

⇨教 p.164〜p.165

1 平均値

大きさが n のデータ　x_1, x_2, ……, x_n　の平均値 $\overline{x}$ は

$$\overline{x}=\frac{1}{n}(x_1+x_2+\cdots\cdots+x_n)$$

2 最頻値（モード）

データにおいて，最も個数の多い値

3 中央値（メジアン）

データにおいて，値を小さい順に並べたとき，その中央に位置する値
データの大きさが偶数のときは，中央に並ぶ 2 つの値の平均値

例 98　次のデータは，生徒 10 人に行った 20 点満点のテストの得点である。このデータの平均値を求めてみよう。

生徒番号	①	②	③	④	⑤	⑥	⑦	⑧	⑨	⑩
得点（点）	8	13	20	18	15	6	18	12	11	7

このデータの平均値 $\overline{x}$ は

$$\overline{x}=\frac{1}{10}(8+13+20+18+15+6+18+12+11+7)$$

$$=\frac{1}{10}\times128=^{ア}\boxed{}\text{（点）}$$

← $\dfrac{\text{（データの値の総和）}}{\text{（データの大きさ）}}$

例 99　次の表は，ある駐輪場で調べた自転車の車輪サイズの結果である。このデータの最頻値を求めてみよう。

サイズ（インチ）	22	23	24	25	26	27	28
台数（台）	12	15	21	84	61	48	26

このデータの最頻値は $^{ア}\boxed{}$ インチである。

← 最頻値は最も台数の多いサイズ

例 100　次の大きさが 6 のデータの中央値を求めてみよう。

24, 15, 30, 10, 19, 23

このデータを小さい順に並べると

10, 15, 19, 23, 24, 30

よって，中央値は　$\dfrac{19+23}{2}=^{ア}\boxed{}$

← 中央値はデータの大きさが偶数のとき，中央に並ぶ 2 つの値の平均値

練　習　問　題

*134　右のデータは，ある高校の1年生男子A班とB班の握力の記録である。A班とB班の平均値をそれぞれ求めよ。　◀例 98

A班	29	33	35	38	40	41	49	51	53	
B班	23	30	36	39	41	43	44	46	48	50

(kg)

135　次の表は，あるケーキ屋で販売したお菓子の個数を値段ごとに調べた結果である。このデータの最頻値を求めよ。　◀例 99

値段（円）	100	200	300	400	500	600
個数（個）	24	31	12	15	9	4

*136　次の小さい順に並べられたデータについて，中央値を求めよ。　◀例 100

(1)　9，18，27，37，37，54，56，68，99

(2)　3，9，13，13，17，21，24，25，66，75

137　次の大きさが8のデータの中央値を求めよ。　◀例 100

12，10，17，9，14，8，7，20

43 四分位数と四分位範囲

⇨教 p.166〜p.169

1 四分位数 データの値を小さい順に並べたとき

第2四分位数 Q_2 データ全体の中央値

第1四分位数 Q_1 中央値で分けられた前半のデータの中央値

第3四分位数 Q_3 中央値で分けられた後半のデータの中央値

四分位範囲 ＝(第3四分位数)－(第1四分位数)＝ $Q_3 - Q_1$

範囲 ＝(最大値)－(最小値)

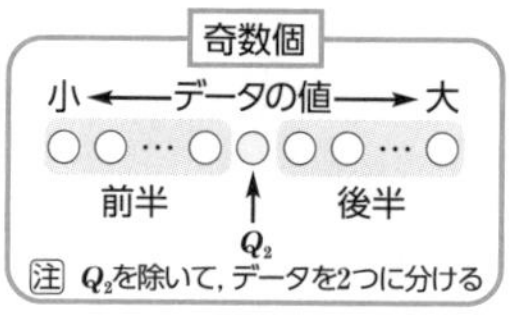

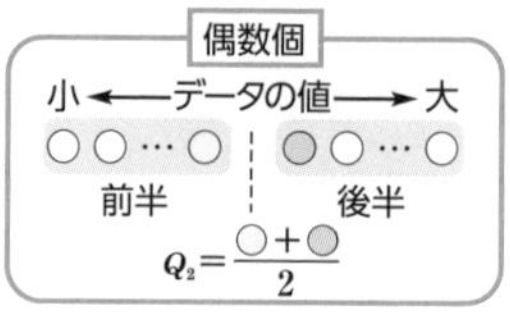

2 箱ひげ図

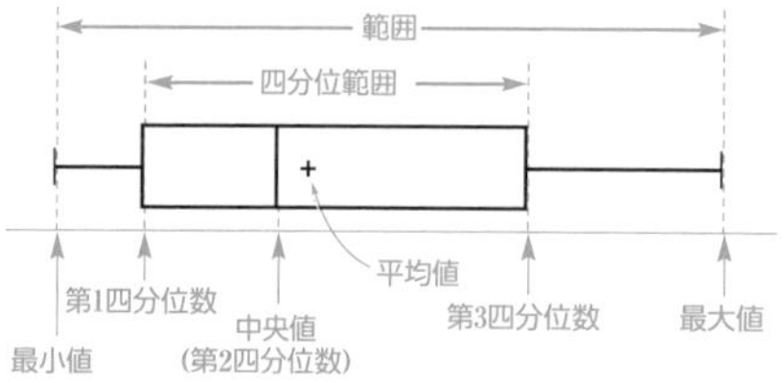

例 101 次の小さい順に並べられたデータについて，四分位数を求めてみよう。

2，3，3，7，8，10，10，12，14

中央値が Q_2 であるから　　$Q_2 = 8$　　← データの大きさは奇数

Q_2 を除いて，データを前半と後半に分ける。

Q_1 は前半の中央値であるから　$Q_1 = \frac{3+3}{2} =$ ア［　　］　← 前半のデータの大きさは偶数

Q_3 は後半の中央値であるから　$Q_3 = \frac{10+12}{2} =$ イ［　　］　← 後半のデータの大きさは偶数

例 102 例101のデータについて，範囲と四分位範囲を求めてみよう。

また，箱ひげ図をかいてみよう。

このデータの最小値は ア［　　］，最大値は イ［　　］

範囲は　$14 - 2 =$ ウ［　　］，四分位範囲は　$Q_3 - Q_1 = 11 - 3 =$ エ［　　］

よって，箱ひげ図は次のようになる。

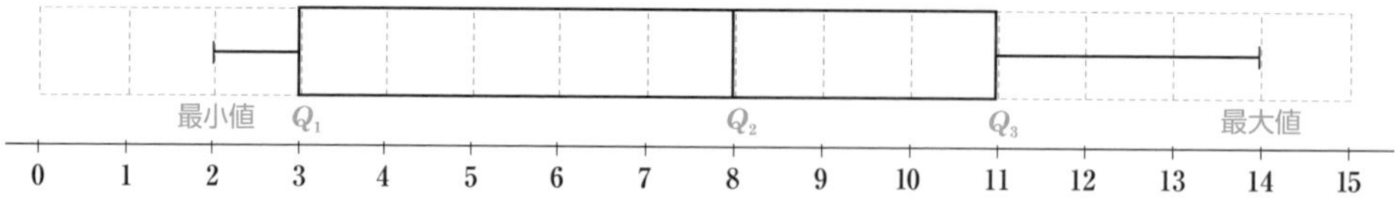

例 103 右の図は，A高校とB高校における10年間の野球部の部員数を箱ひげ図に表したものである。2つの箱ひげ図から正しいと判断できるものを，次の①〜④からすべて選んでみよう。

① B高校の部員数は，どの年も30人以上である。

② A高校において，部員数が32人以上であったのは2年間以下である。

③ A高校の方が，B高校より四分位範囲が大きい。

④ B高校において，部員数が36人以下であったのは5年間より長い。

正しいといえるのは ア［　　］

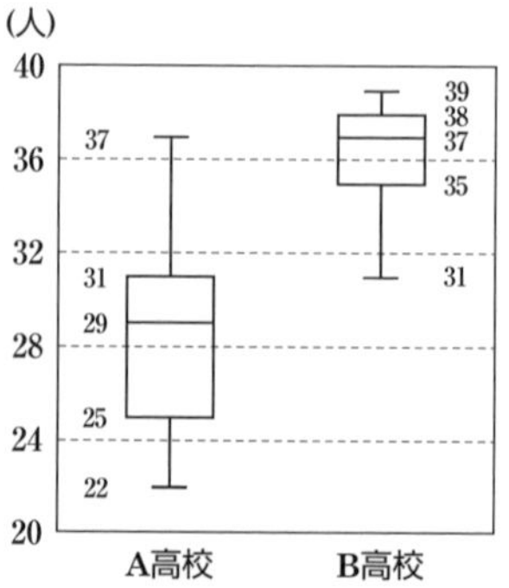

練　習　問　題

***138**　次の小さい順に並べられたデータについて，四分位数を求めよ。　◀例101

(1)　3，3，4，6，7，8，9　　　(2)　2，3，3，5，6，6，7，9

***139**　次の小さい順に並べられたデータについて，範囲と四分位範囲を求めよ。また，箱ひげ図をかけ。　◀例102

(1)　5，6，8，9，10，10，11

(2)　1，3，3，3，3，6，6，8，9

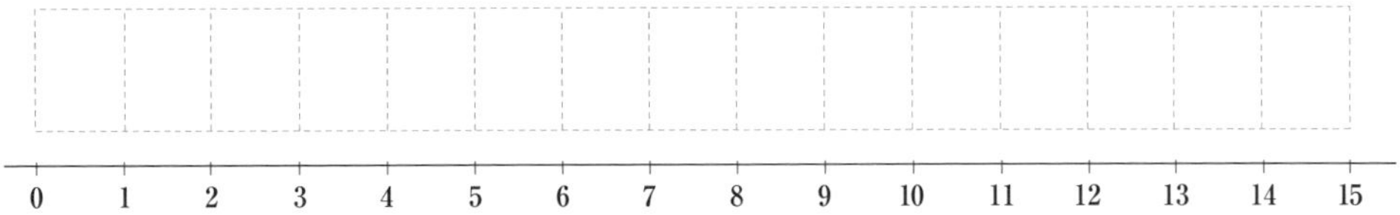

140　右の図は，ある年の3月(31日間)の，那覇と東京における1日ごとの最高気温のデータを箱ひげ図に表したものである。2つの箱ひげ図から正しいと判断できるものを，次の①～④からすべて選べ。　◀例103

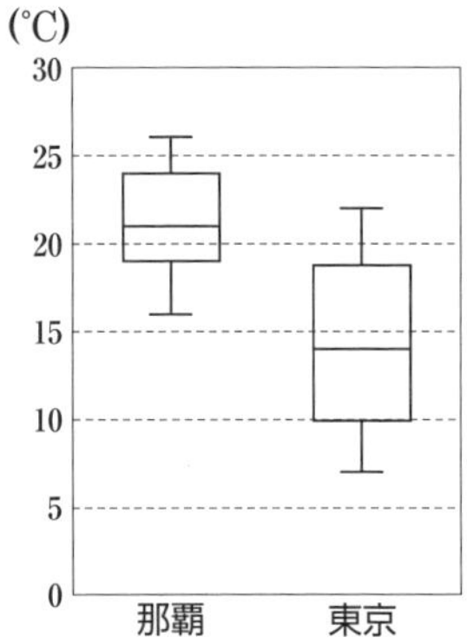

①　最大値と最小値の差が大きいのは，東京である。

②　四分位範囲は東京の方が小さい。

③　那覇では，最高気温が15°C以下の日はない。

④　東京で最高気温が10°C未満の日数は7日である。

44 分散と標準偏差

⇨教 p.170〜p.172

1 分散 大きさ n のデータ x_1, x_2, ……, x_n の平均値が $\bar{x}$ のとき

[1] $s^2=\dfrac{1}{n}\{(x_1-\bar{x})^2+(x_2-\bar{x})^2+\cdots\cdots+(x_n-\bar{x})^2\}$

[2] $s^2=\dfrac{1}{n}(x_1{}^2+x_2{}^2+\cdots\cdots+x_n{}^2)-\left\{\dfrac{1}{n}(x_1+x_2+\cdots\cdots+x_n)\right\}^2$ ←(2乗の平均)−(平均の2乗)

2 標準偏差 分散の正の平方根，すなわち 標準偏差 $=\sqrt{分散}$

[1] $s=\sqrt{\dfrac{1}{n}\{(x_1-\bar{x})^2+(x_2-\bar{x})^2+\cdots\cdots+(x_n-\bar{x})^2\}}$

[2] $s=\sqrt{\dfrac{1}{n}(x_1{}^2+x_2{}^2+\cdots\cdots+x_n{}^2)-\left\{\dfrac{1}{n}(x_1+x_2+\cdots\cdots+x_n)\right\}^2}$ ←$\sqrt{(2乗の平均)-(平均の2乗)}$

例 104

次のデータは，6人の生徒のハンドボール投げの記録である。分散 s^2 と標準偏差 s を求めてみよう。

← まとめと要項を参照

生徒番号	①	②	③	④	⑤	⑥
x (m)	26	25	32	28	32	25

							計
x	26	25	32	28	32	25	168
$x-\bar{x}$	−2	−3	4	0	4	−3	0
$(x-\bar{x})^2$	4	9	16	0	16	9	54

平均値 $\bar{x}$ は

$$\bar{x}=\frac{1}{6}(26+25+32+28+32+25)$$

$$=\frac{1}{6}\times168=28\ (\mathrm{m})$$

よって，分散 s^2 は

$$s^2=\frac{1}{6}\{(26-28)^2+(25-28)^2+(32-28)^2+(28-28)^2+(32-28)^2+(25-28)^2\}$$

$$=\frac{1}{6}(4+9+16+0+16+9)=\frac{1}{6}\times54={}^{ア}\boxed{}$$

また，標準偏差 s は

$$s=\sqrt{9}={}^{イ}\boxed{}\ (\mathrm{m})$$

例 105

次の変量 x のデータの分散 s^2 と標準偏差 s を求めてみよう。

							計	平均値
x	2	4	4	5	7	8	30	5
x^2	4	16	16	25	49	64	174	29

上の「まとめと要項」にある分散の [2] の公式より，分散 s^2 は

$$s^2=29-5^2={}^{ア}\boxed{}$$

← (2乗の平均)−(平均の2乗)

また，標準偏差 s は

$$s=\sqrt{4}={}^{イ}\boxed{}$$

練　習　問　題

*141　大きさが5のデータ　3, 5, 7, 4, 6　の分散 s^2 と標準偏差 s を求めよ。

◀例 104

						計
x	3	5	7	4	6	
$x-\overline{x}$						
$(x-\overline{x})^2$						

142　大きさが6のデータ　7, 9, 1, 10, 6, 3　の分散 s^2 と標準偏差 s を，「まとめと要項」にある分散の [2] の公式を用いて求めよ。また，左の例 105 の標準偏差と比べて，散らばりの度合いが大きいのはどちらか求めよ。

◀例 105

							計	平均値
x	7	9	1	10	6	3		
x^2								

143　次のデータは，あるプロ野球球団の選手9人の身長の記録である。身長の平均値を $\overline{x}$ とするとき，下の表を利用してこのデータの分散 s^2 と標準偏差 s を求めよ。

◀例 104

	身長 (cm)									計	平均値
x	185	175	183	178	179	186	182	174	178	1620	180
$x-\overline{x}$											
$(x-\overline{x})^2$											

検印

45 データの相関 (1)

⇨教 p.174〜p.175

1 相関と散布図

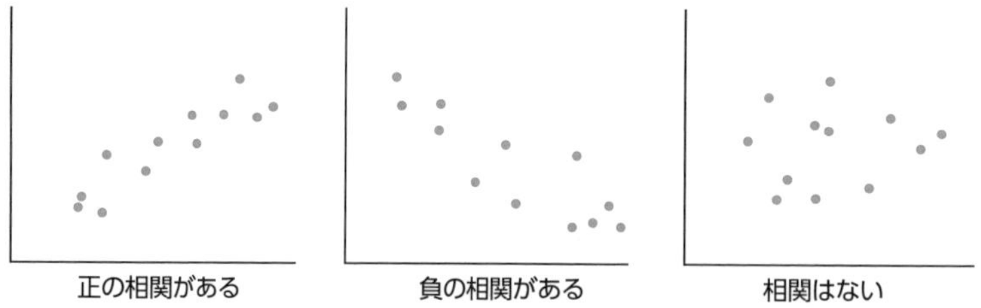

例 106 次の 2 つの変量 x, y の散布図は，右の図のようになる。

x	8	3	4	7	5	6	1	8	4	5
y	7	5	6	6	3	8	2	9	1	4

x の値が増加すると y の値も増加する傾向にあるから，x と y には ア［　　］ の相関がある。

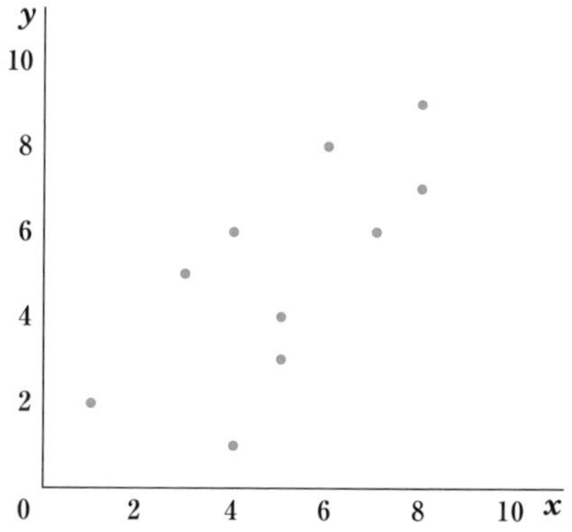

⬆ 点の分布が
右上がり：正の相関
右下がり：負の相関

練 習 問 題

*144 次の 2 つの変量 x, y の散布図をかき，相関があるかどうか調べよ。相関がある場合は正の相関，負の相関のどちらであるか答えよ。

◀ 例 106

x	7	10	3	2	4	5	3	8
y	2	3	5	7	3	5	8	4

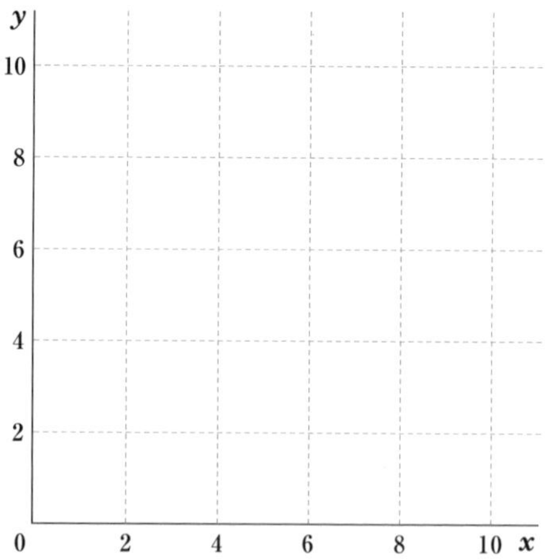

145　次の表は，ある飲食店において，最高気温と 2 つのメニューの販売数を 10 日間調べた記録である。それぞれについて，表から散布図をつくり，相関があるかどうか調べよ。また，相関がある場合は正の相関，負の相関のどちらであるか答えよ。　◀例 106

(1)　おでん

最高気温 (°C)	10	8	5	2	1	4	7	11	9	10
販売数 (個)	12	31	22	38	53	44	25	13	10	25

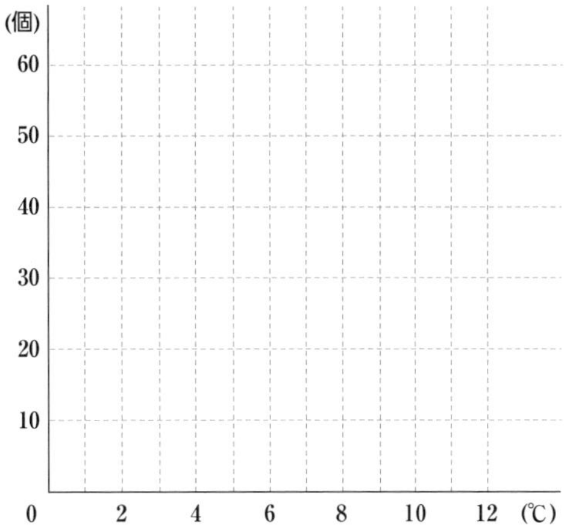

(2)　アイスクリーム

最高気温 (°C)	21	26	27	28	18	15	24	27	29	27
販売数 (個)	25	30	25	41	10	8	40	34	52	45

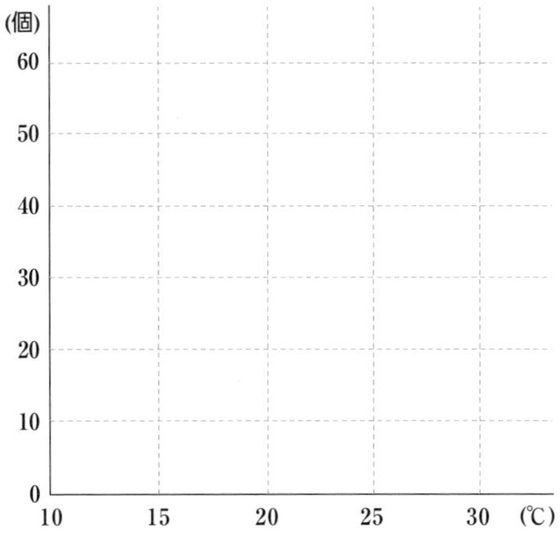

46 データの相関 (2)

⇨教 p.176〜p.179

1 共分散と相関係数

2つの変量 x, y の平均値をそれぞれ $\overline{x}$, $\overline{y}$ とし，標準偏差をそれぞれ s_x, s_y とするとき

共分散 s_{xy}　$s_{xy}=\dfrac{1}{n}\{(x_1-\overline{x})(y_1-\overline{y})+(x_2-\overline{x})(y_2-\overline{y})+\cdots\cdots+(x_n-\overline{x})(y_n-\overline{y})\}$

相関係数 r　$r=\dfrac{s_{xy}}{s_x s_y}$

例 107 右の表は，ある高校の6人の生徒に行った科目Aと科目Bのテストの得点である。科目Aのテストの得点を x，科目Bのテストの得点を y として，x と y の相関係数 r を求めてみよう。ただし，小数第3位を四捨五入せよ。

生徒	科目A	科目B
①	10	9
②	10	3
③	8	8
④	5	5
⑤	10	6
⑥	5	5

(点)

$$\overline{x}=\frac{1}{6}(10+10+8+5+10+5)=\frac{1}{6}\times 48=8$$

$$\overline{y}=\frac{1}{6}(9+3+8+5+6+5)=\frac{1}{6}\times 36=6$$

より，次の表が得られる。

生徒	x	y	$x-\overline{x}$	$y-\overline{y}$	$(x-\overline{x})^2$	$(y-\overline{y})^2$	$(x-\overline{x})(y-\overline{y})$
①	10	9	2	3	4	9	6
②	10	3	2	−3	4	9	−6
③	8	8	0	2	0	4	0
④	5	5	−3	−1	9	1	3
⑤	10	6	2	0	4	0	0
⑥	5	5	−3	−1	9	1	3
計	48	36	0	0	30	24	6

上の表より，x, y の分散 $s_x{}^2$, $s_y{}^2$ は

$$s_x{}^2=\frac{30}{6}=5,\quad s_y{}^2=\frac{24}{6}=4$$

ゆえに，x と y の標準偏差 s_x, s_y は

$$s_x=\sqrt{5},\quad s_y=2$$

⬅(標準偏差) = √(分散)

また，x と y の共分散 s_{xy} は

$$s_{xy}=\frac{6}{6}=1$$

したがって，x と y の相関係数 r は

$$r=\frac{s_{xy}}{s_x s_y}=\frac{1}{\sqrt{5}\times 2}=\frac{\sqrt{5}}{10}$$

$$=0.1\times\sqrt{5}=0.223\cdots\cdots$$

⬅相関係数 $r=\dfrac{s_{xy}}{s_x s_y}$

小数第3位を四捨五入すると

$r=$ ア［　　］

練　習　問　題

*146　右の表は，ある高校の生徒 4 人に行った 2 回のテストの得点である。1 回目のテストの得点を x，2 回目のテストの得点を y として，次の問いに答えよ。

生徒	①	②	③	④
x	4	7	3	6
y	4	8	6	10

（点）

◀例 107

(1)　$\overline{x}$，$\overline{y}$ を計算せよ。

(2)　共分散 s_{xy} を計算せよ。

生徒	x	y	$x-\overline{x}$	$y-\overline{y}$	$(x-\overline{x})(y-\overline{y})$
①	4	4			
②	7	8			
③	3	6			
④	6	10			
計					

147　右の表は，ある高校の 5 人の生徒に行った科目 A と科目 B のテストの得点である。科目Aのテストの得点を x，科目Bのテストの得点を y として，x と y の相関係数 r を求めよ。

◀例 107

生徒	科目 A	科目 B
①	4	7
②	7	9
③	5	8
④	8	10
⑤	6	6

（点）

生徒	x	y	$x-\overline{x}$	$y-\overline{y}$	$(x-\overline{x})^2$	$(y-\overline{y})^2$	$(x-\overline{x})(y-\overline{y})$
①	4	7					
②	7	9					
③	5	8					
④	8	10					
⑤	6	6					
計							
平均値							

47 外れ値と仮説検定

⇨教 p.180〜p.183

1 外れ値

データの第 1 四分位数を Q_1，第 3 四分位数を Q_3 とするとき，
$Q_1-1.5(Q_3-Q_1)$ 以下 または $Q_3+1.5(Q_3-Q_1)$ 以上の値

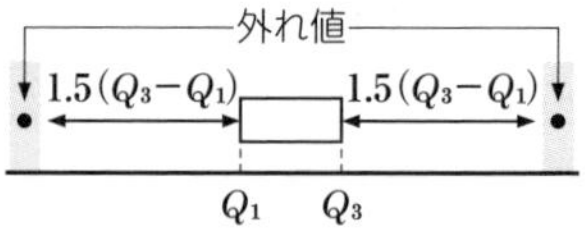

2 仮説検定の考え方

基準となる確率を 5% とするとき，実際に起こったことがらについて，ある仮説のもとで起こる確率が
(i) 5% 以下であれば，仮説が誤りと判断する。
(ii) 5% より大きければ，仮説が誤りとはいえないと判断する。

例 108

次のデータは，ある店にある 8 種類のオートバイの価格である。①〜⑧のうち，価格が外れ値であるオートバイをすべて選んでみよう。

オートバイ	①	②	③	④	⑤	⑥	⑦	⑧
価格	29	38	46	46	48	53	55	76

（万円）

④と⑤の値の平均値が Q_2 であるから $Q_2=\dfrac{46+48}{2}=$ ア□

②と③の値の平均値が Q_1 であるから $Q_1=\dfrac{38+46}{2}=$ イ□

⑥と⑦の値の平均値が Q_3 であるから $Q_3=\dfrac{53+55}{2}=$ ウ□

$Q_1-1.5(Q_3-Q_1)=$ エ□，$Q_3+1.5(Q_3-Q_1)=$ オ□

$29>24$ より①は外れ値でない，また，$72<76$ より⑧は外れ値である。
したがって，①〜⑧のうち，価格が外れ値であるオートバイは⑧である。

例 109

立方体の 6 つの面のうち，3 つが赤，残り 3 つが黄色に塗られている。この立方体を 5 回転がしたところ，5 回とも赤色の面が上になった。

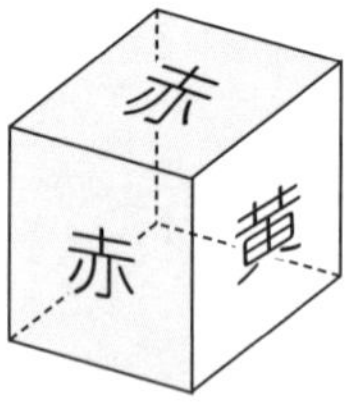

右の度数分布表は，表(おもて)裏の出方が同様に確からしいコイン 1 枚を 5 回投げる操作を，1000 セット行った結果である。

これを用いて「立方体の赤，黄の面の出方が同じ」という仮説が誤りかどうか，基準となる確率を 5% として仮説検定を行ってみよう。

表の枚数	セット数
5	27
4	157
3	313
2	328
1	138
0	37
計	1000

「立方体の赤，黄の面の出方が同じ」という仮説のもとで，5 回とも赤の面が上になる確率は 2.7% と考えられ，基準となる確率の 5% 以下である。
したがって，「赤，黄の面の出方が同じ」という仮説は ア□ と判断する。すなわち，この立方体は「赤の面が上になりやすい」といえる。

練　習　問　題

148　次の表は，10 人の高校生男子の懸垂の回数である。　◀例 108

番号	①	②	③	④	⑤	⑥	⑦	⑧	⑨	⑩
回数	3	8	12	6	0	6	7	6	8	9

(1)　第 1 四分位数 Q_1，第 3 四分位数 Q_3 の値を求めよ。

(2)　外れ値の番号をすべて答えよ。

149　実力が同じという評判の将棋棋士 A，B が 6 番勝負をしたところ，A が 6 勝した。

右の度数分布表は，表裏の出方が同様に確からしいコイン 1 枚を 6 回投げる操作を 1000 セット行った結果である。

これを用いて，「A，B の実力が同じ」という仮説が誤りかどうか，基準となる確率を 5% として仮説検定を行え。　◀例 109

表の枚数	セット数
6	13
5	91
4	238
3	314
2	231
1	96
0	17
計	1000

確 認 問 題 11

1 次の小さい順に並べられたデータについて，平均値および中央値を求めよ。

*(1) 1, 13, 14, 20, 28, 40, 58, 62, 89, 95

(2) 10, 17, 17, 27, 27, 32, 36, 58, 59, 85, 94

2 次の小さい順に並べられたデータについて，四分位数，範囲と四分位範囲を求めよ。また，箱ひげ図をかけ。

*(1) 5, 5, 5, 5, 7, 8, 8, 9, 9, 10, 12

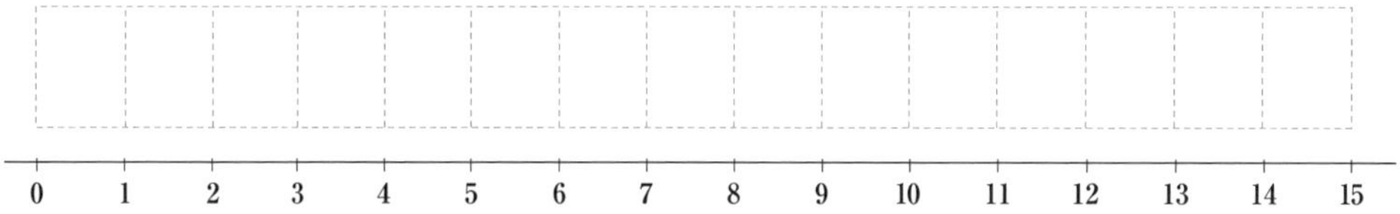

(2) 2, 3, 4, 6, 6, 7, 8, 10, 11, 12, 12, 13, 15

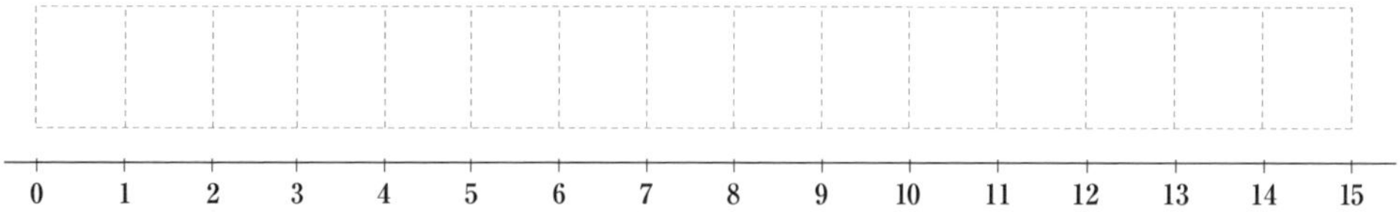

3 右の図は，高校 1 年生のあるクラスの男子 16 人と女子 15 人が行った握力測定の結果を箱ひげ図にまとめたものである。正しいと判断できるものを，次の①～⑤からすべて選べ。

① 男子の範囲の方が女子の範囲より，2 kg 大きい。

② 女子の第 3 四分位数にあたる生徒は，握力の小さい方から数えて 12 番目の生徒である。

③ 握力が 20 kg 台の男子は 1 人もいない。

④ 握力が 50 kg 以上の男子は 2 人である。

⑤ 握力が 25 kg 未満の生徒は 8 人である。

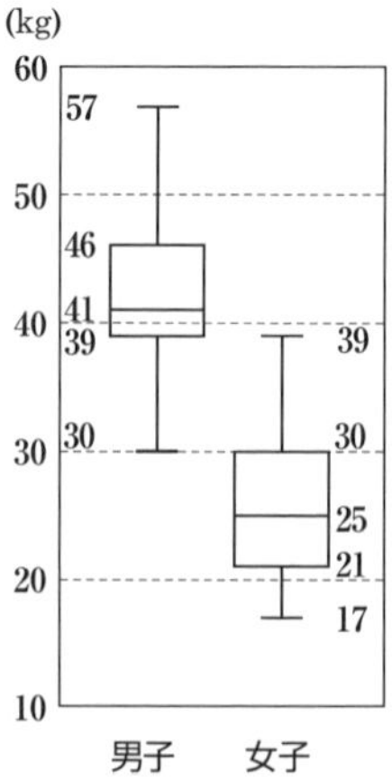

4 次のデータの分散 s^2 と標準偏差 s を求めよ。

(1) 1, 2, 5, 5, 7, 10

							計	平均値
x	1	2	5	5	7	10		
$x-\overline{x}$								
$(x-\overline{x})^2$								

*(2) 44, 45, 46, 49, 51, 52, 54, 56, 61, 62

											計	平均値
x	44	45	46	49	51	52	54	56	61	62		
$x-\overline{x}$												
$(x-\overline{x})^2$												

5 右の表は，ある高校の生徒 5 人の数学と化学のテストの得点である。数学のテストの得点を x，化学のテストの得点を y として，この表から散布図をつくれ。また，下の表を用いて，共分散 s_{xy} および相関係数 r を計算せよ。

生徒	数学	化学
①	56	85
②	64	80
③	53	75
④	72	90
⑤	55	70

(点)

生徒	x	y	$x-\overline{x}$	$y-\overline{y}$	$(x-\overline{x})^2$	$(y-\overline{y})^2$	$(x-\overline{x})(y-\overline{y})$
①	56	85					
②	64	80					
③	53	75					
④	72	90					
⑤	55	70					
計							
平均値							

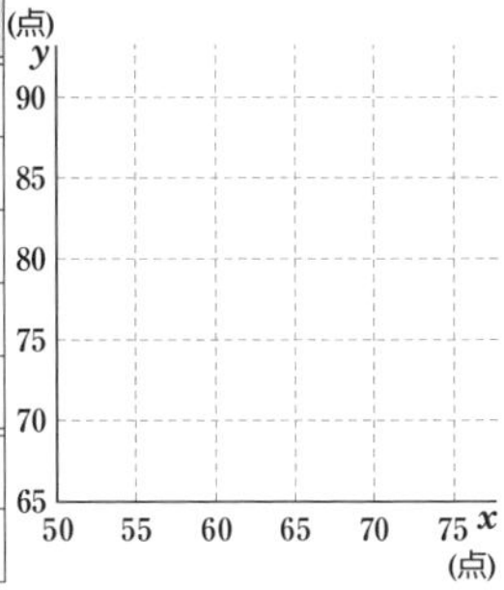

略　解

ウォームアップ

1　正の数・負の数の計算 / 文字式

例1　ア　11　イ　-30　ウ　-8　エ　$\frac{9}{2}$　オ　-16

例2　ア　$\frac{3a^2}{b}$

例3　ア　18　イ　$-\frac{3}{4}$

例4　ア　$-4x+10$　イ　$\frac{x-9}{10}$　ウ　$-2a$

1　(1)　7　(2)　-7　(3)　-36
　(4)　81　(5)　$-\frac{4}{3}$　(6)　-15

2　(1)　$5a^2b$　(2)　$\frac{2a}{3}$

3　(1)　10　(2)　$-\frac{4}{3}$

4　(1)　$14x+3$　(2)　$\frac{11x+7}{6}$　(3)　$\frac{x+3}{4}$

5　(1)　$-48a^5$　(2)　$-3a^2b$

第1章　数と式

1　整式とその加法・減法

例1　ア　4　イ　-2　ウ　2　エ　$-3ab^3$
　オ　2　カ　3　キ　2　ク　2
　ケ　2　コ　3　サ　$2y-3$　シ　$-y+1$

例2　ア　x^2-8x+5　イ　$4x^2-21x+13$

1　(1)　次数 3，係数 2　(2)　次数 4，係数 -5

2　(1)　次数 1，係数 $3a^2$　(2)　次数 3，係数 $-5ax^2$

3　(1)　$8x-11$　(2)　$2x^2+4x-5$

4　(1)　2次式，1　(2)　3次式，-3

5　(1)　$x^2+(2y-3)x+(y-5)$
　x^2 の項の係数は 1，x の項の係数は $2y-3$，
　定数項は $y-5$
　(2)　$5x^2+(5y-3)x+(-y-3)$
　x^2 の項の係数は 5，x の項の係数は $5y-3$，
　定数項は $-y-3$

6　$A+B=4x^2-3x-2$
　$A-B=2x^2+x+4$

7　(1)　$-x^2-9x-4$
　(2)　$8x^2-5x+21$

2　整式の乗法 (1)

例3　ア　a^8　イ　a^{20}　ウ　a^6b^2

例4　ア　$6x^4$　イ　$-8x^3y^6$

例5　ア　$2x^4-6x^3$　イ　$6x^3-7x^2-7x+6$

8　(1)　a^7　(2)　a^{12}　(3)　x^8　(4)　$9a^8$

9　(1)　$6x^6$　(2)　$-3x^5y^2$
　(3)　a^8b^{12}　(4)　$16x^6y^8$

10　(1)　$3x^2-2x$　(2)　$4x^3-6x^2-8x$
　(3)　$-3x^3-3x^2+15x$　(4)　$6x^4-3x^3+15x^2$

11　(1)　$4x^3+8x^2-3x-6$
　(2)　$6x^3-4x^2-3x+2$
　(3)　$3x^3+15x^2-2x-10$
　(4)　$-2x^3+6x^2+x-3$
　(5)　$6x^3-17x^2+9x-10$
　(6)　$2x^3+7x^2-3x-3$

3　整式の乗法 (2)

例6　ア　$9x^2+30x+25$　イ　$4x^2-4xy+y^2$
　ウ　$9x^2-4y^2$　エ　$x^2-3x-10$

例7　ア　$2x^2-x-15$　イ　$15x^2-xy-2y^2$

12　(1)　x^2+4x+4　(2)　$16x^2-24x+9$
　(3)　$9x^2-12xy+4y^2$　(4)　$x^2+10xy+25y^2$

13　(1)　$4x^2-9$　(2)　$9x^2-16$
　(3)　x^2-9y^2　(4)　$25x^2-36y^2$

14　(1)　x^2+5x+6　(2)　$x^2+5x-50$
　(3)　$x^2-2xy-3y^2$　(4)　$x^2-7xy+6y^2$

15　(1)　$3x^2+7x+2$　(2)　$10x^2-x-3$
　(3)　$12x^2-17x+6$　(4)　$15x^2+7x-2$
　(5)　$12x^2-5xy-2y^2$　(6)　$10x^2-9xy+2y^2$

4　整式の乗法 (3)

例8　ア　$a^2+4b^2+c^2+4ab-4bc-2ca$
　イ　$x^2+4xy+4y^2-x-2y-6$

例9　ア　$81x^4-1$　イ　$16x^4-8x^2y^2+y^4$

16　(1)　$a^2+b^2+c^2-2ab+2bc-2ca$
　(2)　$a^2+4ab+4b^2+2a+4b+1$
　(3)　$x^2+6xy+9y^2-4$
　(4)　$9x^2+6xy+y^2+6x+2y-15$

17　(1)　$16x^4-1$　(2)　x^4-256y^4

18　(1)　x^4-18x^2+81
　(2)　$81x^4-72x^2y^2+16y^4$

確認問題 1

1　(1)　$3x$　(2)　$-2x^2+2x-2$

2　(1)　$A+B=2x^2+x+11$
　$A-B=-7x-1$
　(2)　$A+B=-x^2+8x-5$
　$A-B=3x^2+6x-3$

3　(1)　$x-4$　(2)　$-5x^2-8x+12$

4　(1)　a^9　(2)　a^{10}　(3)　$16a^4$
　(4)　$12x^5$　(5)　$9x^{14}$　(6)　$2x^4y^6$
　(7)　$-5x^5y^4$　(8)　$-8x^9$

5 (1) $-2x^3-8x^2-10x$　(2) x^3+8

6 (1) $x^2+12x+36$　(2) $25x^2-4y^2$

7 (1) x^2+3x-4　(2) $x^2+3x-28$
(3) $3x^2+14x+8$　(4) $10x^2-31x+15$
(5) $12x^2+11x-15$　(6) $14x^2-27xy+9y^2$

8 (1) $a^2+b^2+4c^2+2ab-4bc-4ca$
(2) $9x^2-12xy+4y^2+12x-8y-5$
(3) $81x^4-16y^4$　(4) $x^4-18x^2y^2+81y^4$

5　因数分解 (1)

例 10　ア　$x(x-7)$　イ　$ab(3a-2b+5)$
ウ　$(x-3)(a-1)$

例 11　ア　$(x-6)^2$　イ　$(3x+y)^2$
ウ　$(5x+7)(5x-7)$

19 (1) $x(x+3)$　(2) $xy(4y-1)$
(3) $2ab^2(2a^2-3b)$

20 (1) $xy(2x-3y+4)$
(2) $b(ab-4a-12)$
(3) $3x(3x+2y-3)$

21 (1) $(a+2)(x+y)$　(2) $(x-2)(a-3)$
(3) $(3a-2)(x-y)$　(4) $(x-7)(5y-2)$

22 (1) $(x+1)^2$
(2) $(x-3)^2$
(3) $(x-4y)^2$
(4) $(2x+y)^2$

23 (1) $(x+9)(x-9)$　(2) $(3x+4)(3x-4)$
(3) $(7x+2y)(7x-2y)$　(4) $(8x+5y)(8x-5y)$

6　因数分解 (2)

例 12　ア　$(x+4)(x-5)$　イ　$(x-y)(x-4y)$

例 13　ア　$(x-1)(2x-5)$　イ　$(x-y)(3x+y)$

24 (1) $(x+1)(x+6)$　(2) $(x-2)(x-4)$
(3) $(x-2)(x+6)$　(4) $(x-3)(x-8)$
(5) $(x+1)(x-4)$　(6) $(x-3)(x-5)$

25 (1) $(x+2y)(x+4y)$　(2) $(x-4y)(x+7y)$

26 (1) $(x+1)(3x+1)$　(2) $(x-5)(2x-1)$
(3) $(x-3)(3x-1)$　(4) $(x+2)(5x-3)$
(5) $(2x+1)(3x-1)$　(6) $(2x+3)(2x-5)$

27 (1) $(x+y)(5x+y)$　(2) $(x-2y)(2x-3y)$

7　因数分解 (3)

例 14　ア　$(x+y+1)(x+y-4)$

例 15　ア　$(x^2+2)(x+3)(x-3)$

例 16　ア　$(a-b)(a-b+c)$

例 17　ア　$(x+y+2)(x+2y-1)$

28 (1) $(x-y+5)(x-y-3)$
(2) $(x+2y)(x+2y-3)$

29 (1) $(x+1)(x-1)(x+2)(x-2)$
(2) $(x^2+4)(x+2)(x-2)$

30 (1) $(a+b)(b+2)$
(2) $(a+b)(a-3)$

31 (1) $(x+y-3)(x+y+4)$
(2) $(x+y-3)(x+3y+2)$

確認問題 2

1 (1) $x(2x-1)$　(2) $2xy(3x+2y-1)$
(3) $(a-2)(x-y)$　(4) $(5a-3)(x-y)$

2 (1) $(x+3)^2$　(2) $(x-5)^2$
(3) $(3x+2y)^2$　(4) $(x+6)(x-6)$
(5) $(9x+2)(9x-2)$　(6) $(8x+9y)(8x-9y)$

3 (1) $(x+1)(x+3)$　(2) $(x-1)(x-6)$
(3) $(x-7)(x+5)$　(4) $(x-5)(x+2)$

4 (1) $(x-6y)(x+4y)$　(2) $(x-5y)(x+8y)$

5 (1) $(x+2)(3x+1)$　(2) $(x-1)(2x-7)$
(3) $(x+1)(2x-3)$　(4) $(x-1)(5x+2)$
(5) $(2x-3)(3x+5)$　(6) $(x-3)(6x+5)$
(7) $(x+3y)(2x-y)$　(8) $(2x-y)(2x-3y)$

6 (1) $(x+y-6)(x+y+9)$　(2) $(x+1)(x-1)(x^2+6)$
(3) $(a+c)(a-b+c)$　(4) $(x+y-3)(x+y+2)$

8　実数

例 18　ア　3.25　イ　$0.\dot{6}\dot{3}$

例 19　ア　7　イ　0　ウ　7　エ　0
オ　$\dfrac{3}{5}$　カ　7　キ　$-\sqrt{2}$　ク　$\pi+1$

例 20　ア　3　イ　2　ウ　$2-\sqrt{3}$

32 (1) 4.6　(2) 4.25

33 (1) $0.\dot{4}$　(2) $1.\dot{7}\dot{2}$

34 ①自然数は 5
②整数は -3, 0, 5
③有理数は -3, $-\dfrac{1}{4}$, 0, $0.\dot{5}$, 2.13, $\dfrac{22}{3}$, 5
④無理数は $\sqrt{3}$, π

35 (1) 8　(2) 6
(3) $\dfrac{1}{2}$　(4) $\dfrac{3}{5}$

36 (1) 6　(2) $\sqrt{6}-2$

9　根号を含む式の計算 (1)

例 21　ア　$-\sqrt{7}$　イ　10　ウ　7

例 22　ア　$\sqrt{35}$　イ　$\sqrt{3}$　ウ　$4\sqrt{2}$　エ　$5\sqrt{2}$

37 (1) ±5　(2) $\pm\sqrt{10}$
(3) ±1　(4) 6
(5) -3　(6) 3

38 (1) $\sqrt{14}$　(2) $\sqrt{10}$
(3) $\sqrt{2}$　(4) $\sqrt{5}$

39 (1) $2\sqrt{2}$　(2) $4\sqrt{3}$
(3) $5\sqrt{3}$　(4) $7\sqrt{2}$

40 (1) $2\sqrt{3}$　(2) $5\sqrt{6}$

(3) $7\sqrt{3}$　(4) $6\sqrt{2}$

10　根号を含む式の計算 (2)

例23　ア　$-2\sqrt{3}$　イ　$7\sqrt{2}-\sqrt{3}$　ウ　$\sqrt{2}$

例24　ア　$-1-\sqrt{35}$　イ　$7+2\sqrt{10}$

41　(1) $2\sqrt{3}$　(2) $4\sqrt{2}$

42　(1) $4\sqrt{2}-\sqrt{3}$　(2) $-2\sqrt{3}+4\sqrt{5}$

43　(1) $-\sqrt{2}$　(2) $2\sqrt{3}$

(3) $7\sqrt{7}-\sqrt{5}$　(4) $\sqrt{5}+2\sqrt{2}$

44　(1) $-11+\sqrt{6}$　(2) $2+\sqrt{10}$

45　(1) $10+2\sqrt{21}$　(2) $7+4\sqrt{3}$

(3) 7　(4) 3

11　分母の有理化

例25　ア　$\frac{\sqrt{7}}{7}$　イ　$\frac{2\sqrt{2}}{3}$

ウ　$\frac{\sqrt{7}-\sqrt{5}}{2}$　エ　$3+2\sqrt{2}$

46　(1) $\frac{\sqrt{10}}{5}$　(2) $\frac{\sqrt{21}}{7}$

(3) $4\sqrt{2}$　(4) $\frac{3\sqrt{7}}{14}$

47　(1) $\frac{\sqrt{5}+\sqrt{3}}{2}$　(2) $\sqrt{3}-1$

(3) $\sqrt{7}-\sqrt{3}$　(4) $10-5\sqrt{3}$

(5) $\frac{16-5\sqrt{7}}{9}$　(6) $4+\sqrt{15}$

確 認 問 題 3

1　(1) $3.\dot{3}$　(2) $0.\dot{3}\dot{9}$

2　(1) 5　(2) 2

(3) $\pm\sqrt{5}$　(4) 10

3　(1) $\sqrt{42}$　(2) $\sqrt{7}$

(3) $2\sqrt{7}$　(4) $5\sqrt{7}$

4　(1) $3\sqrt{3}$　(2) $3\sqrt{5}+\sqrt{2}$

(3) 0　(4) $2\sqrt{5}+4\sqrt{3}$

5　(1) $-2+7\sqrt{6}$　(2) $11-6\sqrt{2}$

(3) 4　(4) -4

6　(1) $\frac{\sqrt{6}}{2}$　(2) $3\sqrt{3}$

(3) $\frac{\sqrt{3}}{6}$　(4) $\frac{\sqrt{6}}{4}$

(5) $\frac{\sqrt{7}+\sqrt{3}}{4}$　(6) $3+\sqrt{7}$

(7) $-2\sqrt{3}+\sqrt{15}$　(8) $\frac{7+2\sqrt{10}}{3}$

12　不等号と不等式 / 不等式の性質

例26　ア　＞　イ　≦　ウ　＜

例27　ア　≦　イ　≧

例28　ア　＜　イ　＜　ウ　＞

48　(1) $x<-2$　(2) $-1\leqq x\leqq 5$

49　(1) $2x-3>6$　(2) $-1<-5x-2\leqq 5$

(3) $80x+150\times 2<1500$

50　(1) ＜　(2) ＜　(3) ＜

(4) ＞　(5) ＜　(6) ＞

13　1次不等式 (1)

例29　ア

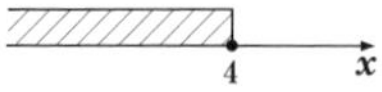

イ

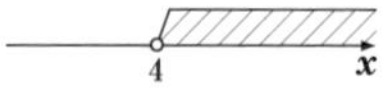

例30　ア　-3　イ　2　ウ　1　エ　$-\frac{8}{5}$

51　(1)

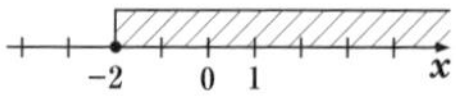

(2)

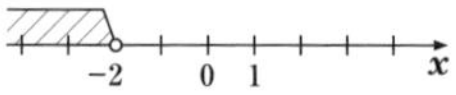

52　(1) $x>3$　(2) $x<7$

(3) $x\geqq 2$　(4) $x\geqq -1$

53　(1) $x<2$　(2) $x\leqq -1$

(3) $x>-2$　(4) $x\leqq 3$

(5) $x\geqq 3$　(6) $x>-\frac{2}{3}$

54　(1) $x<\frac{6}{5}$　(2) $x\leqq\frac{1}{9}$

(3) $x>\frac{14}{3}$　(4) $x\leqq 5$

14　1次不等式 (2)

例31　ア　$x\geqq 2$

例32　ア　$-1\leqq x\leqq 3$

例33　ア　6　イ　4

55　(1) $1<x<6$　(2) $2\leqq x\leqq 7$

(3) $x>3$　(4) $x<-6$

56　(1) $-1\leqq x\leqq 2$　(2) $-2<x<1$

57　130円のみかんを11個，90円のみかんを4個

確 認 問 題 4

1　$3x+4>30$

2　(1) ＜　(2) ＜　(3) ＞

3　(1) $x\leqq -1$　(2) $x\geqq -2$　(3) $x>2$

(4) $x<\frac{3}{2}$　(5) $x\geqq 6$

4　(1) $x<3$　(2) $-3<x\leqq 3$

5　(1) $-1\leqq x\leqq 3$　(2) $3<x<5$

6　200円のノートを12冊，160円のノートを8冊

発展　二重根号

例　ア　$\sqrt{3}-\sqrt{2}$　イ　$2+\sqrt{2}$

■　(1) $2+\sqrt{3}$　(2) $\sqrt{7}-\sqrt{3}$

(3) $\sqrt{5}-1$　(4) $\sqrt{6}+\sqrt{2}$

(5) $\sqrt{7}+2$　　(6) $3-\sqrt{6}$

TRY PLUS

問1 (1) $(x+3)(x-2)(x^2+x+2)$
(2) $(x+4)(x-2)(x^2+2x-6)$

問2 (1) $(x+3y+4)(2x+y-1)$
(2) $(x+2y-3)(3x+4y+1)$

第2章　集合と論証

15 集合

例34 ア 1, 2, 3, 6, 9, 18
イ −2, −1, 0, 1, 2, 3

例35 ア ⊃

例36 ア 2, 4　イ 1, 2, 3, 4, 5, 6, 8, 10

例37 ア 4, 5, 6　イ 1, 2, 4, 5　ウ 4, 5
エ 1, 2, 4, 5, 6　オ 6
カ 1, 2, 3, 4, 5

58 (1) $A=\{1, 2, 3, 4, 6, 12\}$
(2) $B=\{-3, -2, -1, 0, 1\}$

59 ⊃

60 (1) {3, 5, 7}　(2) {1, 2, 3, 5, 7}　(3) ∅

61 (1) {7, 8, 9, 10}　(2) {1, 2, 3, 4, 9, 10}
(3) {1, 2, 3, 4, 7, 8, 9, 10}
(4) {9, 10}　(5) {5, 6, 7, 8, 9, 10}
(6) {1, 2, 3, 4}

16 命題と条件

例38 ア 真

例39 ア 十分条件　イ 必要条件

例40 ア 偶数　イ $x \fallingdotseq 1$　ウ $y \fallingdotseq 1$
エ $x<0$　オ $y>0$

62 (1) 真　(2) 偽，反例 $x=-3$
(3) 偽，反例 $n=6$　(4) 真

63 (1) 十分条件　(2) 必要条件
(3) 必要十分条件

64 (1) $x \fallingdotseq 5$　(2) $x<1$ または $y \leqq 0$
(3) $x \leqq -3$ または $2 \leqq x$
(4) $2<x \leqq 5$

17 逆・裏・対偶

例41 ア 偽　イ 真

例42 ア 奇数

例43 ア 無理数

65 偽
逆「$x>3 \Longrightarrow x>2$」……真
裏「$x \leqq 2 \Longrightarrow x \leqq 3$」……真
対偶「$x \leqq 3 \Longrightarrow x \leqq 2$」……偽

66 与えられた命題の対偶「n が3の倍数でないならば n^2 は3の倍数でない」を証明する。
n が3の倍数でないとき，ある整数 k を用いて
$n=3k+1$，$n=3k+2$
と表すことができる。よって
(i) $n=3k+1$ のとき
$n^2=(3k+1)^2=9k^2+6k+1$
$=3(3k^2+2k)+1$
(ii) $n=3k+2$ のとき
$n^2=(3k+2)^2=9k^2+12k+4$
$=3(3k^2+4k+1)+1$
(i)，(ii)より，いずれの場合も n^2 は3の倍数でない。
したがって，対偶が真であるから，もとの命題も真である。

67 $3+2\sqrt{2}$ が無理数でない，すなわち
$3+2\sqrt{2}$ は有理数である
と仮定する。
そこで，r を有理数として，
$3+2\sqrt{2}=r$
とおくと
$\sqrt{2}=\dfrac{r-3}{2}$ ……①
r は有理数であるから $\dfrac{r-3}{2}$ も有理数であり，
等式①は $\sqrt{2}$ が無理数であることに矛盾する。
よって，$3+2\sqrt{2}$ は無理数である。

確認問題5

1 (1) $A=\{1, 2, 4, 8, 16\}$
(2) $B=\{2, 3, 5, 7, 11, 13, 17, 19\}$

2 ∅, {2}, {4}, {6}, {2, 4}, {2, 6}, {4, 6}, {2, 4, 6}

3 (1) {3, 5, 7}　(2) {1, 2, 3, 5, 7, 9}
(3) ∅

4 (1) {2, 4, 6, 8, 10}　(2) {4, 5, 7, 8, 9, 10}
(3) {4, 8, 10}　(4) {4, 8, 10}

5 偽　反例 $x=1$

6 (1) 必要条件　(2) 十分条件　(3) 必要十分条件

7 (1) $x \geqq -2$　(2) $x \geqq -2$

8 与えられた命題の対偶「n が奇数ならば n^2+1 は偶数」を証明する。
n が奇数のとき，ある整数 k を用いて $n=2k+1$ と表すことができる。よって
$n^2+1=(2k+1)^2+1=4k^2+4k+2$
$=2(2k^2+2k+1)$
ここで，$2k^2+2k+1$ は整数であるから，n^2+1 は偶数である。
したがって，対偶が真であるから，もとの命題も真である。

9 $4-2\sqrt{3}$ が無理数でない，すなわち
$4-2\sqrt{3}$ は有理数である
と仮定する。

そこで，r を有理数として，

$4-2\sqrt{3}=r$

とおくと

$$\sqrt{3}=2-\frac{r}{2} \quad \cdots\cdots①$$

r は有理数であるから $2-\dfrac{r}{2}$ は有理数であり，

等式①は，$\sqrt{3}$ が無理数であることに矛盾する。

よって，$4-2\sqrt{3}$ は無理数である。

第3章　2次関数

18　関数とグラフ

例44　ア　$2\pi x$

例45　ア　8

例46　ア　2　イ　8　ウ　2　エ　8

　　　オ　-1　カ　2

68　(1)　$y=3x$　　(2)　$y=50x+500$

69　(1)　6　　(2)　21

　　(3)　3　　(4)　$2a^2-5a+3$

70　(1)

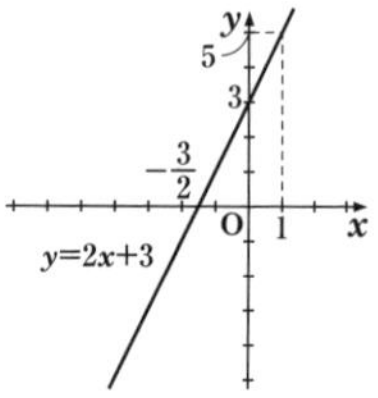

(2)

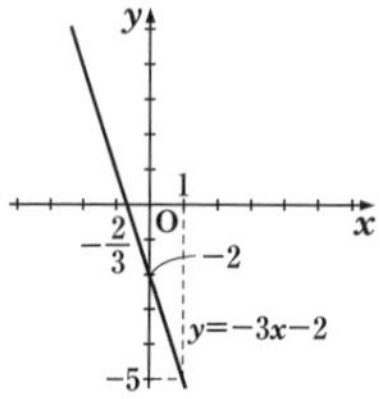

71　(1)

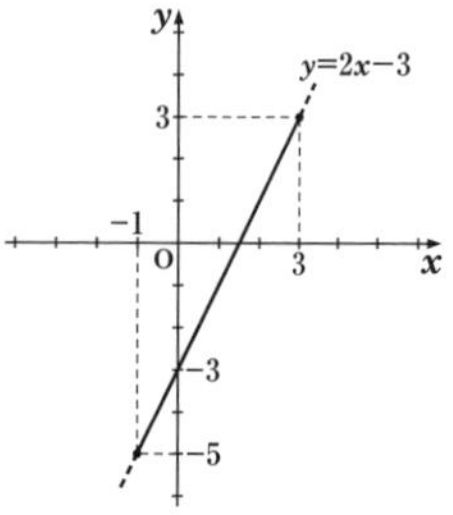

(2)　$-5 \leqq y \leqq 3$

(3)　$x=3$ のとき最大値 3

　　$x=-1$ のとき最小値 -5

19　2次関数のグラフ (1)

例47　ア　y 軸

例48　ア　5　　イ　5

72　(1)

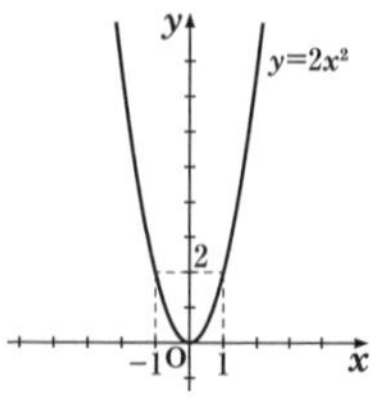

(2)

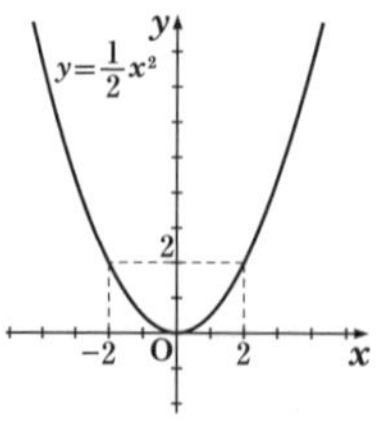

73　(1)

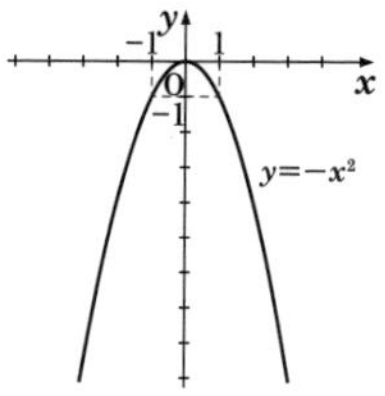

(2)

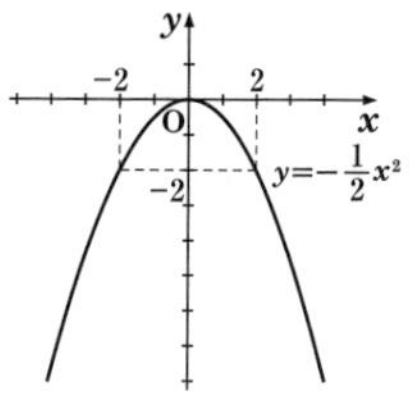

74　(1)

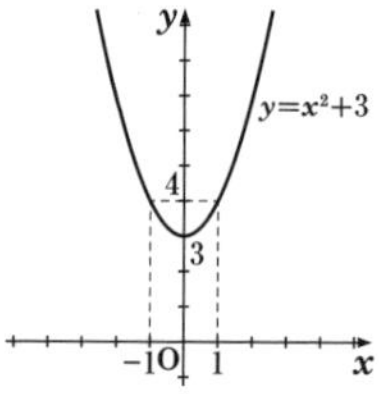

軸　y 軸

頂点 $(0,\ 3)$

(2)

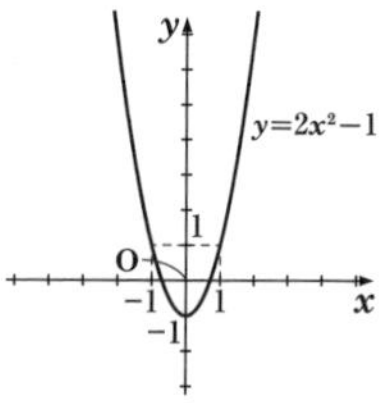

軸　y 軸

頂点 $(0,\ -1)$

(3)

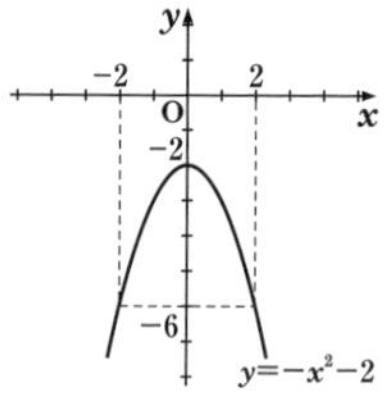

軸　y 軸

頂点 $(0,\ -2)$

(4)

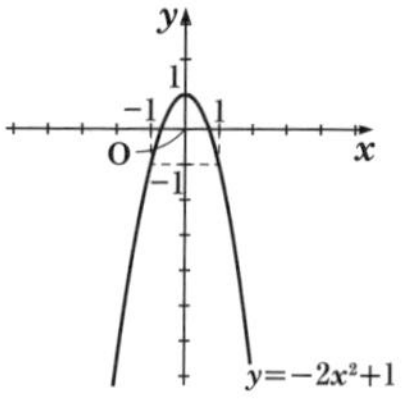

軸　y 軸

頂点 $(0,\ 1)$

20　2次関数のグラフ (2)

例49　ア　3　　イ　3　　ウ　$(3,\ 0)$

例50　ア　2　イ　-1　ウ　2　エ　$(2,\ -1)$

75　(1)

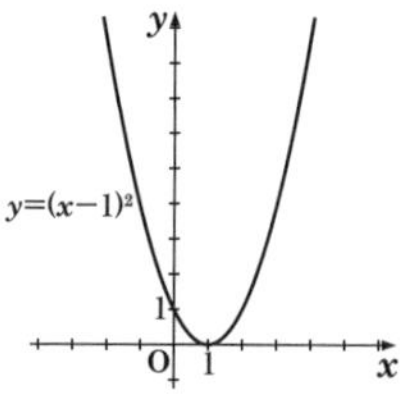

軸　直線 $x=1$

頂点 $(1,\ 0)$

(2)

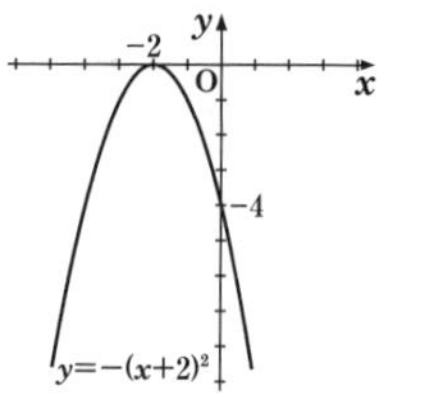

軸　直線 $x=-2$

頂点 $(-2,\ 0)$

76　(1)

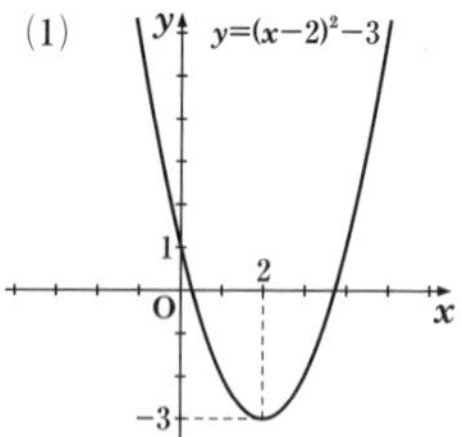

軸　直線 $x=2$

頂点 $(2,\ -3)$

(2)

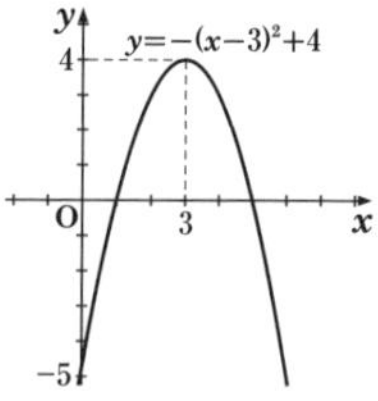

軸　直線 $x=3$

頂点 $(3,\ 4)$

(3)

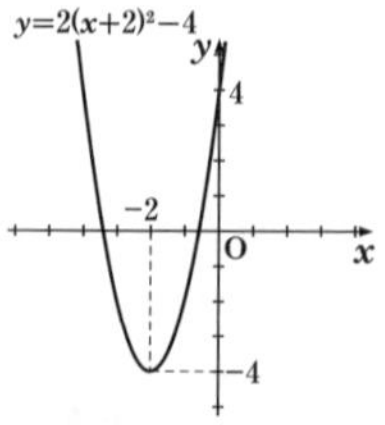

軸　直線 $x=-2$

頂点 $(-2,\ -4)$

(4)

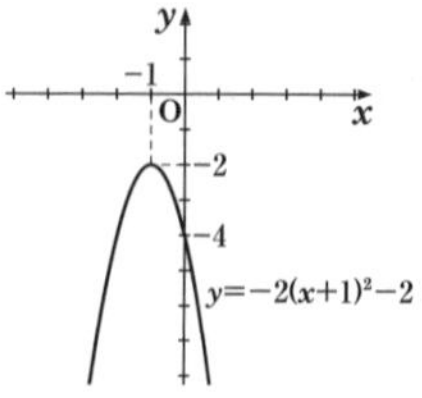

軸　直線 $x=-1$

頂点 $(-1,\ -2)$

21　2次関数のグラフ (3)

例51　ア　$(x-3)^2-8$　　イ　$2(x+1)^2-7$

77 (1) $y=(x-1)^2-1$　(2) $y=(x+2)^2-4$

78 (1) $y=(x-4)^2-7$　(2) $y=(x+3)^2-11$
(3) $y=(x+5)^2-30$　(4) $y=(x-2)^2-8$

79 (1) $y=2(x+3)^2-18$　(2) $y=4(x-1)^2-4$
(3) $y=3(x-2)^2-16$　(4) $y=2(x+1)^2+3$
(5) $y=4(x+1)^2-3$　(6) $y=2(x-2)^2-1$

80 (1) $y=-(x+2)^2$
(2) $y=-2(x-1)^2+5$
(3) $y=-3(x+2)^2+24$
(4) $y=-4(x-1)^2+1$

22　2次関数のグラフ (4)

例52　ア　$(x+1)^2-2$　　イ　$x=-1$
ウ　$(-1,\ -2)$　　エ　$(0,\ -1)$
オ　$-2(x-1)^2+3$　　カ　$x=1$
キ　$(1,\ 3)$　　ク　$(0,\ 1)$

81 (1) 軸　直線 $x=1$
頂点 $(1,\ -1)$

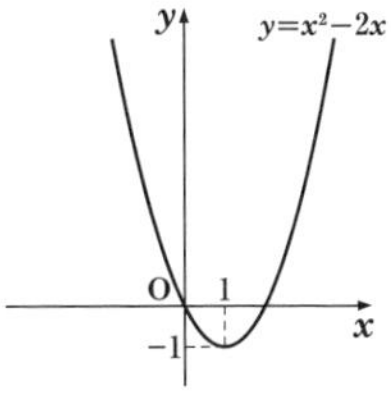

(2) 軸　直線 $x=-2$
頂点 $(-2,\ -4)$

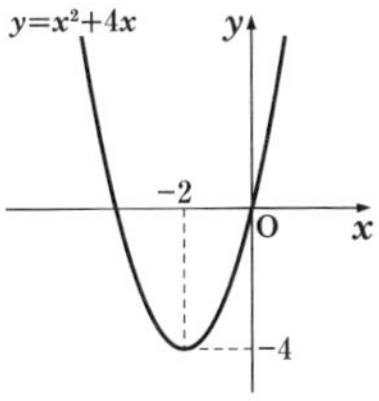

82 (1) 軸　直線 $x=-3$
頂点 $(-3,\ -2)$

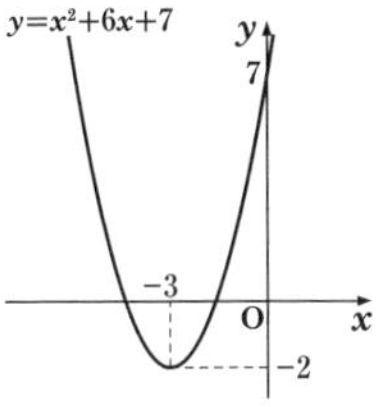

(2) 軸　直線 $x=4$
頂点 $(4,\ -3)$

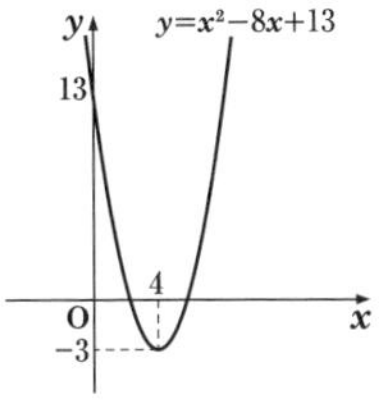

83 (1) 軸　直線 $x=2$
頂点 $(2,\ -5)$

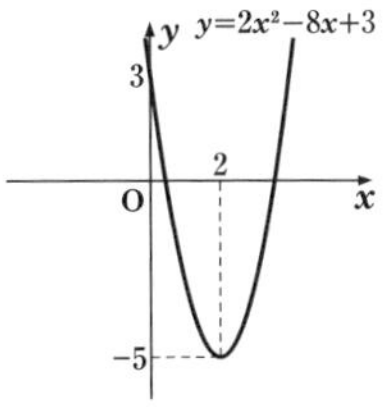

(2) 軸　直線 $x=-1$
頂点 $(-1,\ 2)$

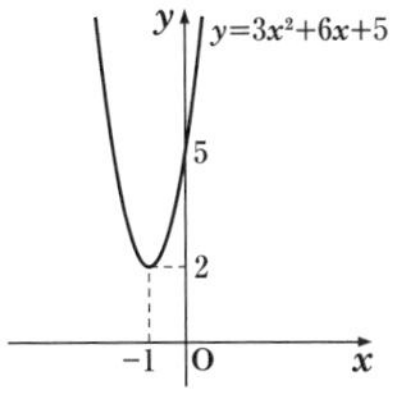

(3) 軸　直線 $x=-1$
頂点 $(-1,\ 5)$

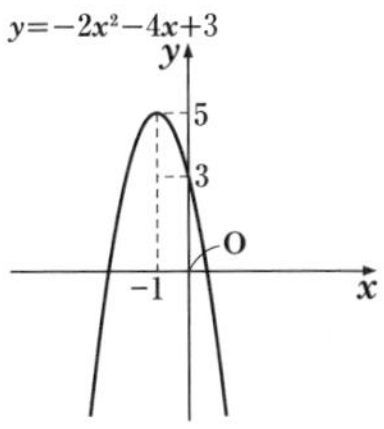

(4) 軸　直線 $x=3$
頂点 $(3,\ 5)$

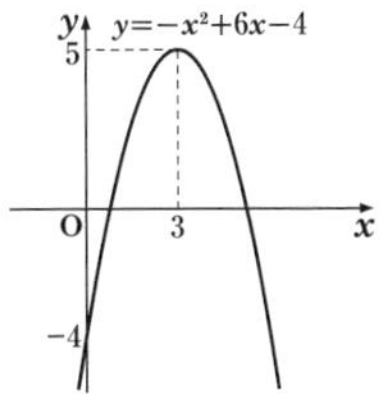

確認問題 6

1 (1)

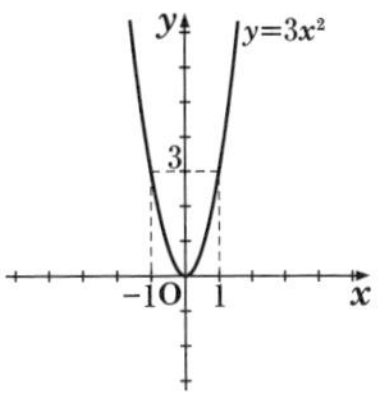

(2)

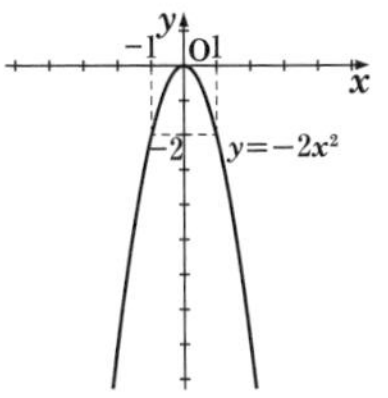

2 (1)

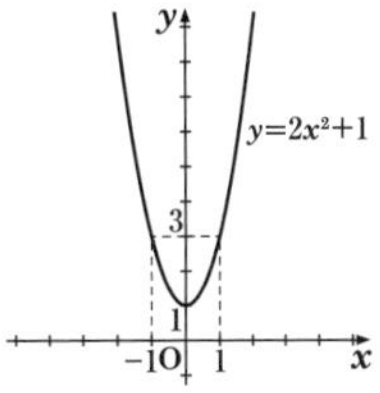

軸　y 軸
頂点 $(0,\ 1)$

(2)

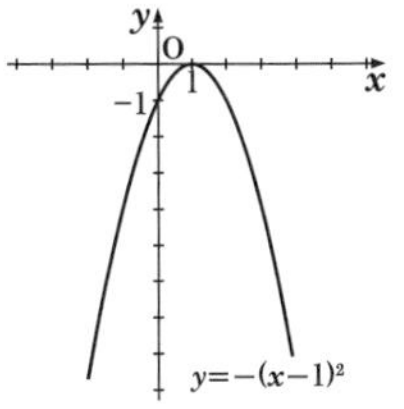

軸　直線 $x=1$
頂点 $(1,\ 0)$

(3)

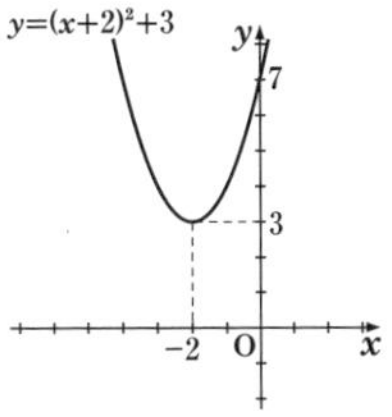

軸　直線 $x=-2$
頂点 $(-2,\ 3)$

(4)

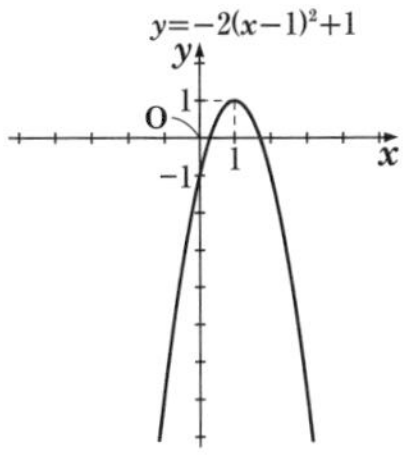

軸　直線 $x=1$
頂点 $(1,\ 1)$

3 (1) 軸　直線 $x=-3$
頂点 $(-3,\ -9)$

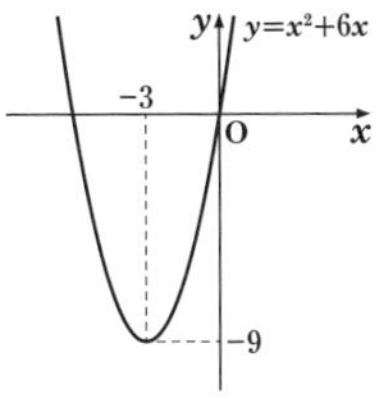

(2) 軸　直線 $x=2$
頂点 $(2,\ 1)$

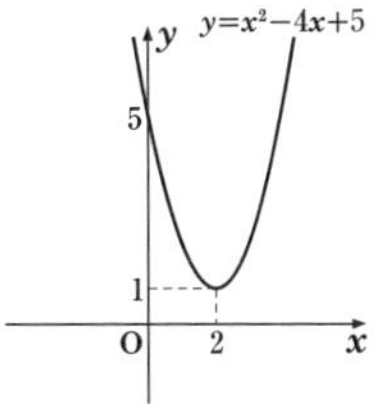

(3) 軸　直線 $x=-2$
頂点 $(-2,\ -8)$

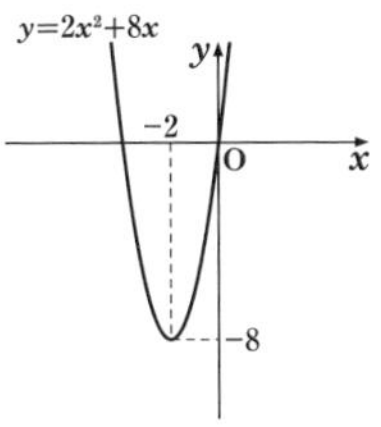

(4) 軸　直線 $x=1$
頂点 $(1,\ -4)$

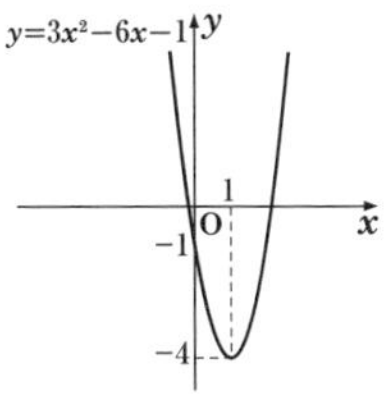

(5) 軸　直線 $x=-1$
頂点 $(-1,\ 3)$

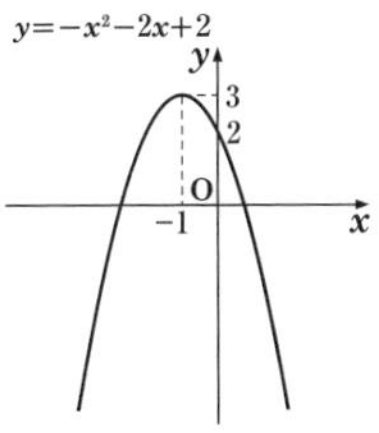

(6) 軸　直線 $x=1$
頂点 $(1,\ 8)$

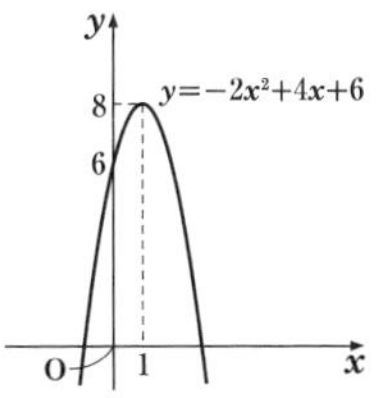

23　2次関数の最大・最小 (1)

例53　ア　3　　イ　2

例54　ア　-2　　イ　7

84 (1) $x=1$ のとき
最小値 -4
最大値は ない。

(2) $x=-1$ のとき
最小値 -6
最大値は ない。

(3) $x=-4$ のとき
最大値 -2
最小値は ない。

(4) $x=3$ のとき
最大値 5
最小値は ない。

85 (1) $x=-1$ のとき
最小値 -1
最大値は ない。

(2) $x=2$ のとき
最小値 -3
最大値は ない。

(3) $x=-3$ のとき
最小値 -11
最大値は ない。

(4) $x=1$ のとき
最大値 2
最小値は ない。

(5) $x=-4$ のとき
最大値 20
最小値は ない。

(6) $x=1$ のとき
最大値 -2
最小値は ない。

24　2次関数の最大・最小 (2)

例55　ア　2　　イ　5　　ウ　-1　　エ　-4

例56　ア　2　　イ　4

86 (1) $x=-2$ のとき
最大値 8
$x=0$ のとき
最小値 0

(2) $x=1$ のとき
最大値 0
$x=-1$ のとき
最小値 -8

87 (1) $x=1$ のとき
最大値 6
$x=-1$ のとき
最小値 -2

(2) $x=1$ のとき
最大値 1
$x=3$ のとき
最小値 -7

88 36

25　2次関数の決定 (1)

例57　ア　-1

例58　ア　3　　イ　-5

89 (1) $y=-2(x+3)^2+5$
(2) $y=(x-2)^2-4$

90 (1) $y=2(x-3)^2-10$
(2) $y=2(x+1)^2-1$

26　2次関数の決定 (2)

例59　ア　$2x^2-3x-1$

91 $y=x^2+2x-1$

確認問題 7

1 (1) $x=-2$ のとき
最大値 3
最小値は ない。

(2) $x=3$ のとき
最小値 -4
最大値は ない。

2 (1) $x=-3$ のとき
最大値 27
$x=-1$ のとき
最小値 3

(2) $x=2$ のとき
最大値 7
$x=-1$ のとき
最小値 -2

3 (1) $y=3(x+1)^2-2$
(2) $y=-(x+2)^2+7$

27　2次方程式

例60　ア　3　　イ　4

例61　ア　$\frac{1\pm\sqrt{13}}{3}$

92 (1) $x=-1,\ 2$　(2) $x=-\frac{1}{2},\ \frac{2}{3}$
(3) $x=-4,\ 2$　(4) $x=-5,\ 5$

93 (1) $x=\frac{-3\pm\sqrt{17}}{2}$
(2) $x=\frac{-4\pm\sqrt{14}}{2}$　(3) $x=\frac{5\pm\sqrt{13}}{2}$
(4) $x=\frac{5\pm\sqrt{37}}{6}$　(5) $x=-3\pm\sqrt{17}$
(6) $x=\frac{-4\pm\sqrt{10}}{3}$

28　2次方程式の実数解の個数

例62　ア　2

例63　ア　$-12m+24$　　イ　2
ウ　$4m^2-8m-32$　　エ　4　　オ　2
カ　-2　　キ　1

94 (1) 2個　(2) 1個　(3) 0個
(4) 2個

95 $m<8$

96 $m=5,\ -4$
$m=5$ のとき $x=-5$
$m=-4$ のとき $x=4$

29　2次関数のグラフと x 軸の位置関係

例64　ア　4　　イ　3

例65　ア　2　　イ　1

例66　ア　$4-12m$　　イ　$\frac{1}{3}$

97 (1) $-3,\ -2$　(2) 2

98 (1) $\frac{-5\pm\sqrt{13}}{2}$
(2) $\frac{-3\pm2\sqrt{3}}{3}$

99 (1) 2個　(2) 2個
(3) 1個　(4) 0個

100 $m<\frac{9}{8}$

30　2次関数のグラフと2次不等式 (1)

例67　ア　-2

例68　ア　2　　イ　4

例69　ア　$-2-\sqrt{7}$　　イ　$-2+\sqrt{7}$

例70　ア　$3-\sqrt{7}$　　イ　$3+\sqrt{7}$

101　(1)　$x>-3$　　(2)　$x<1$

102　(1)　$3<x<5$　　(2)　$-2\leqq x\leqq 1$

(3)　$x\leqq 2,\ 5\leqq x$　　(4)　$x\leqq -2,\ 5\leqq x$

(5)　$x<-3,\ 3<x$　　(6)　$-1<x<0$

103　(1)　$x\leqq\dfrac{-3-\sqrt{5}}{2},\ \dfrac{-3+\sqrt{5}}{2}\leqq x$

(2)　$\dfrac{1-\sqrt{13}}{3}<x<\dfrac{1+\sqrt{13}}{3}$

104　(1)　$x<-4,\ 2<x$　　(2)　$2-\sqrt{3}\leqq x\leqq 2+\sqrt{3}$

31　2次関数のグラフと2次不等式 (2)

例71　ア　$x=1$

例72　ア　ない

105　(1)　$x=2$ 以外のすべての実数

(2)　$x=-\dfrac{3}{2}$

(3)　解はない

(4)　すべての実数

106　(1)　すべての実数　　(2)　解はない

(3)　すべての実数　　(4)　解はない

確認問題 8

1　(1)　$x=-5,\ 2$　　(2)　$x=\dfrac{3}{2},\ 2$

(3)　$x=\dfrac{5\pm\sqrt{41}}{4}$　　(4)　$x=\dfrac{-1\pm\sqrt{7}}{3}$

2　(1)　2個　　(2)　1個　　(3)　2個　　(4)　0個

3　$m=1,\ 5$

$m=1$ のとき $x=-1$

$m=5$ のとき $x=-3$

4　$m>4$

5　(1)　$x<-5,\ 8<x$　　(2)　$-1\leqq x\leqq\dfrac{3}{2}$

(3)　$\dfrac{-5-\sqrt{13}}{2}\leqq x\leqq\dfrac{-5+\sqrt{13}}{2}$

(4)　$x<\dfrac{-1-\sqrt{7}}{3},\ \dfrac{-1+\sqrt{7}}{3}<x$

(5)　$x<0,\ \dfrac{3}{5}<x$

(6)　$x=\dfrac{1}{3}$

TRY *PLUS*

問3　x 軸方向に -2，y 軸方向に 6

問4　(1)　$-\dfrac{1}{2}<x<2$

(2)　$0<x\leqq 2$

第4章　図形と計量

32　三角比 (1)

例73　ア　$\dfrac{\sqrt{11}}{6}$　　イ　$\dfrac{5}{6}$　　ウ　$\dfrac{\sqrt{11}}{5}$

例74　ア　$\dfrac{\sqrt{21}}{5}$　　イ　$\dfrac{2}{5}$　　ウ　$\dfrac{\sqrt{21}}{2}$

例75　ア　21°

107　(1)　$\sin A=\dfrac{4}{5},\ \cos A=\dfrac{3}{5},\ \tan A=\dfrac{4}{3}$

(2)　$\sin A=\dfrac{3}{\sqrt{10}},\ \cos A=\dfrac{1}{\sqrt{10}},\ \tan A=3$

(3)　$\sin A=\dfrac{\sqrt{5}}{3},\ \cos A=\dfrac{2}{3},\ \tan A=\dfrac{\sqrt{5}}{2}$

108　(1)　$\sin A=\dfrac{1}{\sqrt{10}},\ \cos A=\dfrac{3}{\sqrt{10}},\ \tan A=\dfrac{1}{3}$

(2)　$\sin A=\dfrac{2}{\sqrt{5}},\ \cos A=\dfrac{1}{\sqrt{5}},\ \tan A=2$

(3)　$\sin A=\dfrac{3}{4},\ \cos A=\dfrac{\sqrt{7}}{4},\ \tan A=\dfrac{3}{\sqrt{7}}$

109　(1)　0.6293　　(2)　0.8988　　(3)　2.7475

110　(1)　37°　　(2)　37°　　(3)　79°

33　三角比 (2)

例76　ア　4　　イ　$2\sqrt{3}$

例77　ア　70　　イ　495

例78　ア　2.1

111　(1)　$x=2\sqrt{3},\ y=2$　　(2)　$x=3\sqrt{2},\ y=3$

112　標高差は 1939 m，水平距離は 3498 m

113　10.9 m

34　三角比の性質

例79　ア　$\dfrac{\sqrt{15}}{4}$　　イ　$\dfrac{1}{\sqrt{15}}$

例80　ア　$\dfrac{1}{3}$　　イ　$\dfrac{2\sqrt{2}}{3}$

例81　ア　$\cos 35^\circ$　　イ　$\sin 35^\circ$　　ウ　$\dfrac{1}{\tan 35^\circ}$

114　$\cos A=\dfrac{2}{3},\ \tan A=\dfrac{\sqrt{5}}{2}$

115　$\sin A=\dfrac{3}{5},\ \tan A=\dfrac{3}{4}$

116　$\cos A=\dfrac{1}{\sqrt{6}},\ \sin A=\dfrac{\sqrt{30}}{6}$

117　(1)　$\cos 9^\circ$　　(2)　$\sin 16^\circ$　　(3)　$\dfrac{1}{\tan 25^\circ}$

35　三角比の拡張 (1)

例82　ア　$\dfrac{3}{5}$　　イ　$-\dfrac{4}{5}$　　ウ　$-\dfrac{3}{4}$

例83　ア　$\dfrac{1}{2}$　　イ　$-\dfrac{\sqrt{3}}{2}$　　ウ　$-\dfrac{1}{\sqrt{3}}$

エ　1　　オ　0

例84　ア　$\sin 70^\circ$

118 (1) $\sin\theta=\dfrac{\sqrt{7}}{3}$，$\cos\theta=\dfrac{\sqrt{2}}{3}$，$\tan\theta=\dfrac{\sqrt{14}}{2}$

(2) $\sin\theta=\dfrac{12}{13}$，$\cos\theta=-\dfrac{5}{13}$，$\tan\theta=-\dfrac{12}{5}$

119 (1) $\sin 135^\circ=\dfrac{1}{\sqrt{2}}$，$\cos 135^\circ=-\dfrac{1}{\sqrt{2}}$

$\tan 135^\circ=-1$

(2) $\sin 120^\circ=\dfrac{\sqrt{3}}{2}$，$\cos 120^\circ=-\dfrac{1}{2}$

$\tan 120^\circ=-\sqrt{3}$

(3) $\sin 180^\circ=0$，$\cos 180^\circ=-1$，$\tan 180^\circ=0$

120 (1) $\sin 50^\circ$　(2) $-\cos 75^\circ$　(3) $-\tan 12^\circ$

36　三角比の拡張 (2)

例85　ア　60°　イ　120°　ウ　120°

例86　ア　150°

121 (1) $\theta=45^\circ$，135°　(2) $\theta=60^\circ$

122 $\theta=30^\circ$

37　三角比の拡張 (3)

例87　ア　$-\dfrac{\sqrt{5}}{3}$　イ　$-\dfrac{2}{\sqrt{5}}$

例88　ア　$-\dfrac{3}{\sqrt{10}}$　イ　$\dfrac{1}{\sqrt{10}}$

123 (1) $\cos\theta=-\dfrac{\sqrt{15}}{4}$，$\tan\theta=-\dfrac{1}{\sqrt{15}}$

(2) $\sin\theta=\dfrac{2\sqrt{2}}{3}$，$\tan\theta=-2\sqrt{2}$

(3) $\cos\theta=-\dfrac{1}{\sqrt{5}}$，$\tan\theta=-2$

124 $\cos\theta=-\dfrac{1}{\sqrt{3}}$，$\sin\theta=\dfrac{\sqrt{6}}{3}$

確認問題 9

1 (1) $\sin A=\dfrac{\sqrt{13}}{7}$，$\cos A=\dfrac{6}{7}$，$\tan A=\dfrac{\sqrt{13}}{6}$

(2) $\sin A=\dfrac{\sqrt{15}}{8}$，$\cos A=\dfrac{7}{8}$，$\tan A=\dfrac{\sqrt{15}}{7}$

2 (1) $x=3\sqrt{3}$，$y=6$

(2) $x=978.1$，$y=207.9$

3 (1) $\sin A=\dfrac{\sqrt{5}}{3}$，$\tan A=\dfrac{\sqrt{5}}{2}$

(2) $\cos A=\dfrac{5}{13}$，$\tan A=\dfrac{12}{5}$

4 (1) $\cos 16^\circ$　(2) $\sin 23^\circ$

5

θ	0°	30°	45°	60°	90°	120°	135°	150°	180°
$\sin\theta$	0	$\dfrac{1}{2}$	$\dfrac{1}{\sqrt{2}}$	$\dfrac{\sqrt{3}}{2}$	1	$\dfrac{\sqrt{3}}{2}$	$\dfrac{1}{\sqrt{2}}$	$\dfrac{1}{2}$	0
$\cos\theta$	1	$\dfrac{\sqrt{3}}{2}$	$\dfrac{1}{\sqrt{2}}$	$\dfrac{1}{2}$	0	$-\dfrac{1}{2}$	$-\dfrac{1}{\sqrt{2}}$	$-\dfrac{\sqrt{3}}{2}$	-1
$\tan\theta$	0	$\dfrac{1}{\sqrt{3}}$	1	$\sqrt{3}$	／	$-\sqrt{3}$	-1	$-\dfrac{1}{\sqrt{3}}$	0

6 (1) $\sin 40^\circ$　(2) $-\cos 15^\circ$

7 $\theta=150^\circ$

8 (1) $\cos\theta=-\dfrac{2\sqrt{6}}{5}$，$\tan\theta=-\dfrac{1}{2\sqrt{6}}$

(2) $\sin\theta=\dfrac{\sqrt{15}}{4}$，$\tan\theta=-\sqrt{15}$

38　正弦定理

例89　ア　7

例90　ア　$4\sqrt{2}$

125 (1) $\dfrac{5\sqrt{2}}{2}$　(2) $\sqrt{3}$　(3) $\sqrt{3}$

126 (1) $12\sqrt{2}$　(2) $\dfrac{4\sqrt{6}}{3}$

39　余弦定理

例91　ア　$2\sqrt{7}$

例92　ア　$-\dfrac{1}{2}$　イ　120°

127 (1) $\sqrt{7}$　(2) $\sqrt{37}$

128 (1) $\cos A=-\dfrac{\sqrt{3}}{2}$，$A=150^\circ$

(2) $\cos C=\dfrac{\sqrt{3}}{2}$，$C=30^\circ$

40　三角形の面積 / 空間図形の計量

例93　ア　6

例94　ア　$-\dfrac{1}{3}$　イ　$\dfrac{2\sqrt{2}}{3}$　ウ　$12\sqrt{2}$

例95　ア　$10\sqrt{6}$

129 (1) $5\sqrt{2}$　(2) $6\sqrt{3}$

130 (1) $\dfrac{7}{8}$　(2) $\dfrac{\sqrt{15}}{8}$　(3) $\dfrac{3\sqrt{15}}{4}$

131 $30\sqrt{2}$ m

確認問題 10

1 (1) 12　(2) $3\sqrt{3}$

2 (1) $3\sqrt{6}$　(2) $3\sqrt{5}$

3 $\cos B=\dfrac{1}{8}$，$\cos C=\dfrac{3}{4}$

4 15

5 (1) $\dfrac{19}{21}$　(2) $4\sqrt{5}$

6 $10\sqrt{6}$ m

TRY PLUS

問5　$a=3$, $B=30°$, $C=90°$

問6　(1)　$a=7$

(2)　$S=6\sqrt{3}$

$r=\dfrac{2\sqrt{3}}{3}$

第5章　データの分析

41　データの整理

例96　ア　55

イ

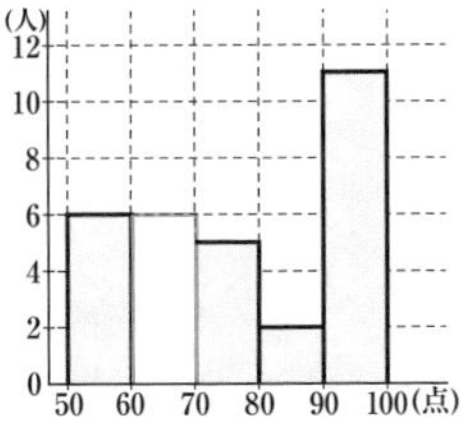

例97　ア　0.18　　イ　1

132　(1)

階級（回）以上～未満	階級値（回）	度数（人）
12～16	14	1
16～20	18	3
20～24	22	6
24～28	26	8
28～32	30	2
合計		20

(2)

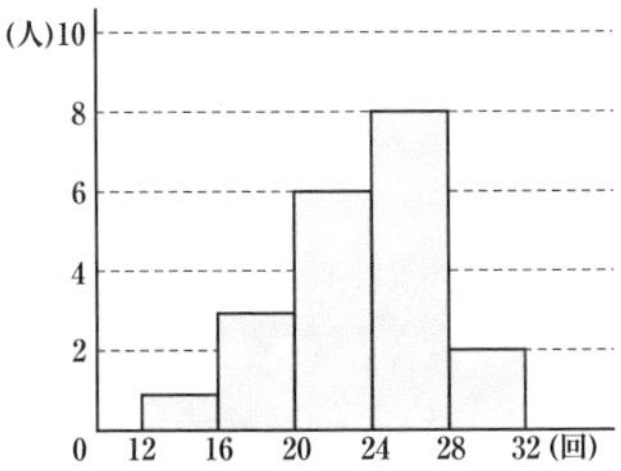

133　10歳～20歳　0.06

60歳～70歳　0.22

42　代表値

例98　ア　12.8

例99　ア　25

例100　ア　21

134　A班 41 kg, B班 40 kg

135　200円

136　(1)　37　　(2)　19

137　11

43　四分位数と四分位範囲

例101　ア　3　　イ　11

例102　ア　2　イ　14　ウ　12　エ　8

例103　ア　①, ②, ③

138　(1)　$Q_1=3$, $Q_2=6$, $Q_3=8$

(2)　$Q_1=3$, $Q_2=5.5$, $Q_3=6.5$

139

(1)　範囲 6, 四分位範囲 4

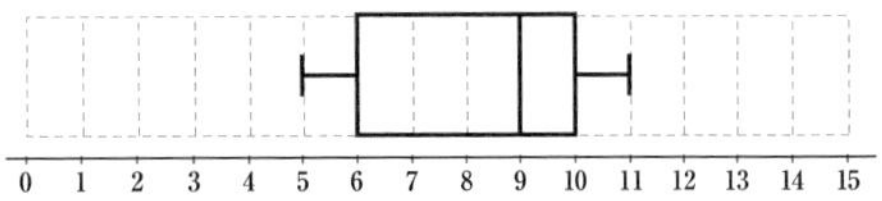

(2)　範囲 8, 四分位範囲 4

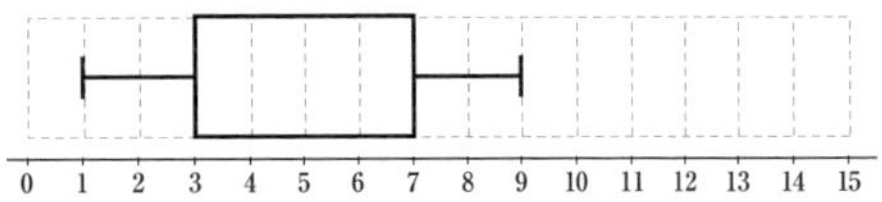

140　①, ③

44　分散と標準偏差

例104　ア　9　　イ　3

例105　ア　4　　イ　2

141　$s^2=2$, $s=\sqrt{2}$

142　$s^2=10$, $s=\sqrt{10}$

142 のデータの方が，散らばりの度合いが大きい。

143　$s^2=16$, $s=4$ (cm)

45　データの相関 (1)

例106　ア　正

144

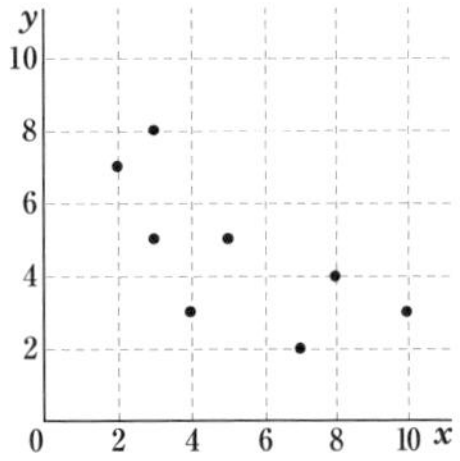

負の相関がある

145　(1)

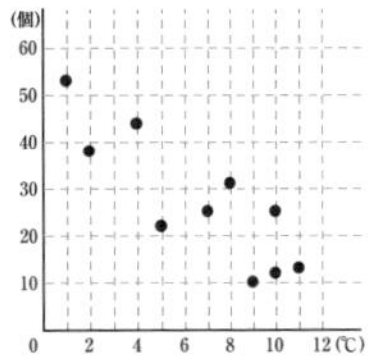

負の相関がある

(2)

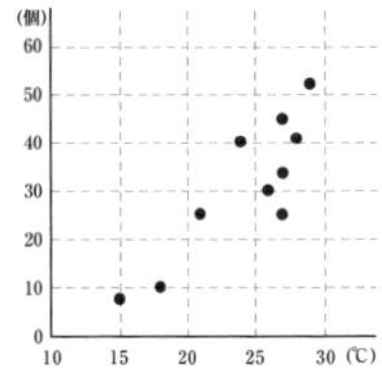

正の相関がある

46　データの相関 (2)

例107　ア　0.22

146　(1)　$\overline{x}=5$, $\overline{y}=7$

(2)　2.5

147　0.7

47 外れ値と仮説検定

例 108　ア 47　イ 42　ウ 54　エ 24　オ 72

例 109　ア 誤り

148 (1) $Q_1=6$ (回)，$Q_3=8$ (回)　(2) ①，③，⑤

149 「A，B の実力が同じ」という仮説が誤り

確 認 問 題 11

1 (1) 平均値 42　中央値 34

(2) 平均値 42　中央値 32

2 (1) $Q_1=5$，$Q_2=8$，$Q_3=9$

範囲 7，四分位範囲 4

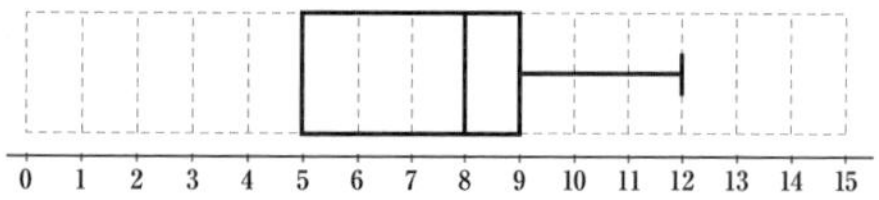

(2) $Q_1=5$，$Q_2=8$，$Q_3=12$

範囲 13，四分位範囲 7

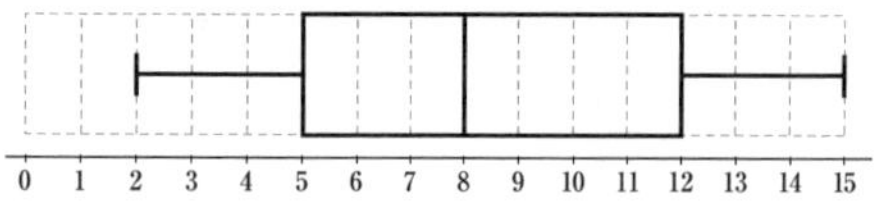

3 ②，③

4 (1) $s^2=9$，$s=3$

(2) $s^2=36$，$s=6$

5

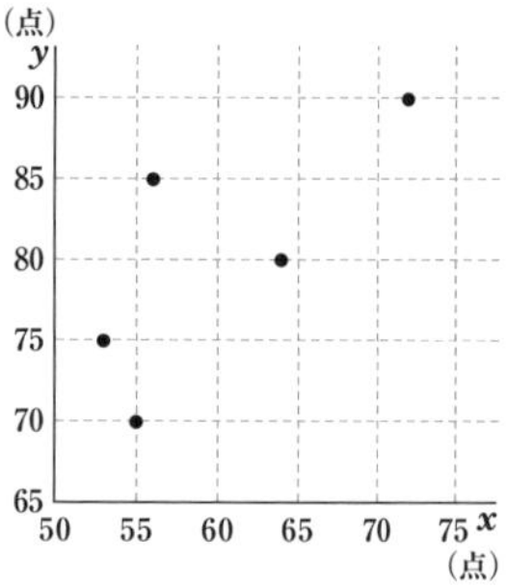

$s_{xy}=37$，$r=0.74$

三角比の表

A	$\sin A$	$\cos A$	$\tan A$	A	$\sin A$	$\cos A$	$\tan A$
0°	0.0000	1.0000	0.0000	45°	0.7071	0.7071	1.0000
1°	0.0175	0.9998	0.0175	46°	0.7193	0.6947	1.0355
2°	0.0349	0.9994	0.0349	47°	0.7314	0.6820	1.0724
3°	0.0523	0.9986	0.0524	48°	0.7431	0.6691	1.1106
4°	0.0698	0.9976	0.0699	49°	0.7547	0.6561	1.1504
5°	0.0872	0.9962	0.0875	50°	0.7660	0.6428	1.1918
6°	0.1045	0.9945	0.1051	51°	0.7771	0.6293	1.2349
7°	0.1219	0.9925	0.1228	52°	0.7880	0.6157	1.2799
8°	0.1392	0.9903	0.1405	53°	0.7986	0.6018	1.3270
9°	0.1564	0.9877	0.1584	54°	0.8090	0.5878	1.3764
10°	0.1736	0.9848	0.1763	55°	0.8192	0.5736	1.4281
11°	0.1908	0.9816	0.1944	56°	0.8290	0.5592	1.4826
12°	0.2079	0.9781	0.2126	57°	0.8387	0.5446	1.5399
13°	0.2250	0.9744	0.2309	58°	0.8480	0.5299	1.6003
14°	0.2419	0.9703	0.2493	59°	0.8572	0.5150	1.6643
15°	0.2588	0.9659	0.2679	60°	0.8660	0.5000	1.7321
16°	0.2756	0.9613	0.2867	61°	0.8746	0.4848	1.8040
17°	0.2924	0.9563	0.3057	62°	0.8829	0.4695	1.8807
18°	0.3090	0.9511	0.3249	63°	0.8910	0.4540	1.9626
19°	0.3256	0.9455	0.3443	64°	0.8988	0.4384	2.0503
20°	0.3420	0.9397	0.3640	65°	0.9063	0.4226	2.1445
21°	0.3584	0.9336	0.3839	66°	0.9135	0.4067	2.2460
22°	0.3746	0.9272	0.4040	67°	0.9205	0.3907	2.3559
23°	0.3907	0.9205	0.4245	68°	0.9272	0.3746	2.4751
24°	0.4067	0.9135	0.4452	69°	0.9336	0.3584	2.6051
25°	0.4226	0.9063	0.4663	70°	0.9397	0.3420	2.7475
26°	0.4384	0.8988	0.4877	71°	0.9455	0.3256	2.9042
27°	0.4540	0.8910	0.5095	72°	0.9511	0.3090	3.0777
28°	0.4695	0.8829	0.5317	73°	0.9563	0.2924	3.2709
29°	0.4848	0.8746	0.5543	74°	0.9613	0.2756	3.4874
30°	0.5000	0.8660	0.5774	75°	0.9659	0.2588	3.7321
31°	0.5150	0.8572	0.6009	76°	0.9703	0.2419	4.0108
32°	0.5299	0.8480	0.6249	77°	0.9744	0.2250	4.3315
33°	0.5446	0.8387	0.6494	78°	0.9781	0.2079	4.7046
34°	0.5592	0.8290	0.6745	79°	0.9816	0.1908	5.1446
35°	0.5736	0.8192	0.7002	80°	0.9848	0.1736	5.6713
36°	0.5878	0.8090	0.7265	81°	0.9877	0.1564	6.3138
37°	0.6018	0.7986	0.7536	82°	0.9903	0.1392	7.1154
38°	0.6157	0.7880	0.7813	83°	0.9925	0.1219	8.1443
39°	0.6293	0.7771	0.8098	84°	0.9945	0.1045	9.5144
40°	0.6428	0.7660	0.8391	85°	0.9962	0.0872	11.4301
41°	0.6561	0.7547	0.8693	86°	0.9976	0.0698	14.3007
42°	0.6691	0.7431	0.9004	87°	0.9986	0.0523	19.0811
43°	0.6820	0.7314	0.9325	88°	0.9994	0.0349	28.6363
44°	0.6947	0.7193	0.9657	89°	0.9998	0.0175	57.2900
45°	0.7071	0.7071	1.0000	90°	1.0000	0.0000	——

ステージノート数学Ⅰ

●編　者　実教出版編修部
●発行者　小田　良次
●印刷所　寿印刷株式会社

●発行所　実教出版株式会社
〒102-8377
東京都千代田区五番町5
電話<営業>(03)3238-7777
<編修>(03)3238-7785
<総務>(03)3238-7700
https://www.jikkyo.co.jp/

002402022　ISBN 978-4-407-36026-4

ステージノート 数学Ⅰ　解答編

実教出版編修部 編

ウォームアップ

正の数・負の数の計算 / 文字式 (p.2)

例1

ア 11　イ −30　ウ −8　エ $\frac{9}{2}$　オ −16

例2

ア $\frac{3a^2}{b}$

例3

ア 18　イ $-\frac{3}{4}$

例4

ア $-4x+10$　イ $\frac{x-9}{10}$　ウ $-2a$

1

(1) $4-(-3)=4+3=\mathbf{7}$

(2) $(-5)+(-2)=-(5+2)=\mathbf{-7}$

(3) $(-2)\times(-3)\times(-6)=-(2\times3\times6)$
$=\mathbf{-36}$

(4) $(-3)^4=(-3)\times(-3)\times(-3)\times(-3)$
$=3\times3\times3\times3=\mathbf{81}$

(5) $\frac{8}{3}\div(-2)=-\left(\frac{8}{3}\times\frac{1}{2}\right)=\mathbf{-\frac{4}{3}}$

(6) $-3^2\times2-24\div(-2)^3$
$=-9\times2-24\div(-8)$
$=-18+3=\mathbf{-15}$

2

(1) $a\times a\times5\times b=\mathbf{5a^2b}$

(2) $a\div3\times2=\mathbf{\frac{2a}{3}}$

3

(1) $2a^3-3ab^2=2\times(-1)^3-3\times(-1)\times2^2$
$=-2+12=\mathbf{10}$

(2) $\frac{b}{a}=b\div a$
$=\frac{2}{3}\div\left(-\frac{1}{2}\right)$
$=-\left(\frac{2}{3}\times\frac{2}{1}\right)$
$=\mathbf{-\frac{4}{3}}$

4

(1) $3(4x+5)-2(6-x)$
$=12x+15-12+2x$
$=(12+2)x+15-12$
$=\mathbf{14x+3}$

(2) $\frac{x-1}{2}+\frac{4x+5}{3}$
$=\frac{3(x-1)}{6}+\frac{2(4x+5)}{6}$
$=\frac{3(x-1)+2(4x+5)}{6}$
$=\frac{3x-3+8x+10}{6}$
$=\mathbf{\frac{11x+7}{6}}$

(3) $\frac{3x+1}{4}-\frac{x-1}{2}$
$=\frac{3x+1}{4}-\frac{2(x-1)}{4}$
$=\frac{3x+1-2(x-1)}{4}$
$=\frac{3x+1-2x+2}{4}$
$=\mathbf{\frac{x+3}{4}}$

5

(1) $6a^2\times(-2a)^3=6a^2\times(-8a^3)$
$=\mathbf{-48a^5}$

(2) $9a^3b^2\div(-3ab)=-\left(9a^3b^2\times\frac{1}{3ab}\right)$
$=\mathbf{-3a^2b}$

第1章　数と式

1　整式とその加法・減法 (p.4)

例1

ア 4　イ −2　ウ 2　エ $-3ab^3$
オ 2　カ 3　キ 2　ク 2
ケ 2　コ 3　サ $2y-3$　シ $-y+1$

例2

ア x^2-8x+5　イ $4x^2-21x+13$

1

(1) 次数 3，係数 2

(2) 次数 4，係数 −5

2

(1) 次数 1，係数 $3a^2$

(2) 次数 3，係数 $-5ax^2$

3

(1) $3x-5+5x-10+4$
$=3x+5x-5-10+4$
$=(3+5)x+(-5-10+4)$
$=\mathbf{8x-11}$

(2) $3x^2+x-3-x^2+3x-2$
$=3x^2-x^2+x+3x-3-2$
$=(3-1)x^2+(1+3)x+(-3-2)$
$=\mathbf{2x^2+4x-5}$

4

(1) **2 次式，定数項は 1**　(2) **3 次式，定数項は −3**

5

(1) x について降べきの順に整理すると
$x^2+2xy-3x+y-5$
$=\mathbf{x^2+(2y-3)x+(y-5)}$
x^2 の項の係数は **1**，x の項の係数は $\mathbf{2y-3}$，
定数項は $\mathbf{y-5}$

(2) x について降べきの順に整理すると
$4x^2-y+5xy-4+x^2-3x+1$
$=4x^2+x^2+5xy-3x-y-4+1$
$=\mathbf{5x^2+(5y-3)x+(-y-3)}$
x^2 の項の係数は **5**，x の項の係数は $\mathbf{5y-3}$，
定数項は $\mathbf{-y-3}$

6

$A+B$
$=(3x^2-x+1)+(x^2-2x-3)$
$=3x^2-x+1+x^2-2x-3$
$=(3+1)x^2+(-1-2)x+(1-3)$
$=\mathbf{4x^2-3x-2}$
$A-B$
$=(3x^2-x+1)-(x^2-2x-3)$
$=3x^2-x+1-x^2+2x+3$
$=(3-1)x^2+(-1+2)x+(1+3)$
$=\mathbf{2x^2+x+4}$

7

(1) $A+3B$
$=(2x^2-3x+5)+3(-x^2-2x-3)$
$=2x^2-3x+5-3x^2-6x-9$
$=(2-3)x^2+(-3-6)x+(5-9)$
$=\mathbf{-x^2-9x-4}$

(2) $3A-2B$
$=3(2x^2-3x+5)-2(-x^2-2x-3)$
$=6x^2-9x+15+2x^2+4x+6$
$=(6+2)x^2+(-9+4)x+(15+6)$
$=\mathbf{8x^2-5x+21}$

2　整式の乗法 (1) (p.6)

例 3

ア $\mathbf{a^8}$　イ $\mathbf{a^{20}}$　ウ $\mathbf{a^6b^2}$

例 4

ア $\mathbf{6x^4}$　イ $\mathbf{-8x^3y^6}$

例 5

ア $\mathbf{2x^4-6x^3}$　イ $\mathbf{6x^3-7x^2-7x+6}$

8

(1) $a^2\times a^5=a^{2+5}=\mathbf{a^7}$
(2) $(a^3)^4=a^{3\times4}=\mathbf{a^{12}}$
(3) $(x^4)^2=x^{4\times2}=\mathbf{x^8}$
(4) $(3a^4)^2=3^2\times(a^4)^2=\mathbf{9a^8}$

9

(1) $2x^2\times3x^4=2\times3\times x^{2+4}=\mathbf{6x^6}$
(2) $xy^2\times(-3x^4)=-3\times x^{1+4}\times y^2=\mathbf{-3x^5y^2}$
(3) $(a^2b^3)^4=(a^2)^4\times(b^3)^4=\mathbf{a^8b^{12}}$
(4) $(-4x^3y^4)^2=(-4)^2\times(x^3)^2\times(y^4)^2=\mathbf{16x^6y^8}$

10

(1) $x(3x-2)$
$=x\times3x-x\times2$
$=\mathbf{3x^2-2x}$

(2) $(2x^2-3x-4)\times2x$
$=2x^2\times2x-3x\times2x-4\times2x$
$=\mathbf{4x^3-6x^2-8x}$

(3) $-3x(x^2+x-5)$
$=-3x\times x^2+(-3x)\times x-(-3x)\times5$
$=\mathbf{-3x^3-3x^2+15x}$

(4) $(-2x^2+x-5)\times(-3x^2)$
$=-2x^2\times(-3x^2)+x\times(-3x^2)-5\times(-3x^2)$
$=\mathbf{6x^4-3x^3+15x^2}$

11

(1) $(x+2)(4x^2-3)$
$=x(4x^2-3)+2(4x^2-3)$
$=4x^3-3x+8x^2-6$
$=\mathbf{4x^3+8x^2-3x-6}$

(2) $(3x-2)(2x^2-1)$
$=3x(2x^2-1)-2(2x^2-1)$
$=6x^3-3x-4x^2+2$
$=\mathbf{6x^3-4x^2-3x+2}$

(3) $(3x^2-2)(x+5)$
$=3x^2(x+5)-2(x+5)$
$=\mathbf{3x^3+15x^2-2x-10}$

(4) $(1-2x^2)(x-3)$
$=1\times(x-3)-2x^2(x-3)$
$=x-3-2x^3+6x^2$
$=\mathbf{-2x^3+6x^2+x-3}$

(5) $(2x-5)(3x^2-x+2)$
$=2x(3x^2-x+2)-5(3x^2-x+2)$
$=6x^3-2x^2+4x-15x^2+5x-10$
$=\mathbf{6x^3-17x^2+9x-10}$

(6) $(x^2+3x-3)(2x+1)$
$=(x^2+3x-3)\times2x+(x^2+3x-3)\times1$
$=2x^3+6x^2-6x+x^2+3x-3$
$=\mathbf{2x^3+7x^2-3x-3}$

3　整式の乗法 (2) (p.8)

例6

ア　$9x^2+30x+25$　　イ　$4x^2-4xy+y^2$

ウ　$9x^2-4y^2$　　エ　$x^2-3x-10$

例7

ア　$2x^2-x-15$　　イ　$15x^2-xy-2y^2$

12

(1)　$(x+2)^2$

$=x^2+2\times x\times 2+2^2=\boldsymbol{x^2+4x+4}$

(2)　$(4x-3)^2$

$=(4x)^2-2\times 4x\times 3+3^2$

$=\boldsymbol{16x^2-24x+9}$

(3)　$(3x-2y)^2$

$=(3x)^2-2\times 3x\times 2y+(2y)^2$

$=\boldsymbol{9x^2-12xy+4y^2}$

(4)　$(x+5y)^2$

$=x^2+2\times x\times 5y+(5y)^2$

$=\boldsymbol{x^2+10xy+25y^2}$

13

(1)　$(2x+3)(2x-3)$

$=(2x)^2-3^2$

$=\boldsymbol{4x^2-9}$

(2)　$(3x+4)(3x-4)$

$=(3x)^2-4^2$

$=\boldsymbol{9x^2-16}$

(3)　$(x+3y)(x-3y)$

$=x^2-(3y)^2$

$=\boldsymbol{x^2-9y^2}$

(4)　$(5x+6y)(5x-6y)$

$=(5x)^2-(6y)^2$

$=\boldsymbol{25x^2-36y^2}$

14

(1)　$(x+3)(x+2)$

$=x^2+(3+2)x+3\times 2$

$=\boldsymbol{x^2+5x+6}$

(2)　$(x+10)(x-5)$

$=x^2+\{10+(-5)\}x+10\times(-5)$

$=\boldsymbol{x^2+5x-50}$

(3)　$(x-3y)(x+y)$

$=x^2+\{(-3y)+y\}x+(-3y)\times y$

$=\boldsymbol{x^2-2xy-3y^2}$

(4)　$(x-y)(x-6y)$

$=x^2+\{(-y)+(-6y)\}x+(-y)\times(-6y)$

$=\boldsymbol{x^2-7xy+6y^2}$

15

(1)　$(3x+1)(x+2)$

$=(3\times 1)x^2+(3\times 2+1\times 1)x+1\times 2$

$=\boldsymbol{3x^2+7x+2}$

(2)　$(2x+1)(5x-3)$

$=(2\times 5)x^2+\{2\times(-3)+1\times 5\}x+1\times(-3)$

$=\boldsymbol{10x^2-x-3}$

(3)　$(4x-3)(3x-2)$

$=(4\times 3)x^2+\{4\times(-2)+(-3)\times 3\}x+(-3)\times(-2)$

$=\boldsymbol{12x^2-17x+6}$

(4)　$(5x-1)(3x+2)$

$=(5\times 3)x^2+\{5\times 2+(-1)\times 3\}x+(-1)\times 2$

$=\boldsymbol{15x^2+7x-2}$

(5)　$(4x+y)(3x-2y)$

$=(4\times 3)x^2+\{4\times(-2y)+y\times 3\}x+y\times(-2y)$

$=\boldsymbol{12x^2-5xy-2y^2}$

(6)　$(5x-2y)(2x-y)$

$=(5\times 2)x^2+\{5\times(-y)+(-2y)\times 2\}x+(-2y)\times(-y)$

$=\boldsymbol{10x^2-9xy+2y^2}$

4　整式の乗法 (3) (p.10)

例8

ア　$a^2+4b^2+c^2+4ab-4bc-2ca$

イ　$x^2+4xy+4y^2-x-2y-6$

例9

ア　$81x^4-1$　　イ　$16x^4-8x^2y^2+y^4$

16

(1)　$a-b=A$ とおくと

$(a-b-c)^2$

$=(A-c)^2$

$=A^2-2Ac+c^2$

$=(a-b)^2-2(a-b)c+c^2$

$=a^2-2ab+b^2-2ac+2bc+c^2$

$=\boldsymbol{a^2+b^2+c^2-2ab+2bc-2ca}$

(2)　$a+2b=A$ とおくと

$(a+2b+1)^2$

$=(A+1)^2$

$=A^2+2A+1$

$=(a+2b)^2+2(a+2b)+1$

$=\boldsymbol{a^2+4ab+4b^2+2a+4b+1}$

(3)　$x+3y=A$ とおくと

$(x+3y+2)(x+3y-2)$

$=(A+2)(A-2)$

$=A^2-4$

$=(x+3y)^2-4$

$=\boldsymbol{x^2+6xy+9y^2-4}$

(4)　$3x+y=A$ とおくと

$(3x+y-3)(3x+y+5)$

$=(A-3)(A+5)$

$=A^2+2A-15$

$=(3x+y)^2+2(3x+y)-15$

$=\boldsymbol{9x^2+6xy+y^2+6x+2y-15}$

17

(1)　$(4x^2+1)(2x+1)(2x-1)$

$=(4x^2+1)(4x^2-1)$
$=(4x^2)^2-1^2$
$=\mathbf{16x^4-1}$

(2) $(x^2+16y^2)(x+4y)(x-4y)$
$=(x^2+16y^2)(x^2-16y^2)$
$=(x^2)^2-(16y^2)^2$
$=\mathbf{x^4-256y^4}$

18

(1) $(x+3)^2(x-3)^2$
$=\{(x+3)(x-3)\}^2$
$=(x^2-9)^2$
$=(x^2)^2-2\times x^2\times 9+9^2$
$=\mathbf{x^4-18x^2+81}$

(2) $(3x+2y)^2(3x-2y)^2$
$=\{(3x+2y)(3x-2y)\}^2$
$=(9x^2-4y^2)^2$
$=(9x^2)^2-2\times 9x^2\times 4y^2+(4y^2)^2$
$=\mathbf{81x^4-72x^2y^2+16y^4}$

確 認 問 題 1 (p.12)

1

(1) $-2x+4+5x-7+3$
$=-2x+5x+4-7+3$
$=(-2+5)x+(4-7+3)$
$=\mathbf{3x}$

(2) $-x^2-2x-3x^2+5+2x^2+4x-7$
$=-x^2-3x^2+2x^2-2x+4x+5-7$
$=(-1-3+2)x^2+(-2+4)x+(5-7)$
$=\mathbf{-2x^2+2x-2}$

2

(1) $A+B$
$=(x^2-3x+5)+(x^2+4x+6)$
$=x^2-3x+5+x^2+4x+6$
$=(1+1)x^2+(-3+4)x+(5+6)$
$=\mathbf{2x^2+x+11}$

$A-B$
$=(x^2-3x+5)-(x^2+4x+6)$
$=x^2-3x+5-x^2-4x-6$
$=(1-1)x^2+(-3-4)x+(5-6)$
$=\mathbf{-7x-1}$

(2) $A+B$
$=(x^2+7x-4)+(-2x^2+x-1)$
$=x^2+7x-4-2x^2+x-1$
$=(1-2)x^2+(7+1)x+(-4-1)$
$=\mathbf{-x^2+8x-5}$

$A-B$
$=(x^2+7x-4)-(-2x^2+x-1)$
$=x^2+7x-4+2x^2-x+1$
$=(1+2)x^2+(7-1)x+(-4+1)$
$=\mathbf{3x^2+6x-3}$

3

(1) $A+2B$
$=(-2x^2-3x+4)+2(x^2+2x-4)$
$=-2x^2-3x+4+2x^2+4x-8$
$=(-2+2)x^2+(-3+4)x+(4-8)$
$=\mathbf{x-4}$

(2) $2A-B$
$=2(-2x^2-3x+4)-(x^2+2x-4)$
$=-4x^2-6x+8-x^2-2x+4$
$=(-4-1)x^2+(-6-2)x+(8+4)$
$=\mathbf{-5x^2-8x+12}$

4

(1) $a^3\times a^6=a^{3+6}=\mathbf{a^9}$
(2) $(a^2)^5=a^{2\times 5}=\mathbf{a^{10}}$
(3) $(2a)^4=2^4\times a^4=\mathbf{16a^4}$
(4) $4x^2\times 3x^3=4\times 3\times x^{2+3}=\mathbf{12x^5}$
(5) $(-3x)^2\times(x^3)^4=(-3)^2\times x^2\times x^{3\times 4}$
$=9\times x^2\times x^{12}=\mathbf{9x^{14}}$
(6) $xy^2\times 2x^3y^4=2\times x\times x^3\times y^2\times y^4$
$=2\times x^{1+3}\times y^{2+4}=\mathbf{2x^4y^6}$
(7) $5x^2y\times(-xy)^3$
$=5\times x^2\times y\times(-1)^3\times x^3\times y^3$
$=-5\times x^2\times x^3\times y\times y^3=-5\times x^{2+3}\times y^{1+3}$
$=\mathbf{-5x^5y^4}$
(8) $(-x^3)^2\times(-2x)^3$
$=(-1)^2\times(x^3)^2\times(-2)^3\times x^3$
$=-8\times x^{3\times 2}\times x^3=-8\times x^{6+3}$
$=\mathbf{-8x^9}$

5

(1) $-2x(x^2+4x+5)$
$=-2x\times x^2-2x\times 4x-2x\times 5$
$=\mathbf{-2x^3-8x^2-10x}$

(2) $(x+2)(x^2-2x+4)$
$=x(x^2-2x+4)+2(x^2-2x+4)$
$=x^3-2x^2+4x+2x^2-4x+8$
$=\mathbf{x^3+8}$

6

(1) $(x+6)^2$
$=x^2+2\times x\times 6+6^2$
$=\mathbf{x^2+12x+36}$

(2) $(5x+2y)(5x-2y)$
$=(5x)^2-(2y)^2$
$=\mathbf{25x^2-4y^2}$

7

(1) $(x-1)(x+4)$
$=x^2+\{(-1)+4\}x+(-1)\times 4$
$=\mathbf{x^2+3x-4}$

(2) $(x+7)(x-4)$
$=x^2+\{7+(-4)\}x+7\times(-4)$
$=\mathbf{x^2+3x-28}$

(3) $(3x+2)(x+4)$
$=(3\times1)x^2+(3\times4+2\times1)x+2\times4$
$=\mathbf{3x^2+14x+8}$

(4) $(2x-5)(5x-3)$
$=(2\times5)x^2+\{2\times(-3)+(-5)\times5\}x+(-5)\times(-3)$
$=\mathbf{10x^2-31x+15}$

(5) $(4x-3)(3x+5)$
$=(4\times3)x^2+\{4\times5+(-3)\times3\}x+(-3)\times5$
$=\mathbf{12x^2+11x-15}$

(6) $(7x-3y)(2x-3y)$
$=(7\times2)x^2+\{7\times(-3y)+(-3y)\times2\}x+(-3y)\times(-3y)$
$=\mathbf{14x^2-27xy+9y^2}$

8

(1) $a+b=A$ とおくと
$(a+b-2c)^2$
$=(A-2c)^2$
$=A^2-4Ac+4c^2$
$=(a+b)^2-4(a+b)c+4c^2$
$=a^2+2ab+b^2-4ac-4bc+4c^2$
$=\mathbf{a^2+b^2+4c^2+2ab-4bc-4ca}$

(2) $3x-2y=A$ とおくと
$(3x-2y-1)(3x-2y+5)$
$=(A-1)(A+5)$
$=A^2+4A-5$
$=(3x-2y)^2+4(3x-2y)-5$
$=\mathbf{9x^2-12xy+4y^2+12x-8y-5}$

(3) $(9x^2+4y^2)(3x+2y)(3x-2y)$
$=(9x^2+4y^2)(9x^2-4y^2)$
$=(9x^2)^2-(4y^2)^2$
$=\mathbf{81x^4-16y^4}$

(4) $(x+3y)^2(x-3y)^2$
$=\{(x+3y)(x-3y)\}^2$
$=(x^2-9y^2)^2$
$=(x^2)^2-2\times x^2\times9y^2+(9y^2)^2$
$=\mathbf{x^4-18x^2y^2+81y^4}$

5 因数分解 (1) (p.14)

例 10

ア $\mathbf{x(x-7)}$　　イ $\mathbf{ab(3a-2b+5)}$
ウ $\mathbf{(x-3)(a-1)}$

例 11

ア $\mathbf{(x-6)^2}$　　イ $\mathbf{(3x+y)^2}$
ウ $\mathbf{(5x+7)(5x-7)}$

19

(1) $x^2+3x=x\times x+x\times3=\mathbf{x(x+3)}$

(2) $4xy^2-xy=xy\times4y-xy\times1$
$=\mathbf{xy(4y-1)}$

(3) $4a^3b^2-6ab^3=2ab^2\times2a^2-2ab^2\times3b$
$=\mathbf{2ab^2(2a^2-3b)}$

20

(1) $2x^2y-3xy^2+4xy$
$=xy\times2x-xy\times3y+xy\times4$
$=\mathbf{xy(2x-3y+4)}$

(2) $ab^2-4ab-12b$
$=b\times ab-b\times4a-b\times12$
$=\mathbf{b(ab-4a-12)}$

(3) $9x^2+6xy-9x$
$=3x\times3x+3x\times2y-3x\times3$
$=\mathbf{3x(3x+2y-3)}$

21

(1) $(a+2)x+(a+2)y$
$=\mathbf{(a+2)(x+y)}$

(2) $x(a-3)-2(a-3)$
$=\mathbf{(x-2)(a-3)}$

(3) $(3a-2)x+(2-3a)y$
$=(3a-2)x-(3a-2)y$
$=\mathbf{(3a-2)(x-y)}$

(4) $x(5y-2)+7(2-5y)$
$=x(5y-2)-7(5y-2)$
$=\mathbf{(x-7)(5y-2)}$

22

(1) x^2+2x+1
$=x^2+2\times x\times1+1^2$
$=\mathbf{(x+1)^2}$

(2) x^2-6x+9
$=x^2-2\times x\times3+3^2$
$=\mathbf{(x-3)^2}$

(3) $x^2-8xy+16y^2$
$=x^2-2\times x\times4y+(4y)^2$
$=\mathbf{(x-4y)^2}$

(4) $4x^2+4xy+y^2$
$=(2x)^2+2\times2x\times y+y^2$
$=\mathbf{(2x+y)^2}$

23

(1) $x^2-81=x^2-9^2=\mathbf{(x+9)(x-9)}$

(2) $9x^2-16=(3x)^2-4^2=\mathbf{(3x+4)(3x-4)}$

(3) $49x^2-4y^2$
$=(7x)^2-(2y)^2$
$=\mathbf{(7x+2y)(7x-2y)}$

(4) $64x^2-25y^2$
$=(8x)^2-(5y)^2$
$=\mathbf{(8x+5y)(8x-5y)}$

6 因数分解 (2) (p.16)

例 12

ア $\mathbf{(x+4)(x-5)}$　　イ $\mathbf{(x-y)(x-4y)}$

例 13

ア $\mathbf{(x-1)(2x-5)}$　　イ $\mathbf{(x-y)(3x+y)}$

24

(1) x^2+7x+6
$=x^2+(1+6)x+1\times6$
$=\boldsymbol{(x+1)(x+6)}$

(2) x^2-6x+8
$=x^2+(-2-4)x+(-2)\times(-4)$
$=\boldsymbol{(x-2)(x-4)}$

(3) $x^2+4x-12$
$=x^2+(-2+6)x+(-2)\times6$
$=\boldsymbol{(x-2)(x+6)}$

(4) $x^2-11x+24$
$=x^2+(-3-8)x+(-3)\times(-8)$
$=\boldsymbol{(x-3)(x-8)}$

(5) x^2-3x-4
$=x^2+(1-4)x+1\times(-4)$
$=\boldsymbol{(x+1)(x-4)}$

(6) $x^2-8x+15$
$=x^2+(-3-5)x+(-3)\times(-5)$
$=\boldsymbol{(x-3)(x-5)}$

25

(1) $x^2+6xy+8y^2$
$=x^2+(2y+4y)x+2y\times4y$
$=\boldsymbol{(x+2y)(x+4y)}$

(2) $x^2+3xy-28y^2$
$=x^2+(-4y+7y)x+(-4y)\times7y$
$=\boldsymbol{(x-4y)(x+7y)}$

26

(1) $3x^2+4x+1$
$=\boldsymbol{(x+1)(3x+1)}$

$$\begin{array}{ccc} 1 & 1 & \to 3 \\ 3 & 1 & \to 1 \\ \hline 3 & 1 & 4 \end{array}$$

(2) $2x^2-11x+5$
$=\boldsymbol{(x-5)(2x-1)}$

$$\begin{array}{ccc} 1 & -5 & \to -10 \\ 2 & -1 & \to -1 \\ \hline 2 & 5 & -11 \end{array}$$

(3) $3x^2-10x+3$
$=\boldsymbol{(x-3)(3x-1)}$

$$\begin{array}{ccc} 1 & -3 & \to -9 \\ 3 & -1 & \to -1 \\ \hline 3 & 3 & -10 \end{array}$$

(4) $5x^2+7x-6$
$=\boldsymbol{(x+2)(5x-3)}$

$$\begin{array}{ccc} 1 & 2 & \to 10 \\ 5 & -3 & \to -3 \\ \hline 5 & -6 & 7 \end{array}$$

(5) $6x^2+x-1$
$=\boldsymbol{(2x+1)(3x-1)}$

$$\begin{array}{ccc} 2 & 1 & \to 3 \\ 3 & -1 & \to -2 \\ \hline 6 & -1 & 1 \end{array}$$

(6) $4x^2-4x-15$
$=\boldsymbol{(2x+3)(2x-5)}$

$$\begin{array}{ccc} 2 & 3 & \to 6 \\ 2 & -5 & \to -10 \\ \hline 4 & -15 & -4 \end{array}$$

27

(1) $5x^2+6xy+y^2$
$=\boldsymbol{(x+y)(5x+y)}$

$$\begin{array}{ccc} 1 & y & \to 5y \\ 5 & y & \to y \\ \hline 5 & y^2 & 6y \end{array}$$

(2) $2x^2-7xy+6y^2$
$=\boldsymbol{(x-2y)(2x-3y)}$

$$\begin{array}{ccc} 1 & -2y & \to -4y \\ 2 & -3y & \to -3y \\ \hline 2 & 6y^2 & -7y \end{array}$$

7 因数分解 (3) (p.18)

例 14

ア $\boldsymbol{(x+y+1)(x+y-4)}$

例 15

ア $\boldsymbol{(x^2+2)(x+3)(x-3)}$

例 16

ア $\boldsymbol{(a-b)(a-b+c)}$

例 17

ア $\boldsymbol{(x+y+2)(x+2y-1)}$

28

(1) $x-y=A$ とおくと
$(x-y)^2+2(x-y)-15$
$=A^2+2A-15=(A+5)(A-3)$
$=\{(x-y)+5\}\{(x-y)-3\}$
$=\boldsymbol{(x-y+5)(x-y-3)}$

(2) $x+2y=A$ とおくと
$(x+2y)^2-3(x+2y)$
$=A^2-3A=A(A-3)$
$=(x+2y)\{(x+2y)-3\}$
$=\boldsymbol{(x+2y)(x+2y-3)}$

29

(1) $x^2=A$ とおくと
x^4-5x^2+4
$=A^2-5A+4=(A-1)(A-4)$
$=(x^2-1)(x^2-4)$
$=\boldsymbol{(x+1)(x-1)(x+2)(x-2)}$

(2) $x^2=A$ とおくと
x^4-16
$=A^2-16=(A+4)(A-4)$
$=(x^2+4)(x^2-4)$
$=\boldsymbol{(x^2+4)(x+2)(x-2)}$

30

(1) 最も次数の低い文字 a について整理すると
$2a+2b+ab+b^2$
$=(2a+ab)+(2b+b^2)$
$=a(b+2)+b(b+2)=\boldsymbol{(a+b)(b+2)}$

(2) 最も次数の低い文字 b について整理すると
$a^2-3b+ab-3a$
$=(ab-3b)+(a^2-3a)$
$=b(a-3)+a(a-3)$
$=(b+a)(a-3)=\boldsymbol{(a+b)(a-3)}$

31

(1) $x^2+2xy+y^2+x+y-12$
$=x^2+(2y+1)x+(y^2+y-12)$
$=x^2+(2y+1)x+(y-3)(y+4)$
$=\{x+(y-3)\}\{x+(y+4)\}$
$=\boldsymbol{(x+y-3)(x+y+4)}$

$$\begin{array}{ccc} 1 & y-3 & \to y-3 \\ 1 & y+4 & \to y+4 \\ \hline 1 & (y-3)(y+4) & 2y+1 \end{array}$$

(2) $x^2+4xy+3y^2-x-7y-6$
$=x^2+(4y-1)x+(3y^2-7y-6)$

$=x^2+(4y-1)x+(y-3)(3y+2)$

$=\{x+(y-3)\}\{x+(3y+2)\}$

$=\boldsymbol{(x+y-3)(x+3y+2)}$

1	$y-3$	→ $y-3$
1	$3y+2$	→ $3y+2$
1	$(y-3)(3y+2)$	$4y-1$

確認問題 2 (p.20)

1

(1) $2x^2-x=x\times2x-x\times1=\boldsymbol{x(2x-1)}$

(2) $6x^2y+4xy^2-2xy$

$=2xy\times3x+2xy\times2y-2xy\times1$

$=\boldsymbol{2xy(3x+2y-1)}$

(3) $(a-2)x-(a-2)y$

$=\boldsymbol{(a-2)(x-y)}$

(4) $(5a-3)x+(3-5a)y$

$=(5a-3)x-(5a-3)y$

$=\boldsymbol{(5a-3)(x-y)}$

2

(1) x^2+6x+9

$=x^2+2\times x\times3+3^2$

$=\boldsymbol{(x+3)^2}$

(2) $x^2-10x+25$

$=x^2-2\times x\times5+5^2$

$=\boldsymbol{(x-5)^2}$

(3) $9x^2+12xy+4y^2$

$=(3x)^2+2\times3x\times2y+(2y)^2$

$=\boldsymbol{(3x+2y)^2}$

(4) $x^2-36=x^2-6^2=\boldsymbol{(x+6)(x-6)}$

(5) $81x^2-4$

$=(9x)^2-2^2=\boldsymbol{(9x+2)(9x-2)}$

(6) $64x^2-81y^2$

$=(8x)^2-(9y)^2$

$=\boldsymbol{(8x+9y)(8x-9y)}$

3

(1) x^2+4x+3

$=x^2+(1+3)x+1\times3$

$=\boldsymbol{(x+1)(x+3)}$

(2) x^2-7x+6

$=x^2+(-1-6)x+(-1)\times(-6)$

$=\boldsymbol{(x-1)(x-6)}$

(3) $x^2-2x-35$

$=x^2+(-7+5)x+(-7)\times5$

$=\boldsymbol{(x-7)(x+5)}$

(4) $x^2-3x-10$

$=x^2+(-5+2)x+(-5)\times2$

$=\boldsymbol{(x-5)(x+2)}$

4

(1) $x^2-2xy-24y^2$

$=x^2+(-6y+4y)x+(-6y)\times4y$

$=\boldsymbol{(x-6y)(x+4y)}$

(2) $x^2+3xy-40y^2$

$=x^2+(-5y+8y)x+(-5y)\times8y$

$=\boldsymbol{(x-5y)(x+8y)}$

5

(1) $3x^2+7x+2$

$=\boldsymbol{(x+2)(3x+1)}$

1	2	→ 6
3	1	→ 1
3	2	7

(2) $2x^2-9x+7$

$=\boldsymbol{(x-1)(2x-7)}$

1	−1	→ −2
2	−7	→ −7
2	7	−9

(3) $2x^2-x-3$

$=\boldsymbol{(x+1)(2x-3)}$

1	1	→ 2
2	−3	→ −3
2	−3	−1

(4) $5x^2-3x-2$

$=\boldsymbol{(x-1)(5x+2)}$

1	−1	→ −5
5	2	→ 2
5	−2	−3

(5) $6x^2+x-15$

$=\boldsymbol{(2x-3)(3x+5)}$

2	−3	→ −9
3	5	→ 10
6	−15	1

(6) $6x^2-13x-15$

$=\boldsymbol{(x-3)(6x+5)}$

1	−3	→ −18
6	5	→ 5
6	−15	−13

(7) $2x^2+5xy-3y^2$

$=\boldsymbol{(x+3y)(2x-y)}$

1	$3y$	→ $6y$
2	$-y$	→ $-y$
2	$-3y^2$	$5y$

(8) $4x^2-8xy+3y^2$

$=\boldsymbol{(2x-y)(2x-3y)}$

2	$-y$	→ $-2y$
2	$-3y$	→ $-6y$
4	$3y^2$	$-8y$

6

(1) $x+y=A$ とおくと

$(x+y)^2+3(x+y)-54$

$=A^2+3A-54$

$=(A-6)(A+9)$

$=\{(x+y)-6\}\{(x+y)+9\}$

$=\boldsymbol{(x+y-6)(x+y+9)}$

(2) $x^2=A$ とおくと

x^4+5x^2-6

$=A^2+5A-6$

$=(A-1)(A+6)$

$=(x^2-1)(x^2+6)$

$=\boldsymbol{(x+1)(x-1)(x^2+6)}$

(3) 最も次数の低い文字 b について整理すると

$a^2+c^2-ab-bc+2ac$

$=(-ab-bc)+(a^2+2ac+c^2)$

$=-(a+c)b+(a+c)^2$

$=(a+c)\{-b+(a+c)\}$

$=\boldsymbol{(a+c)(a-b+c)}$

(4) $x^2+2xy+y^2-x-y-6$

$=x^2+2xy-x+(y^2-y-6)$

$=x^2+(2y-1)x+(y-3)(y+2)$

$=\{x+(y-3)\}\{x+(y+2)\}$

$=\boldsymbol{(x+y-3)(x+y+2)}$

1	$y-3$	→ $y-3$
1	$y+2$	→ $y+2$
1	$(y-3)(y+2)$	$2y-1$

8　実数 (p.22)

例 18

ア　3.25　　イ　$0.\dot{6}\dot{3}$

例 19

ア　7　　イ　0　　ウ　7　　エ　0

オ　$\frac{3}{5}$　　カ　7　　キ　$-\sqrt{2}$　　ク　$\pi+1$

例 20

ア　3　　イ　2　　ウ　$2-\sqrt{3}$

32

(1)　$\frac{23}{5}=23\div5=\mathbf{4.6}$

(2)　$\frac{17}{4}=17\div4=\mathbf{4.25}$

33

(1)　$\frac{4}{9}=0.444444\cdots\cdots=\mathbf{0.\dot{4}}$

(2)　$\frac{19}{11}=1.727272\cdots\cdots=\mathbf{1.\dot{7}\dot{2}}$

34

①自然数は **5**

②整数は **-3, 0, 5**

③有理数は **-3, $-\frac{1}{4}$, 0, $0.\dot{5}$, 2.13, $\frac{22}{3}$, 5**

④無理数は **$\sqrt{3}$, π**

35

(1)　$|8|=\mathbf{8}$

(2)　$|-6|=-(-6)=\mathbf{6}$

(3)　$\left|\frac{1}{2}\right|=\mathbf{\frac{1}{2}}$

(4)　$\left|-\frac{3}{5}\right|=-\left(-\frac{3}{5}\right)=\mathbf{\frac{3}{5}}$

36

(1)　$|2-8|=|-6|=\mathbf{6}$

(2)　$2-\sqrt{6}<0$ であるから

$|2-\sqrt{6}|=-(2-\sqrt{6})=\mathbf{\sqrt{6}-2}$

9　根号を含む式の計算 (1) (p.24)

例 21

ア　$-\sqrt{7}$　　イ　10　　ウ　7

例 22

ア　$\sqrt{35}$　　イ　$\sqrt{3}$　　ウ　$4\sqrt{2}$　　エ　$5\sqrt{2}$

37

(1)　25 の平方根は $\sqrt{25}$ と $-\sqrt{25}$,

すなわち **±5**

(2)　10 の平方根は $\sqrt{10}$ と $-\sqrt{10}$,

すなわち **$\pm\sqrt{10}$**

(3)　1 の平方根は 1 と -1,

すなわち **±1**

(4)　$\sqrt{36}=\mathbf{6}$

(5)　$-\sqrt{9}=\mathbf{-3}$

(6)　$\sqrt{(-3)^2}=\sqrt{9}=\mathbf{3}$

38

(1)　$\sqrt{2}\times\sqrt{7}=\sqrt{2\times7}=\mathbf{\sqrt{14}}$

(2)　$\sqrt{5}\times\sqrt{2}=\sqrt{5\times2}=\mathbf{\sqrt{10}}$

(3)　$\frac{\sqrt{10}}{\sqrt{5}}=\sqrt{\frac{10}{5}}=\mathbf{\sqrt{2}}$

(4)　$\frac{\sqrt{30}}{\sqrt{6}}=\sqrt{\frac{30}{6}}=\mathbf{\sqrt{5}}$

39

(1)　$\sqrt{8}=\sqrt{2^2\times2}=\mathbf{2\sqrt{2}}$

(2)　$\sqrt{48}=\sqrt{4^2\times3}=\mathbf{4\sqrt{3}}$

(3)　$\sqrt{75}=\sqrt{5^2\times3}=\mathbf{5\sqrt{3}}$

(4)　$\sqrt{98}=\sqrt{7^2\times2}=\mathbf{7\sqrt{2}}$

40

(1)　$\sqrt{2}\times\sqrt{6}$

$=\sqrt{2\times6}=\sqrt{2\times2\times3}$

$=\sqrt{2^2\times3}=\mathbf{2\sqrt{3}}$

(2)　$\sqrt{5}\times\sqrt{30}$

$=\sqrt{5\times30}=\sqrt{5\times5\times6}$

$=\sqrt{5^2\times6}=\mathbf{5\sqrt{6}}$

(3)　$\sqrt{7}\times\sqrt{21}$

$=\sqrt{7\times21}=\sqrt{7\times3\times7}$

$=\sqrt{7^2\times3}=\mathbf{7\sqrt{3}}$

(4)　$\sqrt{6}\times\sqrt{12}$

$=\sqrt{6\times12}=\sqrt{6\times2\times6}$

$=\sqrt{6^2\times2}=\mathbf{6\sqrt{2}}$

10　根号を含む式の計算 (2) (p.26)

例 23

ア　$-2\sqrt{3}$　　イ　$7\sqrt{2}-\sqrt{3}$　　ウ　$\sqrt{2}$

例 24

ア　$-1-\sqrt{35}$　　イ　$7+2\sqrt{10}$

41

(1)　$3\sqrt{3}-\sqrt{3}=(3-1)\sqrt{3}=\mathbf{2\sqrt{3}}$

(2)　$\sqrt{2}-2\sqrt{2}+5\sqrt{2}=(1-2+5)\sqrt{2}=\mathbf{4\sqrt{2}}$

42

(1)　$(3\sqrt{2}-3\sqrt{3})+(2\sqrt{3}+\sqrt{2})$

$=3\sqrt{2}-3\sqrt{3}+2\sqrt{3}+\sqrt{2}$

$=(3+1)\sqrt{2}+(-3+2)\sqrt{3}$

$=\mathbf{4\sqrt{2}-\sqrt{3}}$

(2)　$(2\sqrt{3}+\sqrt{5})-(4\sqrt{3}-3\sqrt{5})$

$=2\sqrt{3}+\sqrt{5}-4\sqrt{3}+3\sqrt{5}$

$=(2-4)\sqrt{3}+(1+3)\sqrt{5}$

$=\mathbf{-2\sqrt{3}+4\sqrt{5}}$

43

(1) $\sqrt{18}-\sqrt{32}=3\sqrt{2}-4\sqrt{2}=(3-4)\sqrt{2}=\mathbf{-\sqrt{2}}$

(2) $2\sqrt{12}+\sqrt{27}-\sqrt{75}$

$=2\times2\sqrt{3}+3\sqrt{3}-5\sqrt{3}$

$=(4+3-5)\sqrt{3}$

$=\mathbf{2\sqrt{3}}$

(3) $\sqrt{7}-\sqrt{45}+3\sqrt{28}+\sqrt{20}$

$=\sqrt{7}-3\sqrt{5}+3\times2\sqrt{7}+2\sqrt{5}$

$=(1+6)\sqrt{7}+(-3+2)\sqrt{5}$

$=\mathbf{7\sqrt{7}-\sqrt{5}}$

(4) $\sqrt{20}-\sqrt{8}-\sqrt{5}+\sqrt{32}$

$=2\sqrt{5}-2\sqrt{2}-\sqrt{5}+4\sqrt{2}$

$=(2-1)\sqrt{5}+(-2+4)\sqrt{2}$

$=\mathbf{\sqrt{5}+2\sqrt{2}}$

44

(1) $(3\sqrt{3}-5\sqrt{2})(\sqrt{3}+2\sqrt{2})$

$=3\sqrt{3}\times\sqrt{3}+3\sqrt{3}\times2\sqrt{2}-5\sqrt{2}\times\sqrt{3}-5\sqrt{2}\times2\sqrt{2}$

$=3\times3+6\sqrt{6}-5\sqrt{6}-10\times2$

$=9+(6-5)\sqrt{6}-20$

$=\mathbf{-11+\sqrt{6}}$

(2) $(2\sqrt{2}-\sqrt{5})(3\sqrt{2}+2\sqrt{5})$

$=2\sqrt{2}\times3\sqrt{2}+2\sqrt{2}\times2\sqrt{5}-\sqrt{5}\times3\sqrt{2}-\sqrt{5}\times2\sqrt{5}$

$=6\times2+4\sqrt{10}-3\sqrt{10}-2\times5$

$=12+(4-3)\sqrt{10}-10$

$=\mathbf{2+\sqrt{10}}$

45

(1) $(\sqrt{3}+\sqrt{7})^2$

$=(\sqrt{3})^2+2\times\sqrt{3}\times\sqrt{7}+(\sqrt{7})^2$

$=3+2\sqrt{21}+7$

$=\mathbf{10+2\sqrt{21}}$

(2) $(\sqrt{3}+2)^2$

$=(\sqrt{3})^2+2\times\sqrt{3}\times2+2^2$

$=3+4\sqrt{3}+4$

$=\mathbf{7+4\sqrt{3}}$

(3) $(\sqrt{10}+\sqrt{3})(\sqrt{10}-\sqrt{3})$

$=(\sqrt{10})^2-(\sqrt{3})^2=10-3=\mathbf{7}$

(4) $(\sqrt{7}+2)(\sqrt{7}-2)$

$=(\sqrt{7})^2-2^2=7-4=\mathbf{3}$

11　分母の有理化 (p.28)

例 25

ア $\dfrac{\sqrt{7}}{7}$　　イ $\dfrac{2\sqrt{2}}{3}$

ウ $\dfrac{\sqrt{7}-\sqrt{5}}{2}$　　エ $3+2\sqrt{2}$

46

(1) $\dfrac{\sqrt{2}}{\sqrt{5}}=\dfrac{\sqrt{2}\times\sqrt{5}}{\sqrt{5}\times\sqrt{5}}=\mathbf{\dfrac{\sqrt{10}}{5}}$

(2) $\dfrac{\sqrt{3}}{\sqrt{7}}=\dfrac{\sqrt{3}\times\sqrt{7}}{\sqrt{7}\times\sqrt{7}}=\mathbf{\dfrac{\sqrt{21}}{7}}$

(3) $\dfrac{8}{\sqrt{2}}=\dfrac{8\times\sqrt{2}}{\sqrt{2}\times\sqrt{2}}=\dfrac{8\sqrt{2}}{2}=\mathbf{4\sqrt{2}}$

(4) $\dfrac{3}{2\sqrt{7}}=\dfrac{3\times\sqrt{7}}{2\sqrt{7}\times\sqrt{7}}=\mathbf{\dfrac{3\sqrt{7}}{14}}$

47

(1) $\dfrac{1}{\sqrt{5}-\sqrt{3}}$

$=\dfrac{\sqrt{5}+\sqrt{3}}{(\sqrt{5}-\sqrt{3})(\sqrt{5}+\sqrt{3})}$

$=\dfrac{\sqrt{5}+\sqrt{3}}{(\sqrt{5})^2-(\sqrt{3})^2}$

$=\dfrac{\sqrt{5}+\sqrt{3}}{5-3}$

$=\mathbf{\dfrac{\sqrt{5}+\sqrt{3}}{2}}$

(2) $\dfrac{2}{\sqrt{3}+1}$

$=\dfrac{2(\sqrt{3}-1)}{(\sqrt{3}+1)(\sqrt{3}-1)}$

$=\dfrac{2(\sqrt{3}-1)}{(\sqrt{3})^2-1^2}$

$=\dfrac{2(\sqrt{3}-1)}{3-1}$

$=\dfrac{2(\sqrt{3}-1)}{2}$

$=\mathbf{\sqrt{3}-1}$

(3) $\dfrac{4}{\sqrt{7}+\sqrt{3}}$

$=\dfrac{4(\sqrt{7}-\sqrt{3})}{(\sqrt{7}+\sqrt{3})(\sqrt{7}-\sqrt{3})}$

$=\dfrac{4(\sqrt{7}-\sqrt{3})}{(\sqrt{7})^2-(\sqrt{3})^2}$

$=\dfrac{4(\sqrt{7}-\sqrt{3})}{7-3}$

$=\dfrac{4(\sqrt{7}-\sqrt{3})}{4}$

$=\mathbf{\sqrt{7}-\sqrt{3}}$

(4) $\dfrac{5}{2+\sqrt{3}}$

$=\dfrac{5(2-\sqrt{3})}{(2+\sqrt{3})(2-\sqrt{3})}$

$=\dfrac{5(2-\sqrt{3})}{2^2-(\sqrt{3})^2}$

$=\dfrac{5(2-\sqrt{3})}{4-3}$

$=\dfrac{5(2-\sqrt{3})}{1}$

$=\mathbf{10-5\sqrt{3}}$

(5) $\dfrac{5-\sqrt{7}}{5+\sqrt{7}}$

$=\dfrac{(5-\sqrt{7})^2}{(5+\sqrt{7})(5-\sqrt{7})}$

$=\dfrac{25-10\sqrt{7}+7}{5^2-(\sqrt{7})^2}$

$=\dfrac{32-10\sqrt{7}}{25-7}$

$=\dfrac{2(16-5\sqrt{7})}{18}$

$=\boldsymbol{\dfrac{16-5\sqrt{7}}{9}}$

(6) $\dfrac{\sqrt{5}+\sqrt{3}}{\sqrt{5}-\sqrt{3}}$

$=\dfrac{(\sqrt{5}+\sqrt{3})^2}{(\sqrt{5}-\sqrt{3})(\sqrt{5}+\sqrt{3})}$

$=\dfrac{5+2\sqrt{15}+3}{(\sqrt{5})^2-(\sqrt{3})^2}$

$=\dfrac{8+2\sqrt{15}}{5-3}$

$=\dfrac{2(4+\sqrt{15})}{2}$

$=\boldsymbol{4+\sqrt{15}}$

確認問題 3 (p.30)

1

(1) $\dfrac{10}{3}=3.333333\cdots\cdots=\boldsymbol{3.\dot{3}}$

(2) $\dfrac{13}{33}=0.393939\cdots\cdots=\boldsymbol{0.\dot{3}\dot{9}}$

2

(1) $|-5|=-(-5)=\boldsymbol{5}$

(2) $|5-7|=|-2|=\boldsymbol{2}$

(3) 5の平方根は $\sqrt{5}$ と $-\sqrt{5}$,
すなわち $\boldsymbol{\pm\sqrt{5}}$

(4) $\sqrt{(-10)^2}=\sqrt{100}=\boldsymbol{10}$

3

(1) $\sqrt{7}\times\sqrt{6}=\sqrt{7\times6}=\boldsymbol{\sqrt{42}}$

(2) $\dfrac{\sqrt{21}}{\sqrt{3}}=\sqrt{\dfrac{21}{3}}=\boldsymbol{\sqrt{7}}$

(3) $\sqrt{28}=\sqrt{2^2\times7}=\boldsymbol{2\sqrt{7}}$

(4) $\sqrt{5}\times\sqrt{35}$

$=\sqrt{5\times35}=\sqrt{5\times5\times7}$

$=\sqrt{5^2\times7}=\boldsymbol{5\sqrt{7}}$

4

(1) $4\sqrt{3}+2\sqrt{3}-3\sqrt{3}$

$=(4+2-3)\sqrt{3}=\boldsymbol{3\sqrt{3}}$

(2) $(2\sqrt{5}-3\sqrt{2})+(\sqrt{5}+4\sqrt{2})$

$=2\sqrt{5}-3\sqrt{2}+\sqrt{5}+4\sqrt{2}$

$=(2+1)\sqrt{5}+(-3+4)\sqrt{2}$

$=\boldsymbol{3\sqrt{5}+\sqrt{2}}$

(3) $\sqrt{32}-2\sqrt{18}+\sqrt{8}$

$=4\sqrt{2}-2\times3\sqrt{2}+2\sqrt{2}$

$=(4-6+2)\sqrt{2}$

$=\boldsymbol{0}$

(4) $(\sqrt{45}-\sqrt{12})-(\sqrt{5}-2\sqrt{27})$

$=(3\sqrt{5}-2\sqrt{3})-(\sqrt{5}-2\times3\sqrt{3})$

$=3\sqrt{5}-2\sqrt{3}-\sqrt{5}+6\sqrt{3}$

$=(3-1)\sqrt{5}+(-2+6)\sqrt{3}$

$=\boldsymbol{2\sqrt{5}+4\sqrt{3}}$

5

(1) $(2\sqrt{3}-\sqrt{2})(\sqrt{3}+4\sqrt{2})$

$=2\sqrt{3}\times\sqrt{3}+2\sqrt{3}\times4\sqrt{2}-\sqrt{2}\times\sqrt{3}-\sqrt{2}\times4\sqrt{2}$

$=2\times3+8\sqrt{6}-\sqrt{6}-4\times2$

$=6+(8-1)\sqrt{6}-8$

$=\boldsymbol{-2+7\sqrt{6}}$

(2) $(\sqrt{2}-3)^2$

$=(\sqrt{2})^2-2\times\sqrt{2}\times3+3^2$

$=2-6\sqrt{2}+9$

$=\boldsymbol{11-6\sqrt{2}}$

(3) $(\sqrt{6}+\sqrt{2})(\sqrt{6}-\sqrt{2})$

$=(\sqrt{6})^2-(\sqrt{2})^2=6-2=\boldsymbol{4}$

(4) $(\sqrt{3}+\sqrt{7})(\sqrt{3}-\sqrt{7})$

$=(\sqrt{3})^2-(\sqrt{7})^2=3-7=\boldsymbol{-4}$

6

(1) $\dfrac{3}{\sqrt{6}}=\dfrac{3\times\sqrt{6}}{\sqrt{6}\times\sqrt{6}}=\dfrac{3\sqrt{6}}{6}=\boldsymbol{\dfrac{\sqrt{6}}{2}}$

(2) $\dfrac{9}{\sqrt{3}}=\dfrac{9\times\sqrt{3}}{\sqrt{3}\times\sqrt{3}}=\dfrac{9\sqrt{3}}{3}=\boldsymbol{3\sqrt{3}}$

(3) $\dfrac{1}{2\sqrt{3}}=\dfrac{\sqrt{3}}{2\sqrt{3}\times\sqrt{3}}=\dfrac{\sqrt{3}}{2\times3}=\boldsymbol{\dfrac{\sqrt{3}}{6}}$

(4) $\dfrac{\sqrt{3}}{\sqrt{8}}=\dfrac{\sqrt{3}}{2\sqrt{2}}=\dfrac{\sqrt{3}\times\sqrt{2}}{2\sqrt{2}\times\sqrt{2}}=\dfrac{\sqrt{6}}{2\times2}=\boldsymbol{\dfrac{\sqrt{6}}{4}}$

(5) $\dfrac{1}{\sqrt{7}-\sqrt{3}}$

$=\dfrac{\sqrt{7}+\sqrt{3}}{(\sqrt{7}-\sqrt{3})(\sqrt{7}+\sqrt{3})}$

$=\dfrac{\sqrt{7}+\sqrt{3}}{(\sqrt{7})^2-(\sqrt{3})^2}$

$=\dfrac{\sqrt{7}+\sqrt{3}}{7-3}$

$=\boldsymbol{\dfrac{\sqrt{7}+\sqrt{3}}{4}}$

(6) $\dfrac{2}{3-\sqrt{7}}$

$=\dfrac{2(3+\sqrt{7})}{(3-\sqrt{7})(3+\sqrt{7})}$

$=\dfrac{2(3+\sqrt{7})}{3^2-(\sqrt{7})^2}$

$=\dfrac{2(3+\sqrt{7})}{9-7}$

$=\dfrac{2(3+\sqrt{7})}{2}$

$=\boldsymbol{3+\sqrt{7}}$

(7) $\dfrac{\sqrt{3}}{2+\sqrt{5}}$

$=\dfrac{\sqrt{3}(2-\sqrt{5})}{(2+\sqrt{5})(2-\sqrt{5})}$

$=\dfrac{\sqrt{3}(2-\sqrt{5})}{2^2-(\sqrt{5})^2}$

$=\dfrac{\sqrt{3}(2-\sqrt{5})}{4-5}$

$=\dfrac{\sqrt{3}(2-\sqrt{5})}{-1}$

$=\boldsymbol{-2\sqrt{3}+\sqrt{15}}$

(8) $\dfrac{\sqrt{5}+\sqrt{2}}{\sqrt{5}-\sqrt{2}}$

$=\dfrac{(\sqrt{5}+\sqrt{2})^2}{(\sqrt{5}-\sqrt{2})(\sqrt{5}+\sqrt{2})}$

$=\dfrac{5+2\sqrt{10}+2}{(\sqrt{5})^2-(\sqrt{2})^2}$

$=\dfrac{7+2\sqrt{10}}{5-2}$

$=\boldsymbol{\dfrac{7+2\sqrt{10}}{3}}$

12 不等号と不等式 / 不等式の性質 (p.32)

例 26

ア $>$　　イ $\leqq$　　ウ $<$

例 27

ア $\leqq$　　イ $\geqq$

例 28

ア $<$　　イ $<$　　ウ $>$

48

(1) $\boldsymbol{x<-2}$　　(2) $\boldsymbol{-1\leqq x\leqq 5}$

49

(1) $\boldsymbol{2x-3>6}$　　(2) $\boldsymbol{-1<-5x-2\leqq 5}$

(3) $\boldsymbol{80x+150\times 2<1500}$

50

(1) $<$　　(2) $<$　　(3) $<$

(4) $>$　　(5) $<$　　(6) $>$

13 1次不等式 (1) (p.34)

例 29

ア 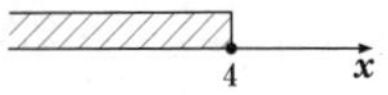

イ 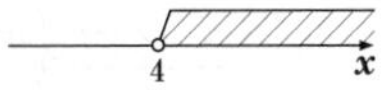

例 30

ア -3　　イ 2　　ウ 1　　エ $-\dfrac{8}{5}$

51

(1) 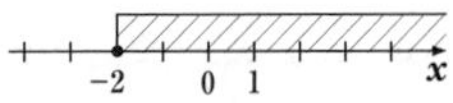

(2) 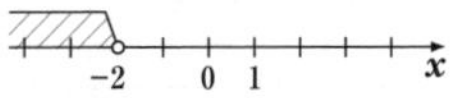

52

(1) $x-1>2$

移項すると　$x>2+1$

よって　$\boldsymbol{x>3}$

(2) $x+5<12$

移項すると　$x<12-5$

よって　$\boldsymbol{x<7}$

(3) $2x-1\geqq 3$

移項すると　$2x\geqq 3+1$

整理すると　$2x\geqq 4$

両辺を 2 で割って

$\boldsymbol{x\geqq 2}$

(4) $2-3x\leqq 5$

移項すると　$-3x\leqq 5-2$

整理すると　$-3x\leqq 3$

両辺を -3 で割って

$\boldsymbol{x\geqq -1}$

53

(1) $7-4x>3-2x$

移項すると　$-4x+2x>3-7$

整理すると　$-2x>-4$

両辺を -2 で割って

$\boldsymbol{x<2}$

(2) $7x+1\leqq 2x-4$

移項すると　$7x-2x\leqq -4-1$

整理すると　$5x\leqq -5$

両辺を 5 で割って

$\boldsymbol{x\leqq -1}$

(3) $2x+3<4x+7$

移項すると　$2x-4x<7-3$

整理すると　$-2x<4$

両辺を -2 で割って

$\boldsymbol{x>-2}$

(4) $3x+5\geqq 6x-4$

移項すると　$3x-6x\geqq -4-5$

整理すると　$-3x\geqq -9$

両辺を -3 で割って

$\boldsymbol{x\leqq 3}$

(5) $5x-9\geqq 3(x-1)$

かっこをはずすと　$5x-9\geqq 3x-3$

移項すると　$5x-3x\geqq -3+9$

整理すると　$2x\geqq 6$

両辺を 2 で割って

$\boldsymbol{x\geqq 3}$

(6) $3(1-x)<3x+7$

かっこをはずすと　$3-3x<3x+7$

移項すると　$-3x-3x<7-3$

整理すると　$-6x<4$

両辺を -6 で割って

$x>-\dfrac{4}{6}$

よって　$\boldsymbol{x>-\dfrac{2}{3}}$

54

(1) $x-1<2-\frac{3}{2}x$

両辺に2を掛けると

$2(x-1)<2\left(2-\frac{3}{2}x\right)$

$2x-2<4-3x$

移項して整理すると

$5x<6$

両辺で5で割って

$\boldsymbol{x<\frac{6}{5}}$

(2) $x+\frac{2}{3}\leqq 1-2x$

両辺に3を掛けると

$3\left(x+\frac{2}{3}\right)\leqq 3(1-2x)$

$3x+2\leqq 3-6x$

移項して整理すると

$9x\leqq 1$

両辺を9で割って

$\boldsymbol{x\leqq\frac{1}{9}}$

(3) $\frac{1}{2}x+\frac{1}{3}<\frac{3}{4}x-\frac{5}{6}$

両辺に12を掛けると

$12\left(\frac{1}{2}x+\frac{1}{3}\right)<12\left(\frac{3}{4}x-\frac{5}{6}\right)$

$6x+4<9x-10$

移項して整理すると

$-3x<-14$

両辺を -3 で割って

$\boldsymbol{x>\frac{14}{3}}$

(4) $\frac{1}{3}x+\frac{7}{6}\geqq\frac{1}{2}x+\frac{1}{3}$

両辺に6を掛けると

$6\left(\frac{1}{3}x+\frac{7}{6}\right)\geqq 6\left(\frac{1}{2}x+\frac{1}{3}\right)$

$2x+7\geqq 3x+2$

移項して整理すると

$-x\geqq -5$

両辺を -1 で割って

$\boldsymbol{x\leqq 5}$

14 1次不等式 (2) (p.36)

例31

ア $x\geqq 2$

例32

ア $-1\leqq x\leqq 3$

例33

ア 6　　**イ** 4

55

(1) $\begin{cases}4x-3<2x+9\\3x>x+2\end{cases}$

$4x-3<2x+9$ を解くと，$2x<12$ より　$x<6$ ……①

$3x>x+2$ を解くと，$2x>2$ より　$x>1$ ……②

①，②より，連立不等式の解は

$\boldsymbol{1<x<6}$

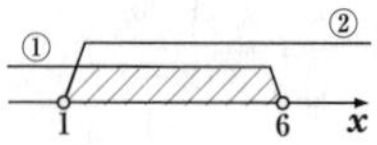

(2) $\begin{cases}27\geqq 2x+13\\9\leqq 1+4x\end{cases}$

$27\geqq 2x+13$ を解くと，$-2x\geqq -14$ より　$x\leqq 7$ ……①

$9\leqq 1+4x$ を解くと，$-4x\leqq -8$ より　$x\geqq 2$ ……②

①，②より，連立不等式の解は

$\boldsymbol{2\leqq x\leqq 7}$

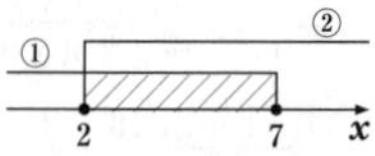

(3) $\begin{cases}3x+1<5(x-1)\\2(x-1)<5x+4\end{cases}$

$3x+1<5(x-1)$ を解くと，$3x+1<5x-5$ より

$-2x<-6$

$x>3$ ……①

$2(x-1)<5x+4$ を解くと，$2x-2<5x+4$ より

$-3x<6$

$x>-2$ ……②

①，②より，連立不等式の解は

$\boldsymbol{x>3}$

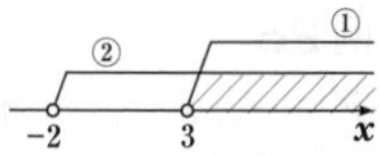

(4) $\begin{cases}2x-5(x+1)\geqq 1\\x-5>3x+7\end{cases}$

$2x-5(x+1)\geqq 1$ を解くと，$2x-5x-5\geqq 1$ より

$-3x\geqq 6$

$x\leqq -2$ ……①

$x-5>3x+7$ を解くと，$-2x>12$ より

$x<-6$ ……②

①，②より，連立不等式の解は

$\boldsymbol{x<-6}$

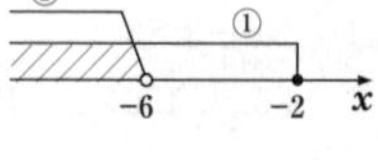

56

(1) 与えられた不等式は

$\begin{cases}-2\leqq 4x+2\\4x+2\leqq 10\end{cases}$

と表される。

$-2\leqq 4x+2$ を解くと，$-4x\leqq 4$ より　$x\geqq -1$ ……①

$4x+2\leqq 10$ を解くと，$4x\leqq 8$ より　$x\leqq 2$ ……②

①，②より，不等式の解は

$\boldsymbol{-1\leqq x\leqq 2}$

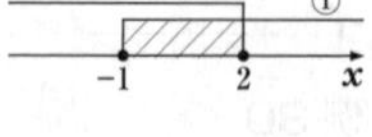

(2) 与えられた不等式は

$\begin{cases}0<3x+6\\3x+6<11-2x\end{cases}$

と表される。

$0<3x+6$ を解くと，$-3x<6$　より $x>-2$ ……①

$3x+6<11-2x$ を解くと，$5x<5$　より $x<1$ ……②

①，②より，不等式の解は

$\boldsymbol{-2<x<1}$

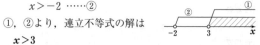

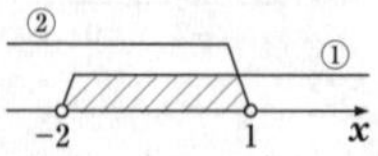

57

130 円のみかんを x 個買うとすると，90 円のみかんは $(15-x)$ 個であるから

$0 \leqq x \leqq 15$ ……①

このとき，合計金額について次の不等式が成り立つ。

$130x+90(15-x) \leqq 1800$

$130x+1350-90x \leqq 1800$

$40x \leqq 450$

$x \leqq 11.25$ ……②

①，②より

$0 \leqq x \leqq 11.25$

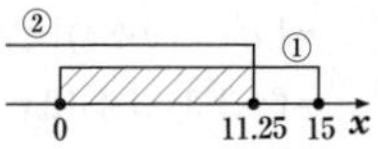

この範囲における最大の整数は 11 であるから，

130 円のみかんを 11 個，90 円のみかんを 4 個 買えばよい。

確認問題 4 (p.38)

1

$\boldsymbol{3x+4>30}$

2

(1) $<$　　(2) $<$　　(3) $>$

3

(1) $x+5 \leqq -4x$

移項すると　$x+4x \leqq -5$

整理すると　$5x \leqq -5$

両辺で 5 で割って

$\boldsymbol{x \leqq -1}$

(2) $2x+4 \geqq 0$

移項すると　$2x \geqq -4$

両辺を 2 で割って

$\boldsymbol{x \geqq -2}$

(3) $5x+3<7x-1$

移項すると　$5x-7x<-1-3$

$-2x<-4$

両辺を -2 で割って

$\boldsymbol{x>2}$

(4) $5(1-x)>3x-7$

かっこをはずすと　$5-5x>3x-7$

移項すると　$-5x-3x>-7-5$

整理すると　$-8x>-12$

両辺を -8 で割って

$x<\frac{12}{8}$

よって　$\boldsymbol{x<\frac{3}{2}}$

(5) $\frac{1}{4}x+\frac{1}{2} \leqq \frac{3}{4}x-\frac{5}{2}$

両辺に 4 を掛けると

$4\left(\frac{1}{4}x+\frac{1}{2}\right) \leqq 4\left(\frac{3}{4}x-\frac{5}{2}\right)$

$x+2 \leqq 3x-10$

移項して整理すると

$-2x \leqq -12$

両辺を -2 で割って

$\boldsymbol{x \geqq 6}$

4

(1) $\begin{cases} 2x-3<3 \\ 3x+6>7x-10 \end{cases}$

$2x-3<3$ を解くと，$2x<6$ より　$x<3$ ……①

$3x+6>7x-10$ を解くと，$-4x>-16$

より $x<4$ ……②

①，②より，連立不等式の解は

$\boldsymbol{x<3}$

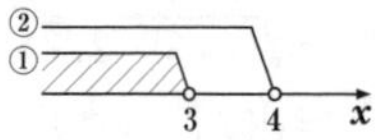

(2) $\begin{cases} 3(x+2) \geqq 5x \\ 3x+5>x-1 \end{cases}$

$3(x+2) \geqq 5x$ を解くと，$3x+6 \geqq 5x$

$-2x \geqq -6$ より　$x \leqq 3$ ……①

$3x+5>x-1$ を解くと，$2x>-6$ より　$x>-3$ ……②

①，②より，連立不等式の解は

$\boldsymbol{-3<x \leqq 3}$

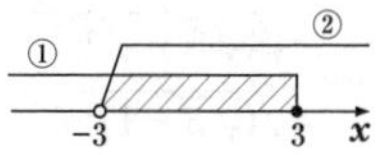

5

(1) 与えられた不等式は

$\begin{cases} -8 \leqq 1-3x \\ 1-3x \leqq 4 \end{cases}$

と表される。

$-8 \leqq 1-3x$ を解くと，$3x \leqq 9$ より　$x \leqq 3$ ……①

$1-3x \leqq 4$ を解くと，$-3x \leqq 3$ より　$x \geqq -1$ ……②

①，②より，不等式の解は

$\boldsymbol{-1 \leqq x \leqq 3}$

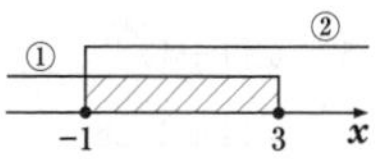

(2) 与えられた不等式は

$\begin{cases} 0<2x-6 \\ 2x-6<9-x \end{cases}$

と表される。

$0<2x-6$ を解くと，$-2x<-6$ より　$x>3$ ……①

$2x-6<9-x$ を解くと，$3x<15$ より　$x<5$ ……②

①，②より，不等式の解は

$\boldsymbol{3<x<5}$

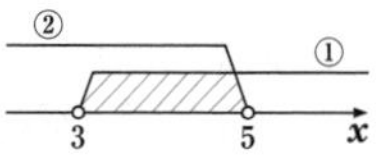

6

1 冊 200 円のノートを x 冊買うとすると

1 冊 160 円のノートは $(20-x)$ 冊であるから

$0 \leqq x \leqq 20$ ……①

このとき，合計金額について次の不等式が成り立つ。

$200x+160(20-x) \leqq 3700$

$200x+3200-160x \leqq 3700$

$40x \leqq 500$

$x \leqq =12.5$ ……②

①，②より

$0 \leqq x \leqq 12.5$

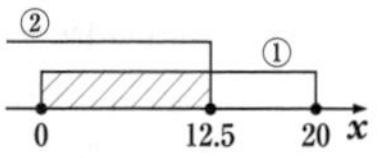

この範囲における最大の整数は 12 であるから，

200 円のノートを 12 冊，160 円のノートを 8 冊買えばよい。

発展　二重根号 (p.39)

例

ア　$\sqrt{3}-\sqrt{2}$　　　　　**イ**　$2+\sqrt{2}$

■

(1)　$\sqrt{7+2\sqrt{12}}$

$=\sqrt{(4+3)+2\sqrt{4\times3}}$

$=\sqrt{(\sqrt{4}+\sqrt{3})^2}$

$=\sqrt{(2+\sqrt{3})^2}=\mathbf{2+\sqrt{3}}$

(2)　$\sqrt{10-2\sqrt{21}}$

$=\sqrt{(7+3)-2\sqrt{7\times3}}$

$=\sqrt{(\sqrt{7}-\sqrt{3})^2}$

$=\mathbf{\sqrt{7}-\sqrt{3}}$

(3)　$\sqrt{6-\sqrt{20}}$

$=\sqrt{6-2\sqrt{5}}$

$=\sqrt{(5+1)-2\sqrt{5\times1}}$

$=\sqrt{(\sqrt{5}-\sqrt{1})^2}$

$=\sqrt{(\sqrt{5}-1)^2}$

$=\mathbf{\sqrt{5}-1}$

(4)　$\sqrt{8+\sqrt{48}}$

$=\sqrt{8+2\sqrt{12}}$

$=\sqrt{(6+2)+2\sqrt{6\times2}}$

$=\sqrt{(\sqrt{6}+\sqrt{2})^2}$

$=\mathbf{\sqrt{6}+\sqrt{2}}$

(5)　$\sqrt{11+4\sqrt{7}}$

$=\sqrt{11+2\sqrt{28}}$

$=\sqrt{(7+4)+2\sqrt{7\times4}}$

$=\sqrt{(\sqrt{7}+\sqrt{4})^2}$

$=\sqrt{(\sqrt{7}+2)^2}$

$=\mathbf{\sqrt{7}+2}$

(6)　$\sqrt{15-6\sqrt{6}}$

$=\sqrt{15-2\sqrt{54}}$

$=\sqrt{(9+6)-2\sqrt{9\times6}}$

$=\sqrt{(\sqrt{9}-\sqrt{6})^2}$

$=\sqrt{(3-\sqrt{6})^2}$

$=\mathbf{3-\sqrt{6}}$

TRY *PLUS* (p.40)

問1

(1)　$x^2+x=A$ とおくと

$(x^2+x)^2-4(x^2+x)-12$

$=A^2-4A-12$

$=(A-6)(A+2)$

$=(x^2+x-6)(x^2+x+2)$

$=\mathbf{(x+3)(x-2)(x^2+x+2)}$

(2)　$x^2+2x=A$ とおくと

$(x^2+2x)^2-14(x^2+2x)+48$

$=A^2-14A+48$

$=(A-8)(A-6)$

$=(x^2+2x-8)(x^2+2x-6)$

$=\mathbf{(x+4)(x-2)(x^2+2x-6)}$

問2

(1)　$2x^2+7xy+3y^2+7x+y-4$

$=2x^2+(7y+7)x+(3y^2+y-4)$

$=2x^2+(7y+7)x+(3y+4)(y-1)$

$=\{x+(3y+4)\}\{2x+(y-1)\}$

$=\mathbf{(x+3y+4)(2x+y-1)}$

$1 \times 3y+4 \to 6y+8$
$2 \times y-1 \to y-1$
$2 \quad (3y+4)(y-1) \quad 7y+7$

(2)　$3x^2+10xy+8y^2-8x-10y-3$

$=3x^2+(10y-8)x+(8y^2-10y-3)$

$=3x^2+(10y-8)x+(2y-3)(4y+1)$

$=\{x+(2y-3)\}\{3x+(4y+1)\}$

$=\mathbf{(x+2y-3)(3x+4y+1)}$

$1 \times 2y-3 \to 6y-9$
$3 \times 4y+1 \to 4y+1$
$3 \quad (2y-3)(4y+1) \quad 10y-8$

第2章　集合と論証

15　集合 (p.42)

例34

ア　1, 2, 3, 6, 9, 18

イ　−2, −1, 0, 1, 2, 3

例35

ア　⊃

例36

ア　2, 4　　　　**イ**　1, 2, 3, 4, 5, 6, 8, 10

例37

ア　4, 5, 6　　**イ**　1, 2, 4, 5　　**ウ**　4, 5

エ　1, 2, 4, 5, 6　　**オ**　6

カ　1, 2, 3, 4, 5

58

(1)　$A=\{\mathbf{1, 2, 3, 4, 6, 12}\}$

(2)　$B=\{\mathbf{-3, -2, -1, 0, 1}\}$

59

⊃

60

(1)　$A\cap B=\{\mathbf{3, 5, 7}\}$　　(2)　$A\cup B=\{\mathbf{1, 2, 3, 5, 7}\}$

(3)　$A\cap C=\varnothing$

61

(1)　$\overline{A}=\{\mathbf{7, 8, 9, 10}\}$　　(2)　$\overline{B}=\{\mathbf{1, 2, 3, 4, 9, 10}\}$

(3)　$A\cap B=\{5, 6\}$ であるから

$\overline{A\cap B}=\{\mathbf{1, 2, 3, 4, 7, 8, 9, 10}\}$

(4)　$A\cup B=\{1, 2, 3, 4, 5, 6, 7, 8\}$ であるから

$\overline{A\cup B}=\{\mathbf{9, 10}\}$

(5)　$\overline{A}\cup B=\{\mathbf{5, 6, 7, 8, 9, 10}\}$

(6)　$A\cap\overline{B}=\{\mathbf{1, 2, 3, 4}\}$

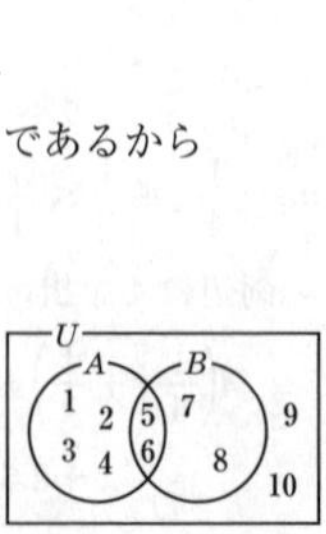

16 命題と条件 (p.44)

例 38

ア 真

例 39

ア 十分条件　　イ 必要条件

例 40

ア 偶数　　イ $x \neq 1$　　ウ $y \neq 1$

エ $x<0$　　オ $y>0$

62

(1) 条件 p, q を満たす x の集合をそれぞれ P, Q とする。このとき，右の図から $P \subset Q$ が成り立つ。

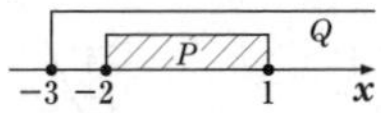

よって，命題「$p \Longrightarrow q$」は **真**である。

(2) $x=-3$ は p を満たしているが，q を満たさない。

よって，命題「$p \Longrightarrow q$」は **偽**である。

反例は，$\boldsymbol{x=-3}$

(3) $n=6$ は p を満たしているが，q を満たさない。よって，命題「$p \Longrightarrow q$」は**偽**である。反例は，$\boldsymbol{n=6}$

(4) 条件 p, q を満たす n の集合をそれぞれ P, Q とする。

$P=\{1,\ 2,\ 3,\ 6\}$

$Q=\{1,\ 2,\ 3,\ 4,\ 6,\ 12\}$

であるから，$P \subset Q$ が成り立つ。

よって，命題「$p \Longrightarrow q$」は**真**である。

63

(1) 「$x=1 \Longrightarrow x^2=1$」は真である。

「$x^2=1 \Longrightarrow x=1$」は偽である。(反例は $x=-1$)

よって，**十分条件**

(2) 四角形 ABCD が

「長方形 $\Longrightarrow$ 正方形」は偽である。

「正方形 $\Longrightarrow$ 長方形」は真である。

よって，**必要条件**

(3) 「$(x-3)^2=0 \Longrightarrow x=3$」は真である。

「$x=3 \Longrightarrow (x-3)^2=0$」は真である。

よって，**必要十分条件**

64

(1) 条件「$x=5$」の否定は

「$\boldsymbol{x \neq 5}$」

(2) 条件「$x \geqq 1$ かつ $y>0$」の否定は

「$\boldsymbol{x<1}$ **または** $\boldsymbol{y \leqq 0}$」

(3) 条件「$-3<x<2$」は「$x>-3$ かつ $x<2$」であるから，これの否定は

「$\boldsymbol{x \leqq -3}$ **または** $\boldsymbol{2 \leqq x}$」

(4) 否定は「$x>2$ かつ $x \leqq 5$」であるから

「$\boldsymbol{2<x \leqq 5}$」

17 逆・裏・対偶 (p.46)

例 41

ア 偽　　イ 真

例 42

ア 奇数

例 43

ア 無理数

65

この命題は**偽**である。

逆：「$x>3 \Longrightarrow x>2$」……**真**

裏：「$x \leqq 2 \Longrightarrow x \leqq 3$」……**真**

対偶：「$x \leqq 3 \Longrightarrow x \leqq 2$」……**偽**

66

与えられた命題の対偶「n が 3 の倍数でないならば n^2 は 3 の倍数でない」を証明する。

n が 3 の倍数でないとき，ある整数 k を用いて

$n=3k+1,\ n=3k+2$

と表すことができる。よって

(i) $n=3k+1$ のとき

$n^2=(3k+1)^2=9k^2+6k+1$
$=3(3k^2+2k)+1$

(ii) $n=3k+2$ のとき

$n^2=(3k+2)^2=9k^2+12k+4$
$=3(3k^2+4k+1)+1$

(i)，(ii)より，いずれの場合も n^2 は 3 の倍数でない。

したがって，対偶が真であるから，もとの命題も真である。

67

$3+2\sqrt{2}$ が無理数でない，すなわち

$3+2\sqrt{2}$ は有理数である

と仮定する。

そこで，r を有理数として，

$3+2\sqrt{2}=r$

とおくと

$\sqrt{2}=\dfrac{r-3}{2}$ ……①

r は有理数であるから $\dfrac{r-3}{2}$ は有理数であり，

等式①は $\sqrt{2}$ が無理数であることに矛盾する。

よって，$3+2\sqrt{2}$ は無理数である。

確認問題 5 (p.48)

1

(1) $\boldsymbol{A=\{1,\ 2,\ 4,\ 8,\ 16\}}$

(2) $\boldsymbol{B=\{2,\ 3,\ 5,\ 7,\ 11,\ 13,\ 17,\ 19\}}$

2

$\varnothing$, $\{2\}$, $\{4\}$, $\{6\}$, $\{2,\ 4\}$, $\{2,\ 6\}$, $\{4,\ 6\}$, $\{2,\ 4,\ 6\}$

3

(1) $A \cap B=\{3,\ 5,\ 7\}$

(2) $A \cup B=\{1,\ 2,\ 3,\ 5,\ 7,\ 9\}$　(3) $B \cap C=\varnothing$

4

(1) $\overline{A}=\{2,\ 4,\ 6,\ 8,\ 10\}$　(2) $\overline{B}=\{4,\ 5,\ 7,\ 8,\ 9,\ 10\}$

(3) $\overline{A} \cap \overline{B}=\{4,\ 8,\ 10\}$　(4) $\overline{A \cup B}=\{4,\ 8,\ 10\}$

5

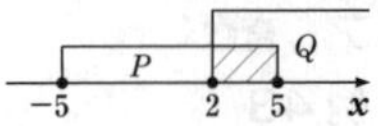

$x=1$ は p を満たしているが，q を満たしていない。よって，
命題「$p \Longrightarrow q$」は **偽**である。反例は $\boldsymbol{x=1}$

6

(1) 「$x<3 \Longrightarrow x<2$」は偽
「$x<2 \Longrightarrow x<3$」は真
よって**必要条件**

(2) 「$\triangle ABC \equiv \triangle DEF \Longrightarrow \triangle ABC \backsim \triangle DEF$」
は真である。
「$\triangle ABC \backsim \triangle DEF \Longrightarrow \triangle ABC \equiv \triangle DEF$」
は偽である。よって，**十分条件**

(3) 「$x^2+y^2=0 \Longrightarrow x=y=0$」は真
「$x=y=0 \Longrightarrow x^2+y^2=0$」は真
よって**必要十分条件**

7

(1) $\boldsymbol{x \geqq -2}$　　(2) $\boldsymbol{x \geqq -2}$

8

与えられた命題の対偶「n が奇数ならば n^2+1 は偶数」を証明する。
n が奇数のとき，ある整数 k を用いて $n=2k+1$ と表すことができる。よって

$$n^2+1=(2k+1)^2+1=4k^2+4k+2$$
$$=2(2k^2+2k+1)$$

ここで，$2k^2+2k+1$ は整数であるから，n^2+1 は偶数である。
したがって，対偶が真であるから，もとの命題も真である。

9

$4-2\sqrt{3}$ が無理数でない，すなわち
　$4-2\sqrt{3}$ は有理数である
と仮定する。
そこで，r を有理数として，

$$4-2\sqrt{3}=r$$

とおくと

$$\sqrt{3}=2-\frac{r}{2} \quad \cdots\cdots①$$

r は有理数であるから，$2-\dfrac{r}{2}$ は有理数であり，
等式①は，$\sqrt{3}$ が無理数であることに矛盾する。
よって，$4-2\sqrt{3}$ は無理数である。

第3章　2次関数

18　関数とグラフ (p.50)

例44
ア　$2\pi x$

例45
ア　8

例46
ア　2　**イ**　8　**ウ**　2　**エ**　8　**オ**　−1　**カ**　2

68

(1) $\boldsymbol{y=3x}$　　(2) $\boldsymbol{y=50x+500}$

69

(1) $f(3)=2\times3^2-5\times3+3$
$\quad=18-15+3=\boldsymbol{6}$

(2) $f(-2)=2\times(-2)^2-5\times(-2)+3$
$\quad=8+10+3=\boldsymbol{21}$

(3) $f(0)=2\times0^2-5\times0+3=\boldsymbol{3}$

(4) $f(a)=\boldsymbol{2a^2-5a+3}$

70

(1)

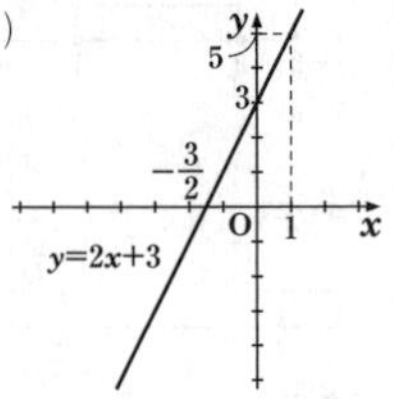

(2)

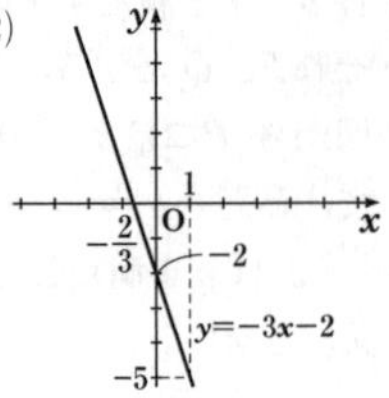

71

(1)

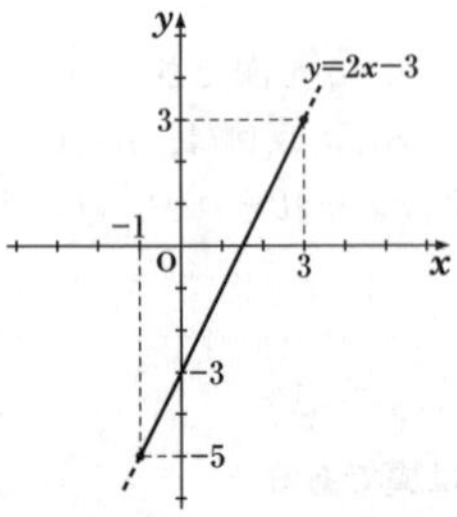

(2) (1)のグラフより，値域は　$\boldsymbol{-5 \leqq y \leqq 3}$

(3) (1)のグラフより，$\boldsymbol{x=3}$ のとき　最大値 3
$\boldsymbol{x=-1}$ のとき　最小値 −5

19　2次関数のグラフ (1) (p.52)

例47
ア　y 軸

例48
ア　5　　**イ**　5

72

(1)

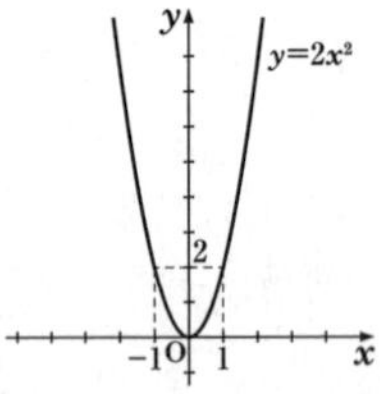

(2)

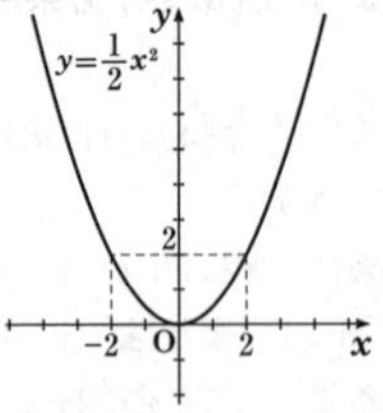

73

(1)

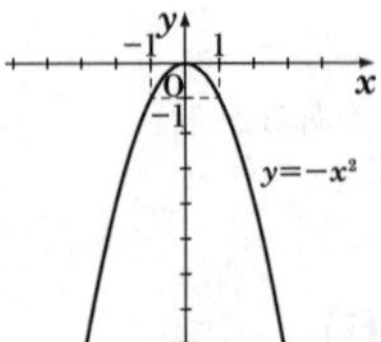

(2)

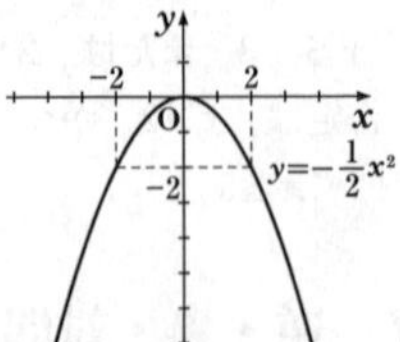

74

(1)

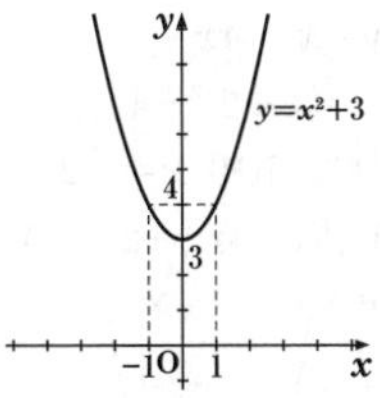

軸　**y 軸**

頂点 **(0, 3)**

(2)

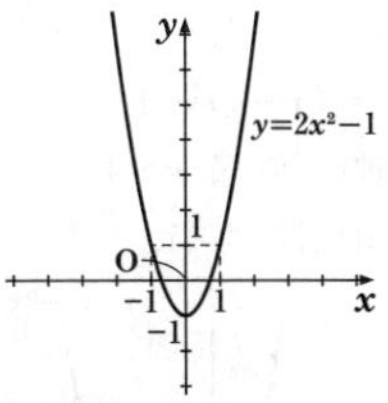

軸　**y 軸**

頂点 **(0, −1)**

(3)

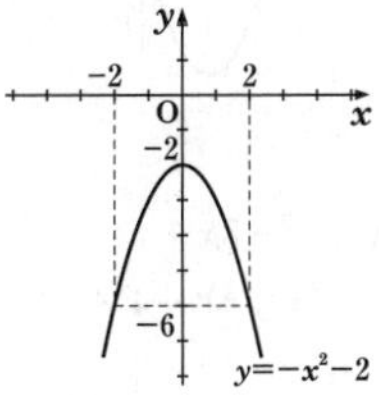

軸　**y 軸**

頂点 **(0, −2)**

(4)

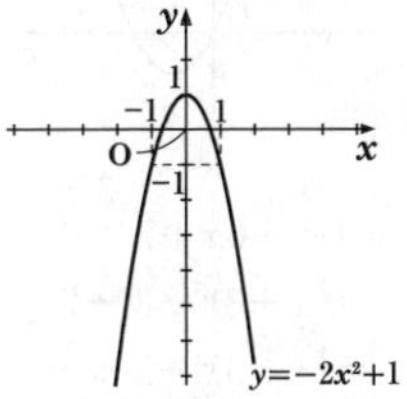

軸　**y 軸**

頂点 **(0, 1)**

20　2次関数のグラフ (2) (p.54)

例 49

ア　3　　**イ**　3　　**ウ**　(3, 0)

例 50

ア　2　　**イ**　−1　　**ウ**　2　　**エ**　(2, −1)

75

(1)

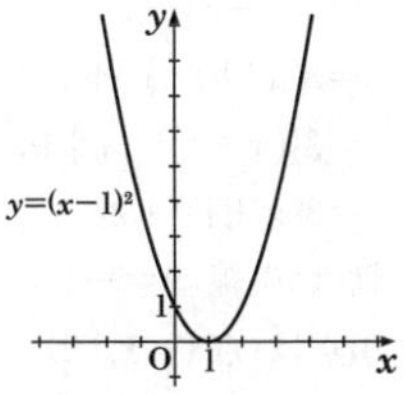

軸　**直線 $x=1$**

頂点 **(1, 0)**

(2)

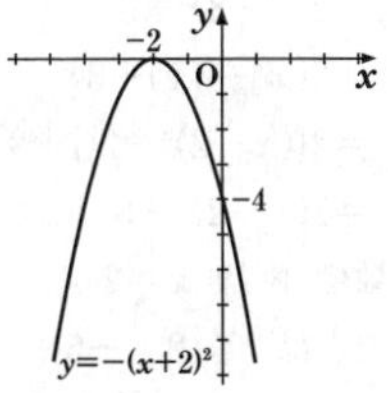

軸　**直線 $x=-2$**

頂点 **(−2, 0)**

76

(1)

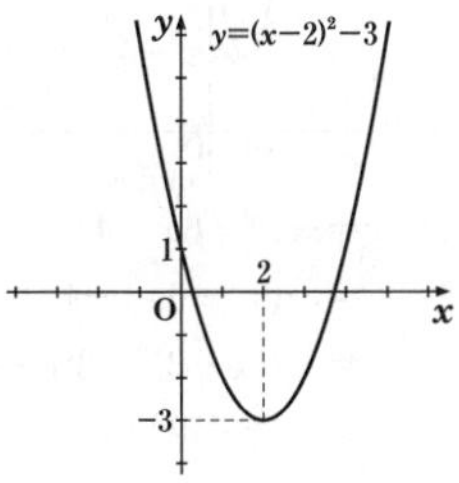

軸　**直線 $x=2$**

頂点 **(2, −3)**

(2)

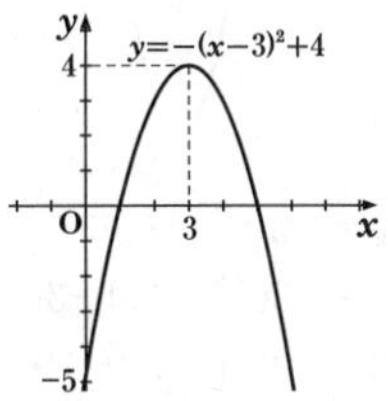

軸　**直線 $x=3$**

頂点 **(3, 4)**

(3)

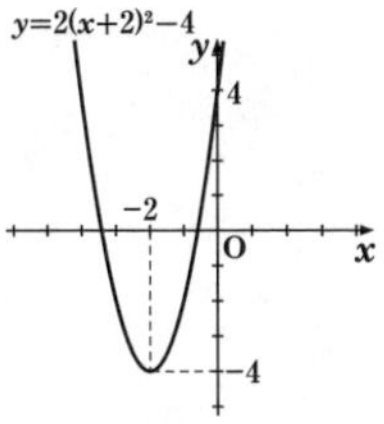

軸　**直線 $x=-2$**

頂点 **(−2, −4)**

(4)

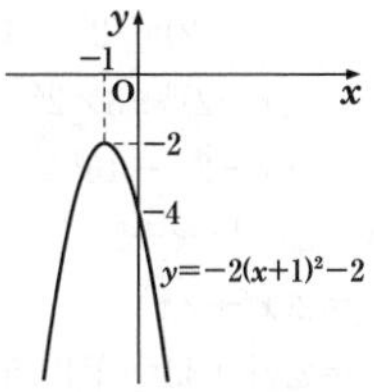

軸　**直線 $x=-1$**

頂点 **(−1, −2)**

21　2次関数のグラフ (3) (p.56)

例 51

ア　$(x-3)^2-8$　　**イ**　$2(x+1)^2-7$

77

(1)　$y=x^2-2x$

$=(x-1)^2-1^2$

$\mathbf{=(x-1)^2-1}$

(2)　$y=x^2+4x$

$=(x+2)^2-2^2$

$\mathbf{=(x+2)^2-4}$

78

(1)　$y=x^2-8x+9$

$=(x^2-8x)+9$

$=(x-4)^2-4^2+9$

$\mathbf{=(x-4)^2-7}$

(2)　$y=x^2+6x-2$

$=(x^2+6x)-2$

$=(x+3)^2-3^2-2$

$\mathbf{=(x+3)^2-11}$

(3)　$y=x^2+10x-5$

$=(x^2+10x)-5$

$=(x+5)^2-5^2-5$

$\mathbf{=(x+5)^2-30}$

(4)　$y=x^2-4x-4$

$=(x^2-4x)-4$

$=(x-2)^2-2^2-4$

$\mathbf{=(x-2)^2-8}$

79

(1)　$y=2x^2+12x$

$=2(x^2+6x)$

$=2\{(x+3)^2-3^2\}$

$=2(x+3)^2-2\times3^2$

$\mathbf{=2(x+3)^2-18}$

(2)　$y=4x^2-8x$

$=4(x^2-2x)$

$=4\{(x-1)^2-1^2\}$

$=4(x-1)^2-4\times1^2$

$\mathbf{=4(x-1)^2-4}$

(3)　$y=3x^2-12x-4$

$=3(x^2-4x)-4$

$=3\{(x-2)^2-2^2\}-4$
$=3(x-2)^2-3\times2^2-4$
$\boldsymbol{=3(x-2)^2-16}$

(4) $y=2x^2+4x+5$
$=2(x^2+2x)+5$
$=2\{(x+1)^2-1^2\}+5$
$=2(x+1)^2-2\times1^2+5$
$\boldsymbol{=2(x+1)^2+3}$

(5) $y=4x^2+8x+1$
$=4(x^2+2x)+1$
$=4\{(x+1)^2-1^2\}+1$
$=4(x+1)^2-4\times1^2+1$
$\boldsymbol{=4(x+1)^2-3}$

(6) $y=2x^2-8x+7$
$=2(x^2-4x)+7$
$=2\{(x-2)^2-2^2\}+7$
$=2(x-2)^2-2\times2^2+7$
$\boldsymbol{=2(x-2)^2-1}$

80

(1) $y=-x^2-4x-4$
$=-(x^2+4x)-4$
$=-\{(x+2)^2-2^2\}-4$
$=-(x+2)^2+2^2-4$
$\boldsymbol{=-(x+2)^2}$

(2) $y=-2x^2+4x+3$
$=-2(x^2-2x)+3$
$=-2\{(x-1)^2-1^2\}+3$
$=-2(x-1)^2+2\times1^2+3$
$\boldsymbol{=-2(x-1)^2+5}$

(3) $y=-3x^2-12x+12$
$=-3(x^2+4x)+12$
$=-3\{(x+2)^2-2^2\}+12$
$=-3(x+2)^2+3\times2^2+12$
$\boldsymbol{=-3(x+2)^2+24}$

(4) $y=-4x^2+8x-3$
$=-4(x^2-2x)-3$
$=-4\{(x-1)^2-1^2\}-3$
$=-4(x-1)^2+4\times1^2-3$
$\boldsymbol{=-4(x-1)^2+1}$

22　2次関数のグラフ (4) (p.58)

例 52

ア　$(x+1)^2-2$
イ　$x=-1$
ウ　$(-1,\ -2)$
エ　$(0,\ -1)$
オ　$-2(x-1)^2+3$
カ　$x=1$
キ　$(1,\ 3)$
ク　$(0,\ 1)$

81

(1) $y=x^2-2x$
$=(x-1)^2-1$
軸は 直線 $\boldsymbol{x=1}$
頂点は 点 $\boldsymbol{(1,\ -1)}$

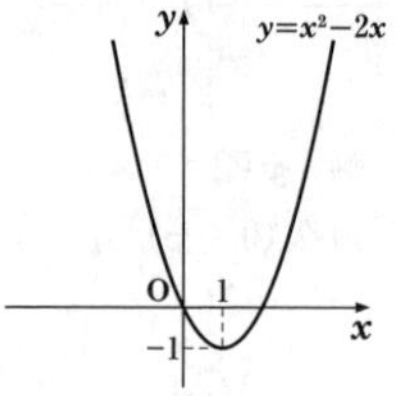

(2) $y=x^2+4x$
$=(x+2)^2-4$
軸は 直線 $\boldsymbol{x=-2}$
頂点は 点 $\boldsymbol{(-2,\ -4)}$

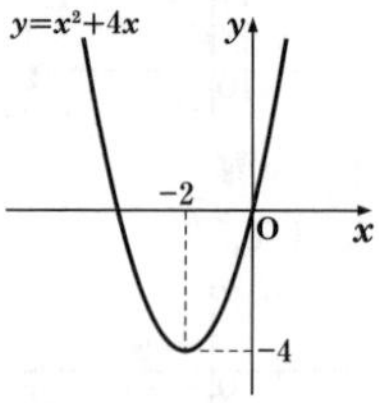

82

(1) $y=x^2+6x+7$
$=(x+3)^2-3^2+7$
$=(x+3)^2-2$
軸は 直線 $\boldsymbol{x=-3}$
頂点は 点 $\boldsymbol{(-3,\ -2)}$

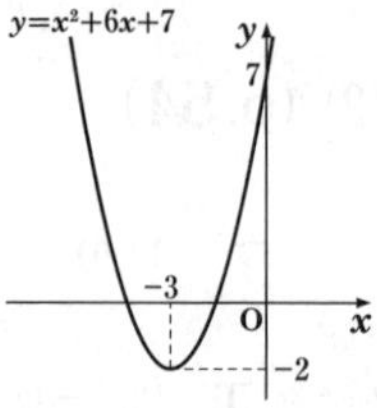

(2) $y=x^2-8x+13$
$=(x-4)^2-4^2+13$
$=(x-4)^2-3$
軸は 直線 $\boldsymbol{x=4}$
頂点は 点 $\boldsymbol{(4,\ -3)}$

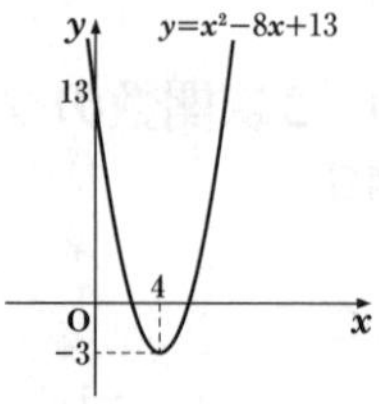

83

(1) $y=2x^2-8x+3$
$=2(x^2-4x)+3$
$=2\{(x-2)^2-2^2\}+3$
$=2(x-2)^2-5$
軸は 直線 $\boldsymbol{x=2}$
頂点は 点 $\boldsymbol{(2,\ -5)}$

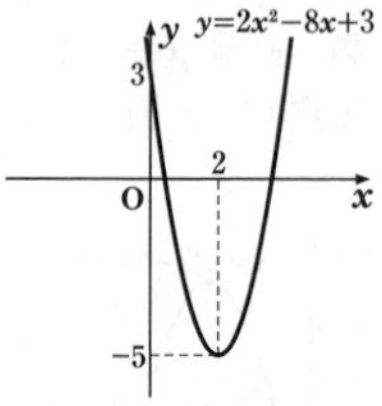

(2) $y=3x^2+6x+5$
$=3(x^2+2x)+5$
$=3\{(x+1)^2-1^2\}+5$
$=3(x+1)^2+2$
軸は 直線 $\boldsymbol{x=-1}$
頂点は 点 $\boldsymbol{(-1,\ 2)}$

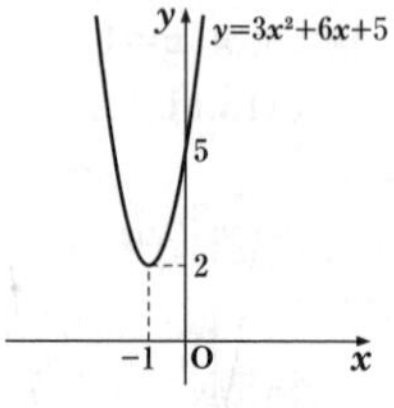

(3) $y=-2x^2-4x+3$
$=-2(x^2+2x)+3$
$=-2\{(x+1)^2-1^2\}+3$
$=-2(x+1)^2+5$
軸は 直線 $\boldsymbol{x=-1}$
頂点は 点 $\boldsymbol{(-1,\ 5)}$

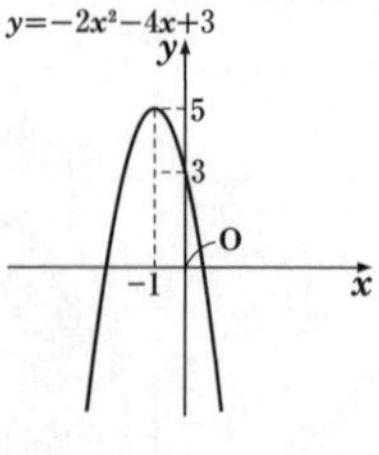

(4) $y=-x^2+6x-4$
$=-(x^2-6x)-4$
$=-\{(x-3)^2-3^2\}-4$
$=-(x-3)^2+5$
軸は 直線 $\boldsymbol{x=3}$
頂点は 点 $\boldsymbol{(3,\ 5)}$

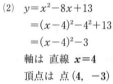

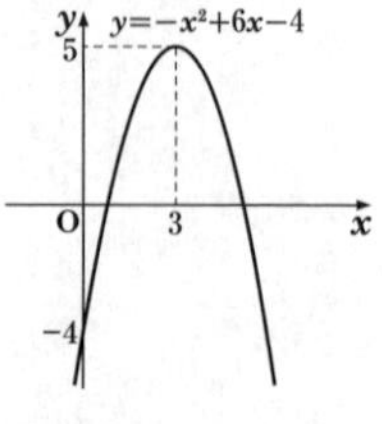

確認問題 6 (p.60)

1

(1)

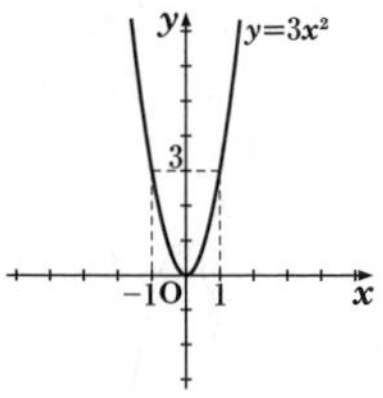

(2)

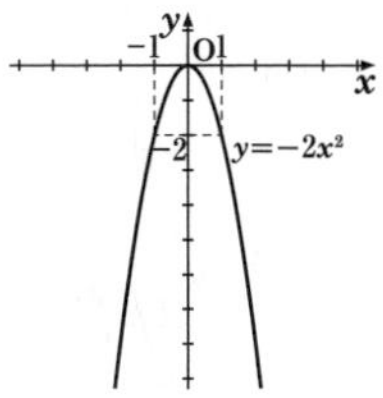

2

(1)

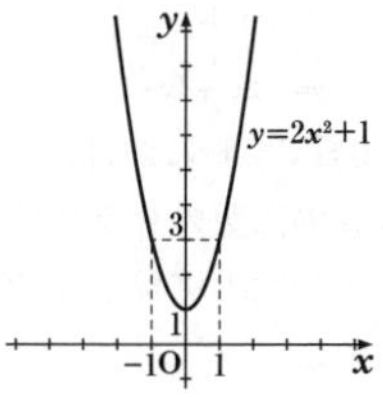

(2)

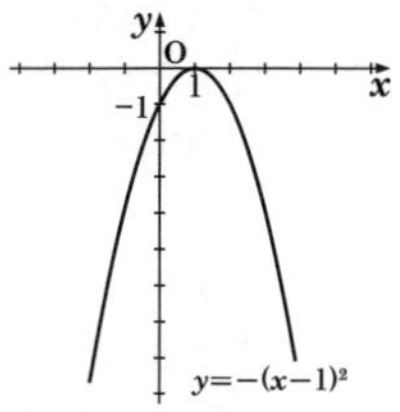

軸　**y 軸**
頂点 $(0,\ 1)$

軸　直線 $x=1$
頂点 $(1,\ 0)$

(3)

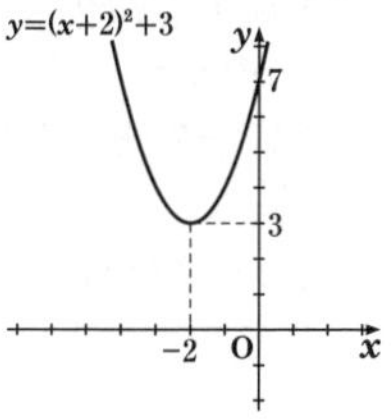

(4)

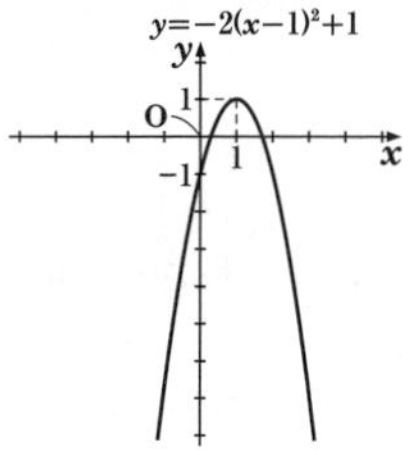

軸　直線 $x=-2$
頂点 $(-2,\ 3)$

軸　直線 $x=1$
頂点 $(1,\ 1)$

3

(1) $y=x^2+6x$
$=(x+3)^2-9$

軸は 直線 $x=-3$
頂点は 点 $(-3,\ -9)$

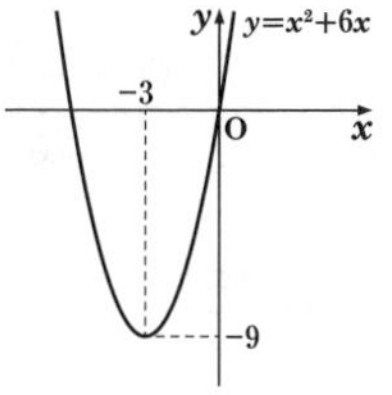

(2) $y=x^2-4x+5$
$=(x-2)^2-2^2+5$
$=(x-2)^2+1$

軸は 直線 $x=2$
頂点は 点 $(2,\ 1)$

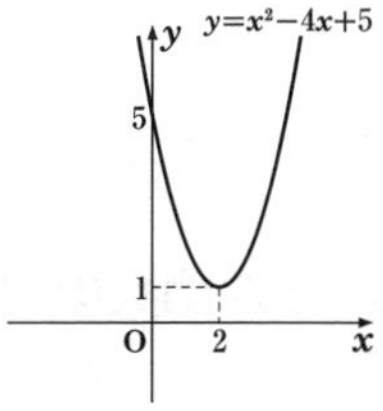

(3) $y=2x^2+8x$
$=2(x^2+4x)$
$=2\{(x+2)^2-2^2\}$
$=2(x+2)^2-8$

軸は 直線 $x=-2$
頂点は 点 $(-2,\ -8)$

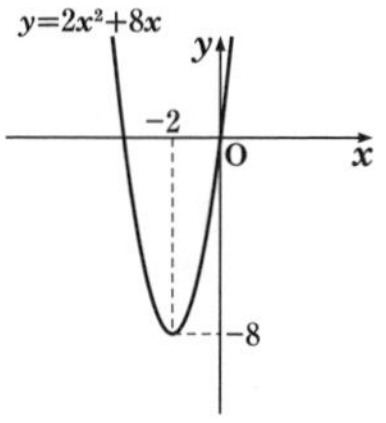

(4) $y=3x^2-6x-1$
$=3(x^2-2x)-1$
$=3\{(x-1)^2-1^2\}-1$
$=3(x-1)^2-4$

軸は 直線 $x=1$
頂点は 点 $(1,\ -4)$

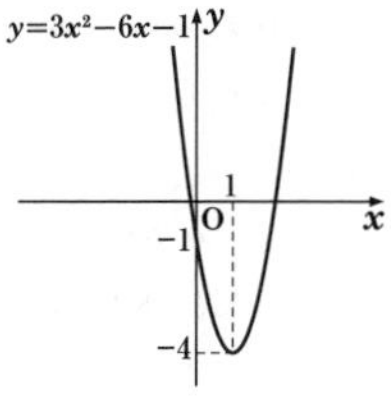

(5) $y=-x^2-2x+2$
$=-(x^2+2x)+2$
$=-\{(x+1)^2-1^2\}+2$
$=-(x+1)^2+3$

軸は 直線 $x=-1$
頂点は 点 $(-1,\ 3)$

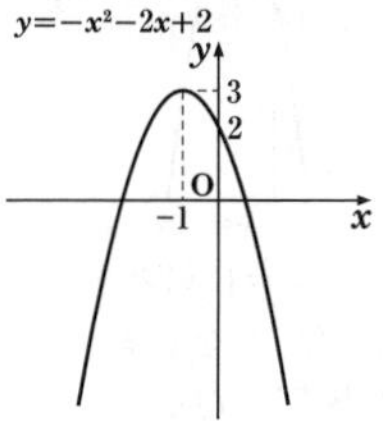

(6) $y=-2x^2+4x+6$
$=-2(x^2-2x)+6$
$=-2\{(x-1)^2-1^2\}+6$
$=-2(x-1)^2+8$

軸は 直線 $x=1$
頂点は 点 $(1,\ 8)$

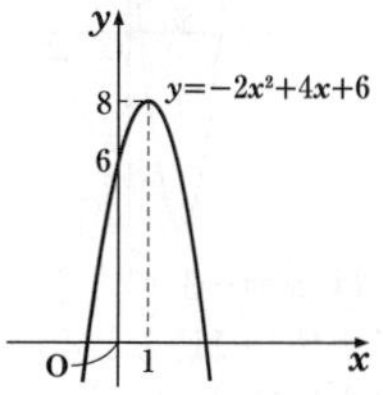

23　2次関数の最大・最小 (1) (p.62)

例 53

ア　3　　イ　2

例 54

ア　−2　　イ　7

84

(1)

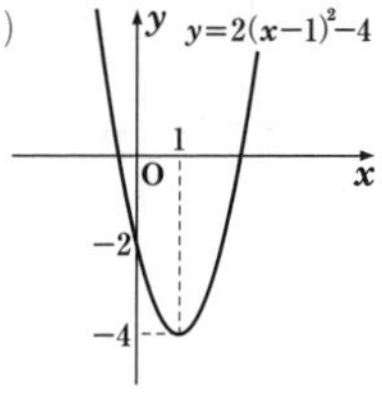

y は $x=1$ のとき
最小値 −4 をとる。
最大値は **ない**。

(2)

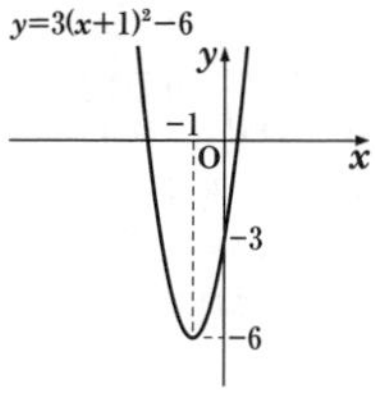

y は $x=-1$ のとき
最小値 −6 をとる。
最大値は **ない**。

(3)

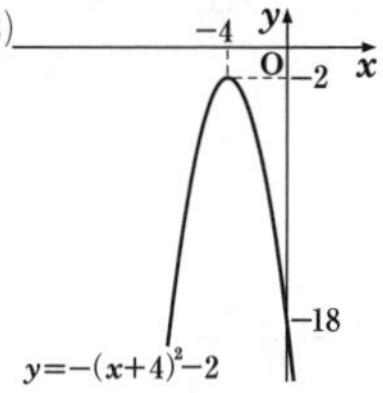

y は $x=-4$ のとき
最大値 −2 をとる。
最小値は **ない**。

(4)

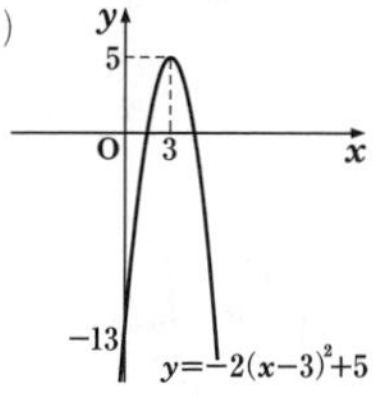

y は $x=3$ のとき
最大値 5 をとる。
最小値は **ない**。

85

(1) $y=x^2+2x$
$=(x+1)^2-1$

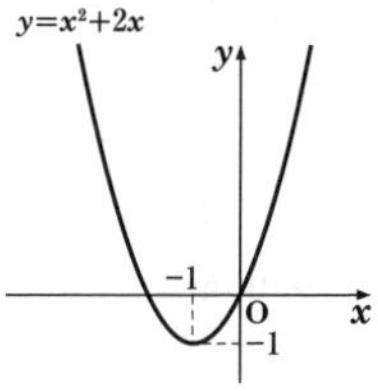

y は $x=-1$ のとき
最小値 −1 をとる。
最大値は **ない**。

(2) $y=x^2-4x+1$
$=(x-2)^2-3$

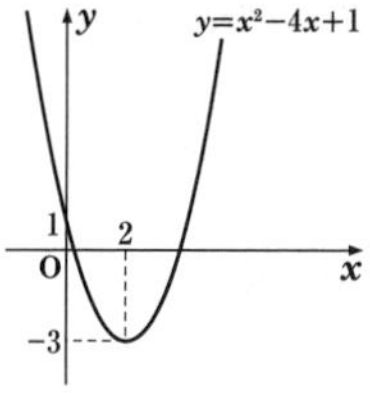

y は $x=2$ のとき
最小値 −3 をとる。
最大値は **ない**。

(3) $y=2x^2+12x+7$
$=2(x^2+6x)+7$
$=2\{(x+3)^2-3^2\}+7$
$=2(x+3)^2-11$

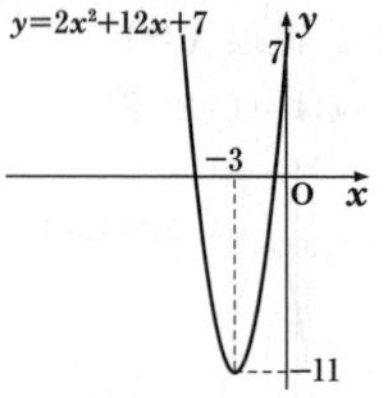

y は $\boldsymbol{x=-3}$ のとき
最小値 $\mathbf{-11}$ をとる。
最大値は **ない**。

(4) $y=-2x^2+4x$
$=-2(x^2-2x)$
$=-2\{(x-1)^2-1^2\}$
$=-2(x-1)^2+2$

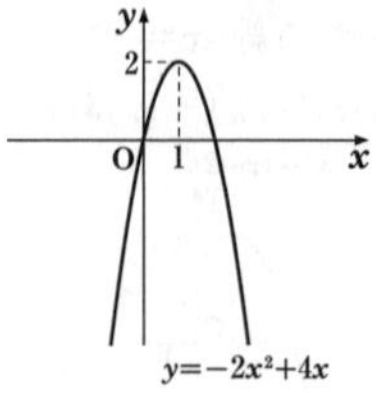

y は $\boldsymbol{x=1}$ のとき
最大値 **2** をとる。
最小値は **ない**。

(5) $y=-x^2-8x+4$
$=-(x^2+8x)+4$
$=-\{(x+4)^2-4^2\}+4$
$=-(x+4)^2+20$

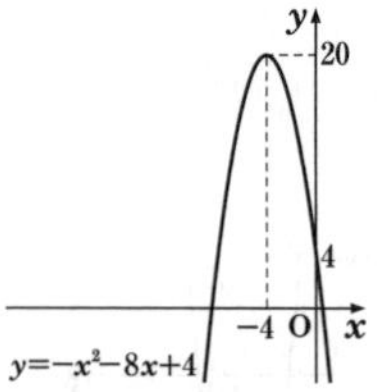

y は $\boldsymbol{x=-4}$ のとき
最大値 **20** をとる。
最小値は **ない**。

(6) $y=-3x^2+6x-5$
$=-3(x^2-2x)-5$
$=-3\{(x-1)^2-1^2\}-5$
$=-3(x-1)^2-2$

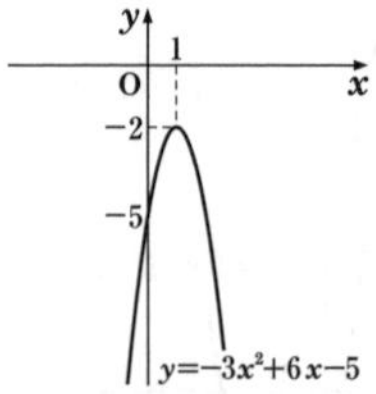

y は $\boldsymbol{x=1}$ のとき
最大値 $\mathbf{-2}$ をとる。
最小値は **ない**。

24　2次関数の最大・最小 (2) (p.64)

例 55

ア 2　**イ** 5　**ウ** -1　**エ** -4

例 56

ア 2　**イ** 4

86

(1)

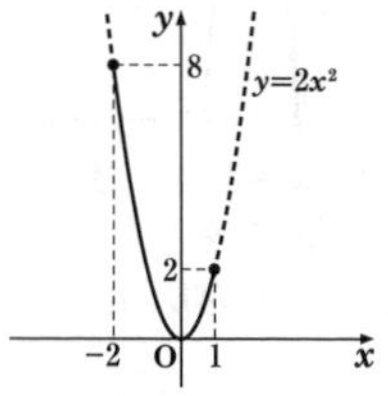

$-2\leqq x\leqq 1$ における
この関数のグラフは，
上の図の実線部分で
ある。
よって，y は
$\boldsymbol{x=-2}$ のとき
最大値 **8** をとり，
$\boldsymbol{x=0}$ のとき
最小値 **0** をとる。

(2)

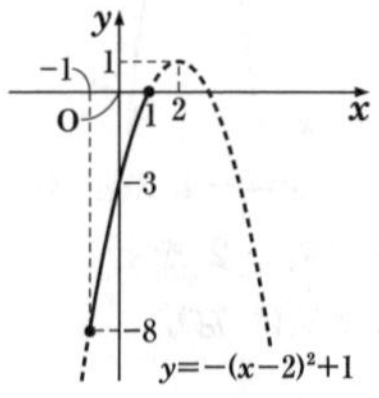

$-1\leqq x\leqq 1$ における
この関数のグラフは，
上の図の実線部分で
ある。
よって，y は
$\boldsymbol{x=1}$ のとき
最大値 **0** をとり，
$\boldsymbol{x=-1}$ のとき
最小値 $\mathbf{-8}$ をとる。

87

(1) $y=x^2+4x+1$
$=(x+2)^2-3$

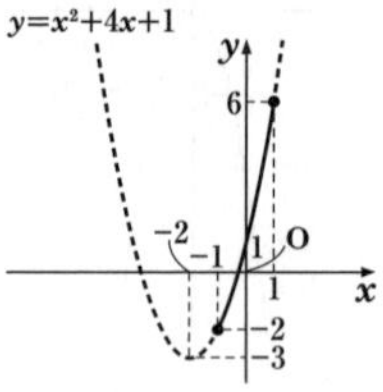

$-1\leqq x\leqq 1$ における
この関数のグラフは，
上の図の実線部分で
ある。
よって，y は
$\boldsymbol{x=1}$ のとき
最大値 **6** をとり，
$\boldsymbol{x=-1}$ のとき
最小値 $\mathbf{-2}$ をとる。

(2) $y=-2x^2+4x-1$
$=-2(x^2-2x)-1$
$=-2\{(x-1)^2-1^2\}-1$
$=-2(x-1)^2+1$

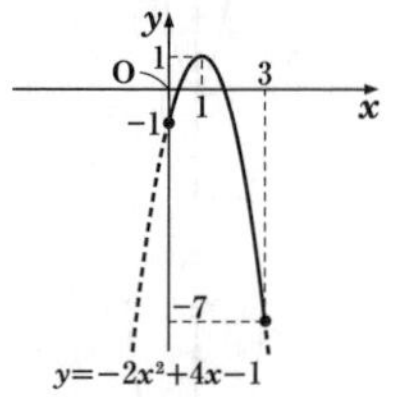

$0\leqq x\leqq 3$ における
この関数のグラフは，
上の図の実線部分で
ある。
よって，y は
$\boldsymbol{x=1}$ のとき
最大値 **1** をとり，
$\boldsymbol{x=3}$ のとき
最小値 $\mathbf{-7}$ をとる。

88

囲いの横の長さを x m とおくと，縦の長さは $(12-x)$ m である。
$x>0$ かつ $12-x>0$ であるから
　$0<x<12$
このとき，囲いの面積は
　$y=x(12-x)$
よって
　$y=-x^2+12x$
　　$=-(x-6)^2+36$
ゆえに，$0<x<12$ におけるこの関数のグラフは，右の図の実線部分である。
したがって，y は
$x=6$ のとき 最大値 **36** をとる。

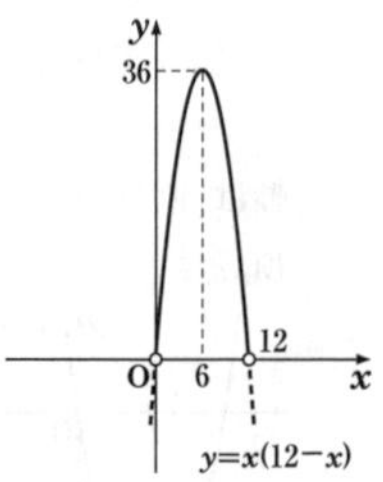

25　2次関数の決定 (1) (p.66)

例 57

ア -1

例 58

ア 3　**イ** -5

89

(1) 頂点が点 $(-3,\ 5)$ であるから，求める2次関数は
　$y=a(x+3)^2+5$
と表される。
グラフが点 $(-2,\ 3)$ を通ることから
　$3=a(-2+3)^2+5$ より $3=a+5$
よって　$a=-2$
したがって，求める2次関数は

$y=-2(x+3)^2+5$

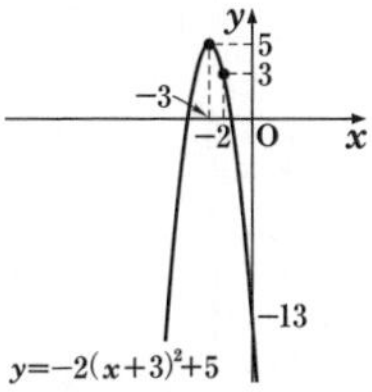

(2) 頂点が点 (2, −4) であるから，求める 2 次関数は

$y=a(x-2)^2-4$

と表される。

グラフが原点を通ることから

$0=a(0-2)^2-4$ より $0=4a-4$

よって　　　　　　$a=1$

したがって，求める 2 次関数は

$\boldsymbol{y=(x-2)^2-4}$

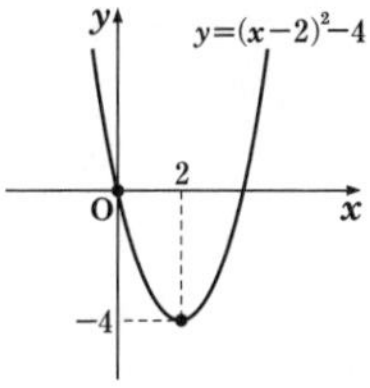

90

(1) 軸が直線 $x=3$ であるから，求める 2 次関数は

$y=a(x-3)^2+q$

と表される。

グラフが点 (1, −2) を通ることから

$-2=a(1-3)^2+q$ ……①

グラフが点 (4, −8) を通ることから

$-8=a(4-3)^2+q$ ……②

①，②より

$\begin{cases} 4a+q=-2 \\ a+q=-8 \end{cases}$

これを解いて

$a=2,\ q=-10$

よって，求める 2 次関数は

$\boldsymbol{y=2(x-3)^2-10}$

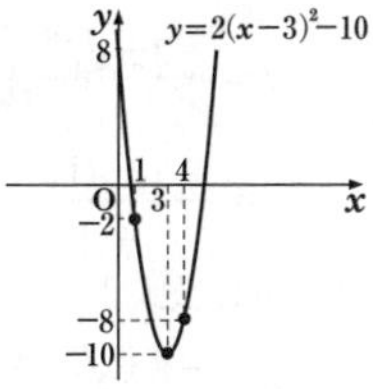

(2) 軸が直線 $x=-1$ であるから，求める 2 次関数は

$y=a(x+1)^2+q$

と表される。

グラフが点 (0, 1) を通ることから

$1=a(0+1)^2+q$ ……①

グラフが点 (2, 17) を通ることから

$17=a(2+1)^2+q$ ……②

①，②より

$\begin{cases} a+q=1 \\ 9a+q=17 \end{cases}$

これを解いて

$a=2,\ q=-1$

よって，求める 2 次関数は

$\boldsymbol{y=2(x+1)^2-1}$

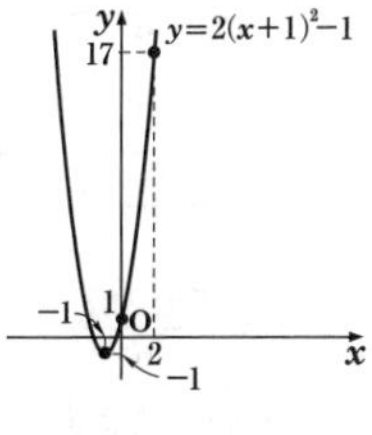

26　2 次関数の決定 (2) (p.68)

例 59

ア　$\boldsymbol{2x^2-3x-1}$

91

求める 2 次関数を

$y=ax^2+bx+c$

とおく。

グラフが 3 点 (0, −1), (1, 2), (2, 7) を通ることから

$\begin{cases} -1=c & \cdots\cdots① \\ 2=a+b+c & \cdots\cdots② \\ 7=4a+2b+c & \cdots\cdots③ \end{cases}$

①より　$c=-1$

これを②，③に代入して整理すると

$\begin{cases} a+b=3 \\ 2a+b=4 \end{cases}$

これを解いて

$a=1,\ b=2$

よって，求める 2 次関数は

$\boldsymbol{y=x^2+2x-1}$

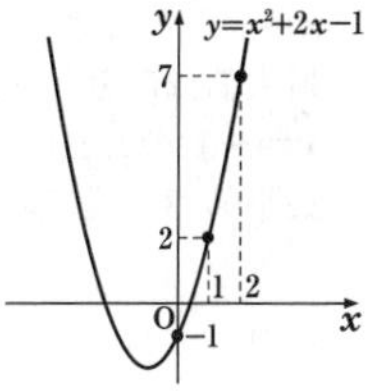

確認問題 7 (p.69)

1

(1)

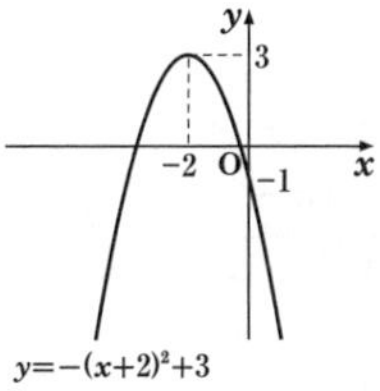

y は $\boldsymbol{x=-2}$ のとき

最大値 **3** をとる。

最小値は **ない**。

(2) $y=x^2-6x+5$

$=(x-3)^2-4$

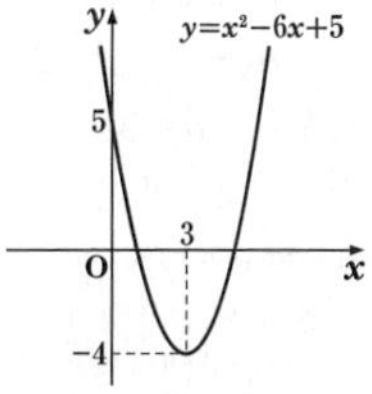

y は $\boldsymbol{x=3}$ のとき

最小値 **−4** をとる。

最大値は **ない**。

2

(1)

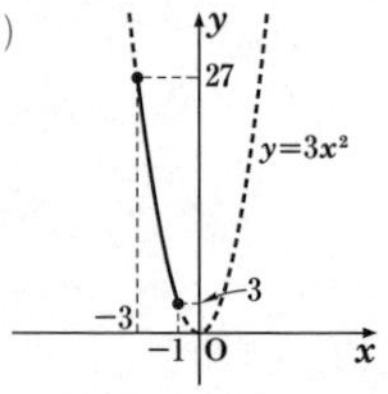

$-3 \leqq x \leqq -1$ における
この関数のグラフは，
上の図の実線部分で
ある。
よって，y は
$\boldsymbol{x=-3}$ のとき
最大値 **27** をとり，
$\boldsymbol{x=-1}$ のとき
最小値 **3** をとる。

(2) $y=-x^2+4x+3$
$=-(x^2-4x)+3$
$=-\{(x-2)^2-2^2\}+3$
$=-(x-2)^2+7$

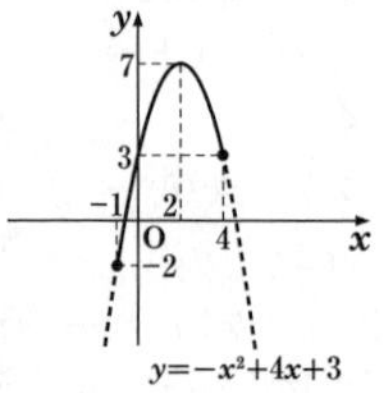

$-1 \leqq x \leqq 4$ における
この関数のグラフは，
上の図の実線部分で
ある。
よって，y は
$\boldsymbol{x=2}$ のとき
最大値 **7** をとり，
$\boldsymbol{x=-1}$ のとき
最小値 **−2** をとる。

3

(1) 頂点が点 $(-1,\ -2)$ であるから，求める 2 次関数は
$y=a(x+1)^2-2$
と表される。
グラフが点 $(-3,\ 10)$ を通ることから
$10=a(-3+1)^2-2$ より　$10=4a-2$
よって　　$a=3$
したがって，求める 2 次関数は
$\boldsymbol{y=3(x+1)^2-2}$

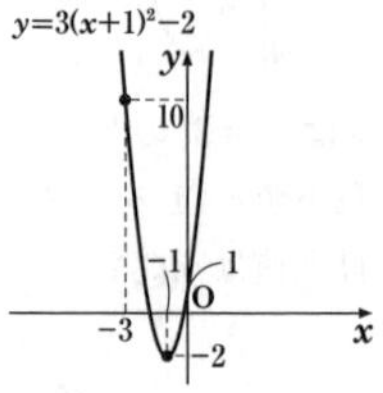

(2) 軸が直線 $x=-2$ であるから，求める 2 次関数は
$y=a(x+2)^2+q$
と表される。
グラフが点 $(1,\ -2)$ を通ることから
$-2=a(1+2)^2+q$ ……①
グラフが点 $(-4,\ 3)$ を通ることから
$3=a(-4+2)^2+q$ ……②
①，②より
$\begin{cases} 9a+q=-2 \\ 4a+q=3 \end{cases}$
これを解いて
$a=-1,\ q=7$
よって，求める 2 次関数は
$\boldsymbol{y=-(x+2)^2+7}$

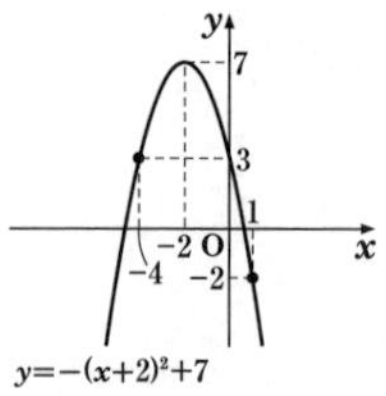

27　2 次方程式 (p. 70)

例 60

ア　3　　　　**イ**　4

例 61

ア　$\dfrac{1\pm\sqrt{13}}{3}$

92

(1) $x+1=0$　または　$x-2=0$
よって　$\boldsymbol{x=-1,\ 2}$

(2) $2x+1=0$　または　$3x-2=0$
よって　$\boldsymbol{x=-\dfrac{1}{2},\ \dfrac{2}{3}}$

(3) 左辺を因数分解すると
$(x+4)(x-2)=0$
よって　$x+4=0$　または　$x-2=0$
したがって　$\boldsymbol{x=-4,\ 2}$

(4) 左辺を因数分解すると
$(x+5)(x-5)=0$
よって　$x+5=0$　または　$x-5=0$
したがって　$\boldsymbol{x=-5,\ 5}$

93

(1) 解の公式より
$$x=\frac{-3\pm\sqrt{3^2-4\times1\times(-2)}}{2\times1}$$
$$=\boldsymbol{\frac{-3\pm\sqrt{17}}{2}}$$

(2) 解の公式より
$$x=\frac{-8\pm\sqrt{8^2-4\times2\times1}}{2\times2}$$
$$=\frac{-8\pm2\sqrt{14}}{4}$$
$$=\boldsymbol{\frac{-4\pm\sqrt{14}}{2}}$$

(3) 解の公式より
$$x=\frac{-(-5)\pm\sqrt{(-5)^2-4\times1\times3}}{2\times1}$$
$$=\boldsymbol{\frac{5\pm\sqrt{13}}{2}}$$

(4) 解の公式より
$$x=\frac{-(-5)\pm\sqrt{(-5)^2-4\times3\times(-1)}}{2\times3}$$
$$=\boldsymbol{\frac{5\pm\sqrt{37}}{6}}$$

(5) 解の公式より

$$\boldsymbol{x}=\frac{-6\pm\sqrt{6^2-4\times1\times(-8)}}{2\times1}$$
$$=\frac{-6\pm2\sqrt{17}}{2}$$
$$=\boldsymbol{-3\pm\sqrt{17}}$$

(6) 解の公式より

$$\boldsymbol{x}=\frac{-8\pm\sqrt{8^2-4\times3\times2}}{2\times3}$$
$$=\frac{-8\pm2\sqrt{10}}{6}$$
$$=\boldsymbol{\frac{-4\pm\sqrt{10}}{3}}$$

28 2次方程式の実数解の個数 (p.72)

例62

ア 2

例63

ア $-12m+24$　**イ** 2　**ウ** $4m^2-8m-32$

エ 4　**オ** 2　**カ** -2　**キ** 1

94

(1) 2次方程式 $x^2-2x-4=0$ の判別式を D とすると

$D=(-2)^2-4\times1\times(-4)$

$=4+16=20$

より　$D>0$

よって，実数解の個数は **2個**

(2) 2次方程式 $4x^2-12x+9=0$ の判別式を D とすると

$D=(-12)^2-4\times4\times9$

$=144-144=0$

より　$D=0$

よって，実数解の個数は **1個**

(3) 2次方程式 $3x^2+3x+2=0$ の判別式を D とすると

$D=3^2-4\times3\times2$

$=9-24=-15$

より　$D<0$

よって，実数解の個数は **0個**

(4) 2次方程式 $2x^2-5x+2=0$ の判別式を D とすると

$D=(-5)^2-4\times2\times2$

$=25-16=9$

より　$D>0$

よって，実数解の個数は **2個**

95

2次方程式 $2x^2+8x+m=0$ の判別式を D とすると

$D=8^2-4\times2\times m=64-8m$

この2次方程式が異なる2つの実数解をもつためには，$D>0$ であればよい。

よって，$64-8m>0$ より　$\boldsymbol{m<8}$

96

2次方程式 $x^2+2mx+m+20=0$ の判別式を D とすると

$D=(2m)^2-4\times1\times(m+20)=4m^2-4m-80$

この2次方程式が重解をもつためには，$D=0$ であればよい。

よって，$4m^2-4m-80=0$ より　$\boldsymbol{m=5,\ -4}$

$m=5$ のとき，$x^2+10x+25=0$ となり，$(x+5)^2=0$ より　重解は　$\boldsymbol{x=-5}$

$m=-4$ のとき，$x^2-8x+16=0$ となり，$(x-4)^2=0$ より　重解は　$\boldsymbol{x=4}$

29 2次関数のグラフと x 軸の位置関係 (p.74)

例64

ア 4　**イ** 3

例65

ア 2　**イ** 1

例66

ア $4-12m$　**イ** $\frac{1}{3}$

97

(1) 2次方程式 $x^2+5x+6=0$ を解くと

$(x+3)(x+2)=0$ より　$x=-3,\ -2$

よって，共有点の x 座標は　**-3, -2**

(2) 2次方程式 $x^2-4x+4=0$ を解くと

$(x-2)^2=0$ より　$x=2$

よって，共有点の x 座標は　**2**

98

(1) 2次関数 $y=x^2+5x+3$ のグラフと x 軸の共有点の x 座標は，2次方程式 $x^2+5x+3=0$ の実数解である。

解の公式より

$$x=\frac{-5\pm\sqrt{5^2-4\times1\times3}}{2\times1}$$
$$=\frac{-5\pm\sqrt{13}}{2}$$

よって，共有点の x 座標は　$\boldsymbol{\frac{-5\pm\sqrt{13}}{2}}$

(2) 2次関数 $y=3x^2+6x-1$ のグラフと x 軸の共有点の x 座標は，2次方程式 $3x^2+6x-1=0$ の実数解である。

解の公式より

$$x=\frac{-6\pm\sqrt{6^2-4\times3\times(-1)}}{2\times3}$$
$$=\frac{-6\pm4\sqrt{3}}{6}$$
$$=\frac{-3\pm2\sqrt{3}}{3}$$

よって，共有点の x 座標は　$\boldsymbol{\frac{-3\pm2\sqrt{3}}{3}}$

99

(1) 2次関数 $y=x^2-4x+2$ について，2次方程式 $x^2-4x+2=0$ の判別式を D とすると

$D=(-4)^2-4\times1\times2=8>0$

よって，グラフと x 軸の共有点の個数は　**2個**

(2) 2次関数 $y=-3x^2+5x-1$ について，2次方程式 $-3x^2+5x-1=0$　すなわち　$3x^2-5x+1=0$ の判別式を D とすると

$D=(-5)^2-4\times3\times1=13>0$

よって，グラフと x 軸の共有点の個数は　**2個**

(3)　2次関数 $y=x^2-2x+1$ について，2次方程式 $x^2-2x+1=0$ の判別式を D とすると

$D=(-2)^2-4\times1\times1=0$

よって，グラフと x 軸の共有点の個数は　**1個**

(4)　2次関数 $y=3x^2+3x+1$ について，2次方程式 $3x^2+3x+1=0$ の判別式を D とすると

$D=3^2-4\times3\times1=-3<0$

よって，グラフと x 軸の共有点の個数は　**0個**

100

2次方程式 $2x^2-3x+m=0$ の判別式を D とすると

$D=(-3)^2-4\times2\times m$

$=9-8m$

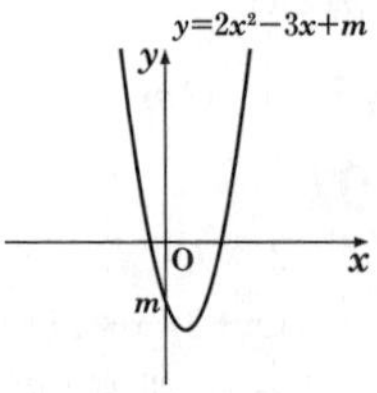

グラフと x 軸の共有点の個数が2個であるためには，$D>0$ であればよい。

よって

$9-8m>0$ より　$\boldsymbol{m<\frac{9}{8}}$

30　2次関数のグラフと2次不等式 (1) (p.76)

例67

ア　-2

例68

ア　2　　　**イ**　4

例69

ア　$-2-\sqrt{7}$　　　**イ**　$-2+\sqrt{7}$

例70

ア　$3-\sqrt{7}$　　　**イ**　$3+\sqrt{7}$

101

(1)　1次方程式 $2x+6=0$ の解は

$x=-3$

よって $2x+6>0$ の解は，右の図より

$\boldsymbol{x>-3}$

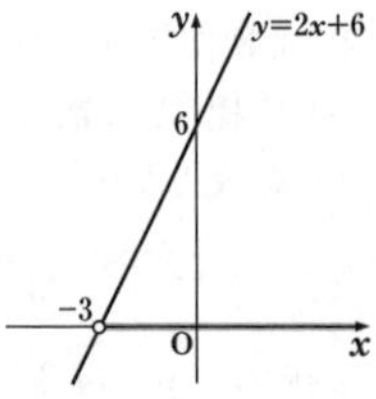

(2)　1次方程式 $3x-3=0$ の解は

$x=1$

よって $3x-3<0$ の解は，右の図より

$\boldsymbol{x<1}$

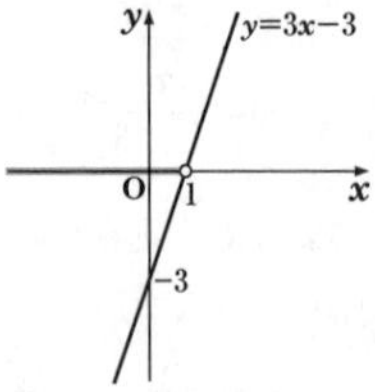

102

(1)　2次方程式 $(x-3)(x-5)=0$ を解くと $x=3,\ 5$

よって，$(x-3)(x-5)<0$ の解は

$\boldsymbol{3<x<5}$

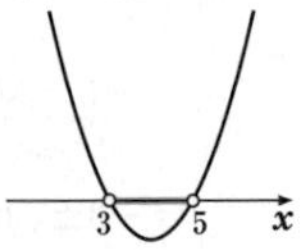

(2)　2次方程式 $(x-1)(x+2)=0$ を解くと

$x=1,\ -2$

よって，$(x-1)(x+2)\leqq0$ の解は

$\boldsymbol{-2\leqq x\leqq1}$

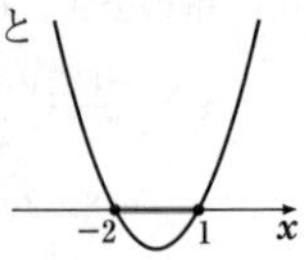

(3)　2次方程式 $x^2-7x+10=0$ を解くと

$(x-2)(x-5)=0$ より　$x=2,\ 5$

よって，$x^2-7x+10\geqq0$ の解は

$\boldsymbol{x\leqq2,\ 5\leqq x}$

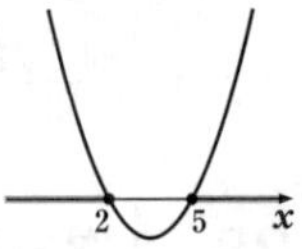

(4)　2次方程式 $x^2-3x-10=0$ を解くと

$(x+2)(x-5)=0$ より　$x=-2,\ 5$

よって，$x^2-3x-10\geqq0$ の解は

$\boldsymbol{x\leqq-2,\ 5\leqq x}$

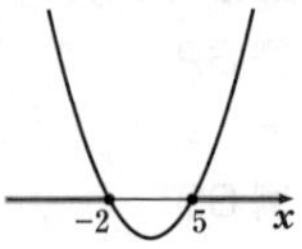

(5)　2次方程式 $x^2-9=0$ を解くと

$(x+3)(x-3)=0$ より　$x=-3,\ 3$

よって，$x^2-9>0$ の解は

$\boldsymbol{x<-3,\ 3<x}$

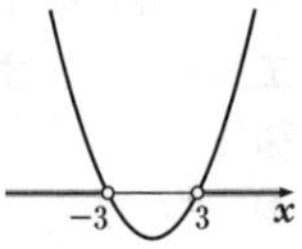

(6)　2次方程式 $x^2+x=0$ を解くと

$x(x+1)=0$ より　$x=0,\ -1$

よって，$x^2+x<0$ の解は

$\boldsymbol{-1<x<0}$

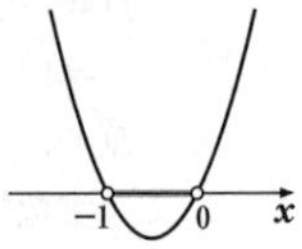

103

(1)　2次方程式 $x^2+3x+1=0$ を解くと，解の公式より

$x=\frac{-3\pm\sqrt{3^2-4\times1\times1}}{2\times1}$

$=\frac{-3\pm\sqrt{5}}{2}$

よって，$x^2+3x+1\geqq0$ の解は

$\boldsymbol{x\leqq\frac{-3-\sqrt{5}}{2},\ \frac{-3+\sqrt{5}}{2}\leqq x}$

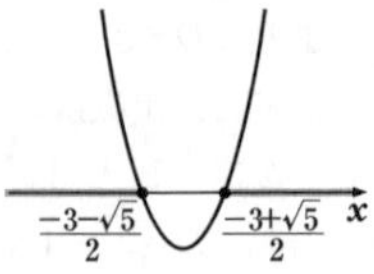

(2)　2次方程式 $3x^2-2x-4=0$ を解くと，解の公式より

$x=\frac{-(-2)\pm\sqrt{(-2)^2-4\times3\times(-4)}}{2\times3}$

$=\frac{2\pm2\sqrt{13}}{6}$

$=\frac{1\pm\sqrt{13}}{3}$

よって，$3x^2-2x-4<0$ の解は

$\boldsymbol{\frac{1-\sqrt{13}}{3}<x<\frac{1+\sqrt{13}}{3}}$

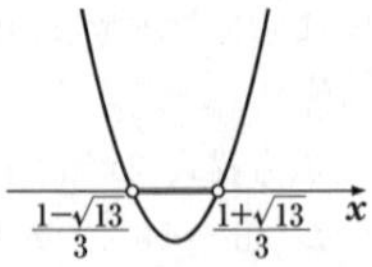

104

(1)　$-x^2-2x+8<0$ の両辺に -1 を掛けると

$x^2+2x-8>0$

2次方程式 $x^2+2x-8=0$ を解くと

$(x+4)(x-2)=0$ より　$x=-4,\ 2$

よって，$-x^2-2x+8<0$ の解は

$\boldsymbol{x<-4,\ 2<x}$

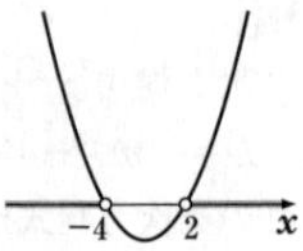

(2)　$-x^2+4x-1 \geqq 0$ の両辺に -1 を掛けると

$x^2-4x+1 \leqq 0$

2 次方程式 $x^2-4x+1=0$ を解くと

解の公式より

$$x=\frac{-(-4)\pm\sqrt{(-4)^2-4\times1\times1}}{2\times1}$$

$$=\frac{4\pm2\sqrt{3}}{2}$$

$$=2\pm\sqrt{3}$$

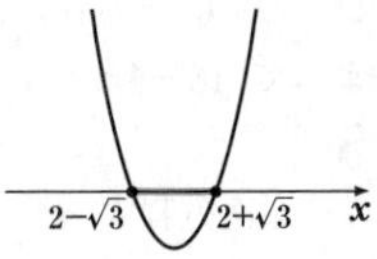

よって，$-x^2+4x-1 \geqq 0$ の解は

$2-\sqrt{3} \leqq x \leqq 2+\sqrt{3}$

31　2次関数のグラフと2次不等式 (2) (p. 78)

例 71

ア　$x=1$

例 72

ア　ない

105

(1)　2 次方程式 $(x-2)^2=0$ を解くと

$x=2$

よって，$(x-2)^2>0$ の解は

$x=2$ 以外のすべての実数

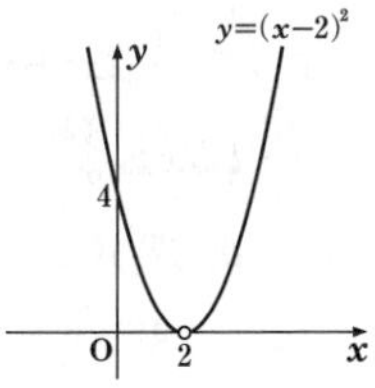

(2)　2 次方程式 $(2x+3)^2=0$ を解くと

$x=-\frac{3}{2}$

よって，$(2x+3)^2 \leqq 0$ の解は

$x=-\frac{3}{2}$

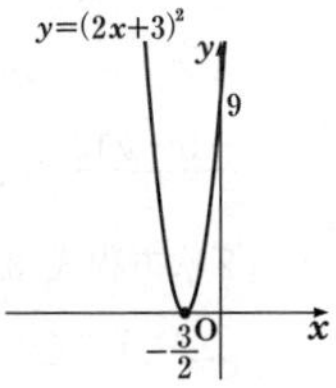

(3)　2 次方程式 $x^2+4x+4=0$ を解くと

$(x+2)^2=0$ より　$x=-2$

よって，$x^2+4x+4<0$ の解は

ない

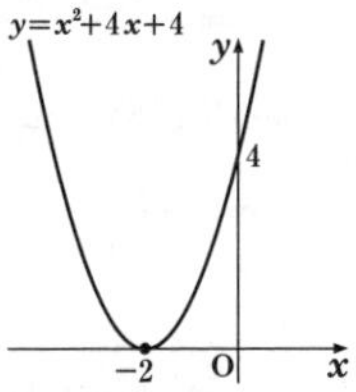

(4)　2 次方程式 $9x^2+6x+1=0$ を解くと

$(3x+1)^2=0$ より　$x=-\frac{1}{3}$

よって，$9x^2+6x+1 \geqq 0$ の解は

すべての実数

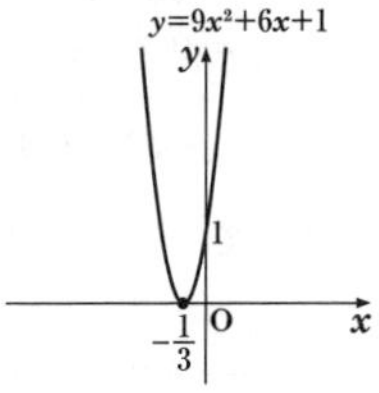

106

(1)　2 次方程式 $x^2+4x+5=0$ の判別式を D とすると

$D=4^2-4\times1\times5=-4<0$

より，この 2 次方程式は実数解をもたない。

よって，$x^2+4x+5>0$ の解は

すべての実数

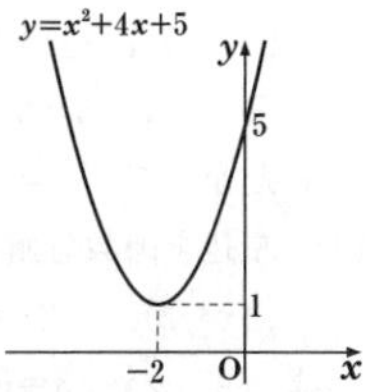

(2)　2 次方程式 $x^2-5x+7=0$ の判別式を D とすると

$D=(-5)^2-4\times1\times7=-3<0$

より，この 2 次方程式は実数解をもたない。

よって，$x^2-5x+7<0$ の解は

ない

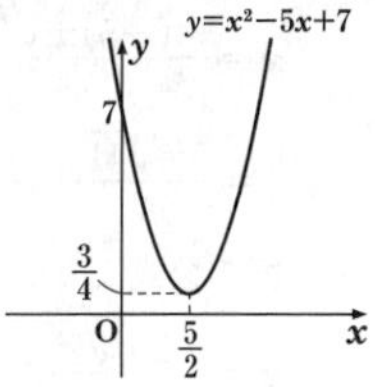

(3)　2 次方程式 $x^2-3x+4=0$ の判別式を D とすると

$D=(-3)^2-4\times1\times4=-7<0$

より，この 2 次方程式は実数解をもたない。

よって，$x^2-3x+4 \geqq 0$ の解は

すべての実数

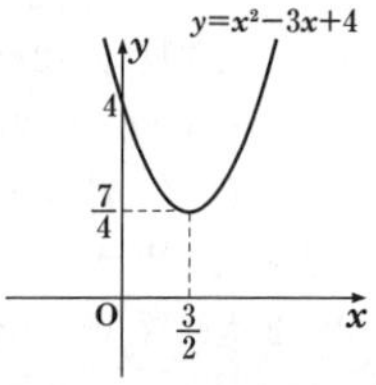

(4)　2 次方程式 $2x^2-3x+2=0$ の判別式を D とすると

$D=(-3)^2-4\times2\times2=-7<0$

より，この 2 次方程式は実数解をもたない。

よって，$2x^2-3x+2 \leqq 0$ の解は

ない

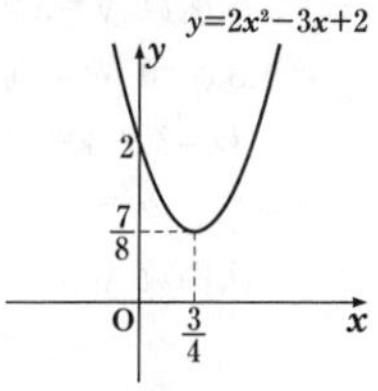

確認問題 8 (p.80)

1

(1) 左辺を因数分解すると

$(x+5)(x-2)=0$

よって　$x+5=0$　または　$x-2=0$

したがって　$\boldsymbol{x=-5,\ 2}$

(2) 左辺を因数分解すると

$(2x-3)(x-2)=0$

よって　$2x-3=0$　または　$x-2=0$

したがって　$\boldsymbol{x=\frac{3}{2},\ 2}$

(3) 解の公式より

$$x=\frac{-(-5)\pm\sqrt{(-5)^2-4\times2\times(-2)}}{2\times2}$$

$$=\boldsymbol{\frac{5\pm\sqrt{41}}{4}}$$

(4) 解の公式より

$$x=\frac{-2\pm\sqrt{2^2-4\times3\times(-2)}}{2\times3}$$

$$=\frac{-2\pm2\sqrt{7}}{6}=\boldsymbol{\frac{-1\pm\sqrt{7}}{3}}$$

2

(1) 2次関数 $y=2x^2-7x+6$ について，2次方程式 $2x^2-7x+6=0$ の判別式を D とすると

$D=(-7)^2-4\times2\times6=1>0$

よって，グラフと x 軸の共有点の個数は　**2個**

(2) 2次関数 $y=16x^2-8x+1$ について，2次方程式 $16x^2-8x+1=0$ の判別式を D とすると

$D=(-8)^2-4\times16\times1=0$

よって，グラフと x 軸の共有点の個数は　**1個**

(3) 2次関数 $y=x^2+3x$ について，2次方程式 $x^2+3x=0$ の判別式を D とすると

$D=3^2-4\times1\times0=9>0$

よって，グラフと x 軸の共有点の個数は　**2個**

(4) 2次関数 $y=-x^2+4x-6$ について，2次方程式 $-x^2+4x-6=0$ すなわち $x^2-4x+6=0$ の判別式を D とすると

$D=(-4)^2-4\times1\times6=-8<0$

よって，グラフと x 軸の共有点の個数は　**0個**

3

2次方程式 $x^2+(m+1)x+2m-1=0$ の判別式を D とすると

$D=(m+1)^2-4(2m-1)=m^2-6m+5$

この2次方程式が重解をもつためには，$D=0$ であればよい。

よって，$m^2-6m+5=0$ より　$(m-1)(m-5)=0$

したがって　$\boldsymbol{m=1,\ 5}$

$m=1$ のとき，2次方程式は $x^2+2x+1=0$ となり，$(x+1)^2=0$ より重解は　$\boldsymbol{x=-1}$

$m=5$ のとき，2次方程式は $x^2+6x+9=0$ となり，$(x+3)^2=0$ より重解は　$\boldsymbol{x=-3}$

4

2次方程式 $x^2-4x+m=0$ の判別式を D とすると

$D=(-4)^2-4\times1\times m$

$=16-4m$

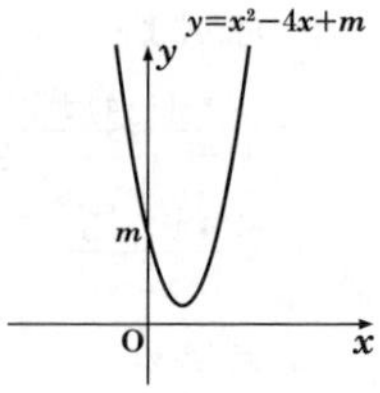

グラフと x 軸の共有点がないためには，$D<0$ であればよい。

よって $16-4m<0$ より　$\boldsymbol{m>4}$

5

(1) 2次方程式 $x^2-3x-40=0$ を解くと

$(x+5)(x-8)=0$ より　$x=-5,\ 8$

よって，$x^2-3x-40>0$ の解は

$\boldsymbol{x<-5,\ 8<x}$

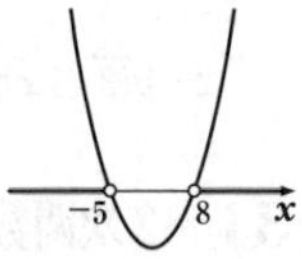

(2) $-2x^2+x+3\geqq0$ の両辺に -1 を掛けると

$2x^2-x-3\leqq0$

2次方程式 $2x^2-x-3=0$ を解くと

$(x+1)(2x-3)=0$ より　$x=-1,\ \frac{3}{2}$

よって，$-2x^2+x+3\geqq0$ の解は

$\boldsymbol{-1\leqq x\leqq\frac{3}{2}}$

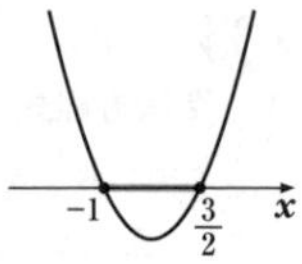

(3) 2次方程式 $x^2+5x+3=0$ を解くと，解の公式より

$$x=\frac{-5\pm\sqrt{5^2-4\times1\times3}}{2\times1}$$

$$=\frac{-5\pm\sqrt{13}}{2}$$

よって，$x^2+5x+3\leqq0$ の解は

$$\boldsymbol{\frac{-5-\sqrt{13}}{2}\leqq x\leqq\frac{-5+\sqrt{13}}{2}}$$

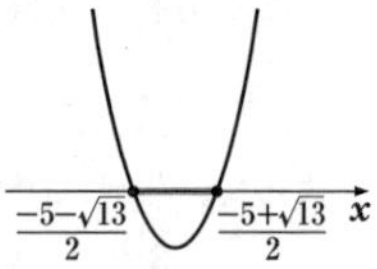

(4) 2次方程式 $3x^2+2x-2=0$ を解くと，解の公式より

$$x=\frac{-2\pm\sqrt{2^2-4\times3\times(-2)}}{2\times3}$$

$$=\frac{-2\pm\sqrt{28}}{6}=\frac{-2\pm2\sqrt{7}}{6}=\frac{-1\pm\sqrt{7}}{3}$$

よって，$3x^2+2x-2>0$ の解は

$$\boldsymbol{x<\frac{-1-\sqrt{7}}{3},\ \frac{-1+\sqrt{7}}{3}<x}$$

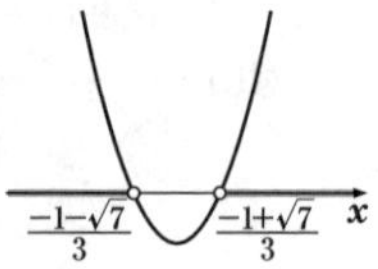

(5) $-5x^2+3x<0$ の両辺に -1 を掛けると

$5x^2-3x>0$

2次方程式 $5x^2-3x=0$ を解くと

$x(5x-3)=0$ より　$x=0,\ \frac{3}{5}$

よって，$-5x^2+3x<0$ の解は

$\boldsymbol{x<0,\ \frac{3}{5}<x}$

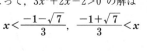

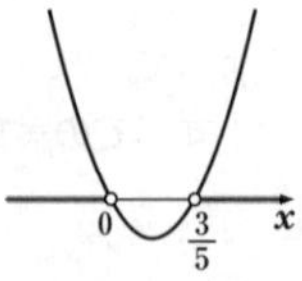

(6) 2次方程式 $9x^2-6x+1=0$ を解くと

$(3x-1)^2=0$ より $x=\frac{1}{3}$

よって，$9x^2-6x+1\leqq 0$ の解は

$\boldsymbol{x=\frac{1}{3}}$

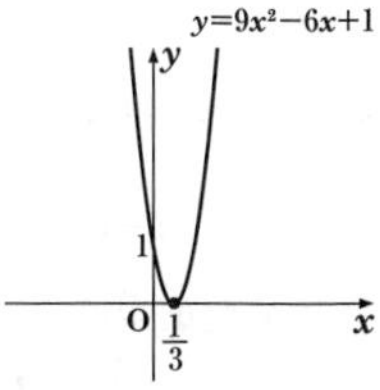

TRY PLUS (p.82)

問3

$y=-x^2-2x+3$ を変形すると

$y=-(x+1)^2+4$ ……①

$y=-x^2-6x+1$ を変形すると

$y=-(x+3)^2+10$ ……②

よって，①，②のグラフは，ともに $y=-x^2$ のグラフを平行移動した放物線であり，頂点はそれぞれ

点 $(-1,\ 4)$，点 $(-3,\ 10)$

したがって，$y=-x^2-2x+3$ のグラフを

x 軸方向に -2，y 軸方向に 6

だけ平行移動すれば，$y=-x^2-6x+1$ のグラフに重なる。

問4

(1) $2x+1>0$ を解くと

$x>-\frac{1}{2}$ ……①

$x^2-4<0$ を解くと

$(x+2)(x-2)<0$ より

$-2<x<2$ ……②

①，②より連立不等式の解は

$\boldsymbol{-\frac{1}{2}<x<2}$

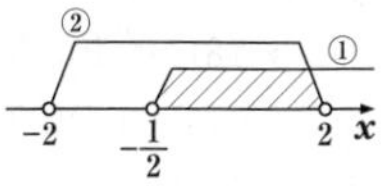

(2) $x^2-3x<0$ を解くと

$x(x-3)<0$ より

$0<x<3$ ……①

$x^2-6x+8\geqq 0$ を解くと

$(x-2)(x-4)\geqq 0$

$x\leqq 2,\ 4\leqq x$ ……②

①，②より連立不等式の解は

$\boldsymbol{0<x\leqq 2}$

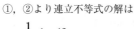

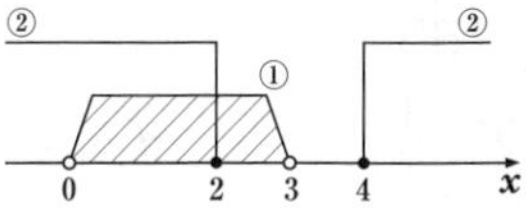

第4章 図形と計量

32 三角比 (1) (p.84)

例73

ア $\frac{\sqrt{11}}{6}$　イ $\frac{5}{6}$　ウ $\frac{\sqrt{11}}{5}$

例74

ア $\frac{\sqrt{21}}{5}$　イ $\frac{2}{5}$　ウ $\frac{\sqrt{21}}{2}$

例75

ア 21°

107

(1) $\sin A=\frac{8}{10}=\boldsymbol{\frac{4}{5}}$，$\cos A=\frac{6}{10}=\boldsymbol{\frac{3}{5}}$，

$\tan A=\frac{8}{6}=\boldsymbol{\frac{4}{3}}$

(2) $\sin A=\boldsymbol{\frac{3}{\sqrt{10}}}$，$\cos A=\boldsymbol{\frac{1}{\sqrt{10}}}$，$\tan A=\frac{3}{1}=\boldsymbol{3}$

(3) $\sin A=\boldsymbol{\frac{\sqrt{5}}{3}}$，$\cos A=\boldsymbol{\frac{2}{3}}$，$\tan A=\boldsymbol{\frac{\sqrt{5}}{2}}$

108

(1) 三平方の定理より $AB^2=3^2+1^2=10$

ここで，$AB>0$ であるから $AB=\sqrt{10}$

よって $\sin A=\boldsymbol{\frac{1}{\sqrt{10}}}$，$\cos A=\boldsymbol{\frac{3}{\sqrt{10}}}$，

$\tan A=\boldsymbol{\frac{1}{3}}$

(2) 三平方の定理より $AC^2+4^2=(2\sqrt{5})^2$

よって $AC^2=20-16=4$

ここで，$AC>0$ であるから $AC=2$

したがって $\sin A=\frac{4}{2\sqrt{5}}=\boldsymbol{\frac{2}{\sqrt{5}}}$，

$\cos A=\frac{2}{2\sqrt{5}}=\boldsymbol{\frac{1}{\sqrt{5}}}$，

$\tan A=\frac{4}{2}=\boldsymbol{2}$

(3) 三平方の定理より $AC^2+3^2=4^2$

よって $AC^2=16-9=7$

ここで，$AC>0$ であるから $AC=\sqrt{7}$

したがって $\sin A=\boldsymbol{\frac{3}{4}}$，$\cos A=\boldsymbol{\frac{\sqrt{7}}{4}}$，

$\tan A=\boldsymbol{\frac{3}{\sqrt{7}}}$

109

(1) $\sin 39°=\mathbf{0.6293}$

(2) $\cos 26°=\mathbf{0.8988}$

(3) $\tan 70°=\mathbf{2.7475}$

110

(1) $\sin A=0.6$，

$\sin 36°=0.5878$，$\sin 37°=0.6018$

であるから，0.6 に最も近くなる A の値を求めると

$A\fallingdotseq\mathbf{37°}$

(2) $\cos A=\frac{4}{5}=0.8$，

$\cos 36°=0.8090$，$\cos 37°=0.7986$

であるから，0.8 に最も近くなる A の値を求めると

$A\fallingdotseq\mathbf{37°}$

(3) $\tan A=5$，

$\tan 78°=4.7046$，$\tan 79°=5.1446$

であるから，5 に最も近くなる A の値を求めると

$A\fallingdotseq\mathbf{79°}$

33　三角比 (2) (p.86)

例 76

ア　4　　**イ**　$2\sqrt{3}$

例 77

ア　70　　**イ**　495

例 78

ア　2.1

111

(1)　$x=4\cos 30^\circ=4\times\dfrac{\sqrt{3}}{2}=\mathbf{2\sqrt{3}}$

$y=4\sin 30^\circ=4\times\dfrac{1}{2}=\mathbf{2}$

(2)　$3=x\cos 45^\circ$ より

$x=3\div\cos 45^\circ=3\div\dfrac{1}{\sqrt{2}}$

$=3\times\dfrac{\sqrt{2}}{1}=\mathbf{3\sqrt{2}}$

$y=3\tan 45^\circ=3\times 1=\mathbf{3}$

112

$BC=4000\sin 29^\circ=4000\times 0.4848=1939.2\fallingdotseq 1939$

$AC=4000\cos 29^\circ=4000\times 0.8746=3498.4\fallingdotseq 3498$

よって，標高差は **1939 m**，水平距離は **3498 m**

113

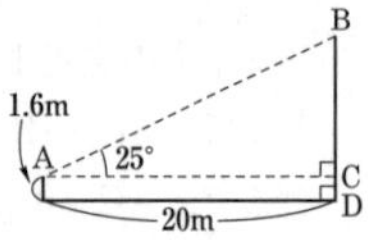

$BC=20\tan 25^\circ=20\times 0.4663$

$=9.326\fallingdotseq 9.3$

よって　$BD=BC+CD$

$=9.3+1.6=10.9$

したがって，鉄塔の高さは **10.9 m**

34　三角比の性質 (p.88)

例 79

ア　$\dfrac{\sqrt{15}}{4}$　　**イ**　$\dfrac{1}{\sqrt{15}}$

例 80

ア　$\dfrac{1}{3}$　　**イ**　$\dfrac{2\sqrt{2}}{3}$

例 81

ア　$\cos 35^\circ$　　**イ**　$\sin 35^\circ$　　**ウ**　$\dfrac{1}{\tan 35^\circ}$

114

$\sin A=\dfrac{\sqrt{5}}{3}$ のとき，$\sin^2 A+\cos^2 A=1$ より

$\cos^2 A=1-\sin^2 A=1-\left(\dfrac{\sqrt{5}}{3}\right)^2=\dfrac{4}{9}$

$0^\circ<A<90^\circ$ のとき，$\cos A>0$ であるから

$\cos A=\sqrt{\dfrac{4}{9}}=\mathbf{\dfrac{2}{3}}$

また，$\tan A=\dfrac{\sin A}{\cos A}$ より

$\tan A=\dfrac{\sqrt{5}}{3}\div\dfrac{2}{3}=\dfrac{\sqrt{5}}{3}\times\dfrac{3}{2}=\mathbf{\dfrac{\sqrt{5}}{2}}$

115

$\cos A=\dfrac{4}{5}$ のとき，$\sin^2 A+\cos^2 A=1$ より

$\sin^2 A=1-\cos^2 A=1-\left(\dfrac{4}{5}\right)^2=\dfrac{9}{25}$

$0^\circ<A<90^\circ$ のとき，$\sin A>0$ であるから

$\sin A=\sqrt{\dfrac{9}{25}}=\mathbf{\dfrac{3}{5}}$

また，$\tan A=\dfrac{\sin A}{\cos A}$ より

$\tan A=\dfrac{3}{5}\div\dfrac{4}{5}=\dfrac{3}{5}\times\dfrac{5}{4}=\mathbf{\dfrac{3}{4}}$

116

$\tan A=\sqrt{5}$ のとき，$1+\tan^2 A=\dfrac{1}{\cos^2 A}$ より

$\dfrac{1}{\cos^2 A}=1+\tan^2 A=1+(\sqrt{5})^2=6$

よって　$\cos^2 A=\dfrac{1}{6}$

$0^\circ<A<90^\circ$ のとき，$\cos A>0$ であるから

$\cos A=\sqrt{\dfrac{1}{6}}=\mathbf{\dfrac{1}{\sqrt{6}}}$

また，$\tan A=\dfrac{\sin A}{\cos A}$ より

$\sin A=\tan A\times\cos A=\sqrt{5}\times\dfrac{1}{\sqrt{6}}$

$=\dfrac{\sqrt{5}}{\sqrt{6}}=\mathbf{\dfrac{\sqrt{30}}{6}}$

117

(1)　$\sin 81^\circ=\sin(90^\circ-9^\circ)=\mathbf{\cos 9^\circ}$

(2)　$\cos 74^\circ=\cos(90^\circ-16^\circ)=\mathbf{\sin 16^\circ}$

(3)　$\tan 65^\circ=\tan(90^\circ-25^\circ)=\mathbf{\dfrac{1}{\tan 25^\circ}}$

35　三角比の拡張 (1) (p.90)

例 82

ア　$\dfrac{3}{5}$　　**イ**　$-\dfrac{4}{5}$　　**ウ**　$-\dfrac{3}{4}$

例 83

ア　$\dfrac{1}{2}$　　**イ**　$-\dfrac{\sqrt{3}}{2}$　　**ウ**　$-\dfrac{1}{\sqrt{3}}$

エ　1　　**オ**　0

例 84

ア　$\sin 70^\circ$

118

(1)　$\sin\theta=\mathbf{\dfrac{\sqrt{7}}{3}}$，$\cos\theta=\mathbf{\dfrac{\sqrt{2}}{3}}$

$\tan\theta=\dfrac{\sqrt{7}}{\sqrt{2}}=\mathbf{\dfrac{\sqrt{14}}{2}}$

(2)　$\sin\theta=\mathbf{\dfrac{12}{13}}$，$\cos\theta=\dfrac{-5}{13}=\mathbf{-\dfrac{5}{13}}$

$\tan\theta=\dfrac{12}{-5}=\mathbf{-\dfrac{12}{5}}$

119

(1) 右の図の半径 $\sqrt{2}$ の半円において，∠AOP＝135° となる点Pの座標は (−1, 1) であるから

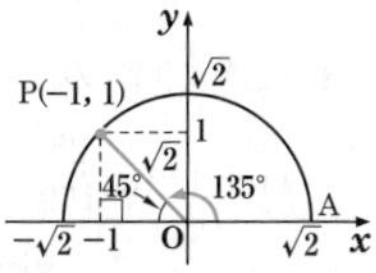

$\sin 135° = \dfrac{1}{\sqrt{2}}$

$\cos 135° = \dfrac{-1}{\sqrt{2}} = -\dfrac{1}{\sqrt{2}}$

$\tan 135° = \dfrac{1}{-1} = -1$

(2) 右の図の半径2の半円において，∠AOP＝120° となる点Pの座標は $(-1,\ \sqrt{3})$ であるから

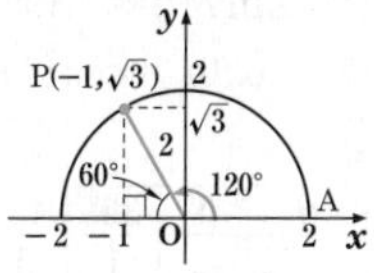

$\sin 120° = \dfrac{\sqrt{3}}{2}$

$\cos 120° = \dfrac{-1}{2} = -\dfrac{1}{2}$

$\tan 120° = \dfrac{\sqrt{3}}{-1} = -\sqrt{3}$

(3) 右の図の半径1の半円において，∠AOP＝180° となる点Pの座標は (−1, 0) であるから

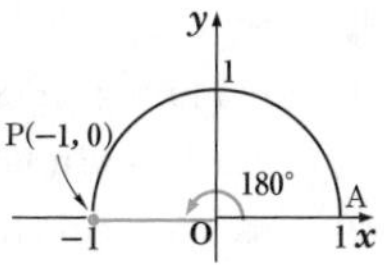

$\sin 180° = \dfrac{0}{1} = 0$

$\cos 180° = \dfrac{-1}{1} = -1$

$\tan 180° = \dfrac{0}{-1} = 0$

120

(1) $\sin 130° = \sin(180° - 50°) = \mathbf{\sin 50°}$

(2) $\cos 105° = \cos(180° - 75°) = \mathbf{-\cos 75°}$

(3) $\tan 168° = \tan(180° - 12°) = \mathbf{-\tan 12°}$

36 三角比の拡張 (2) (p.92)

例85

ア 60°　　イ 120°　　ウ 120°

例86

ア 150°

121

(1) 単位円の x 軸より上側の周上の点で，y 座標が $\dfrac{1}{\sqrt{2}}$ となるのは，右の図の2点P，P′ である。

∠AOP＝45°

∠AOP′＝180°−45°＝135°

であるから，求める θ は

$\theta = $ **45°，135°**

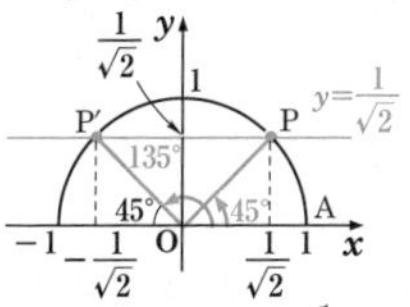

(2) 単位円の x 軸より上側の周上の点で，x 座標が $\dfrac{1}{2}$ となるのは，右の図の点Pである。

∠AOP＝60°

であるから，求める θ は

$\theta = $ **60°**

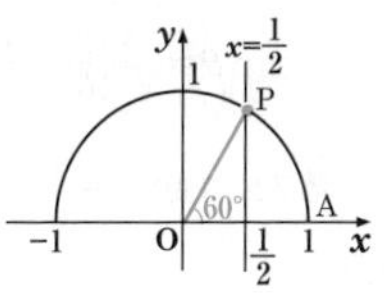

122

直線 $x=1$ 上に点 $Q\left(1,\ \dfrac{1}{\sqrt{3}}\right)$ をとり，直線OQと単位円との交点Pを右の図のように定める。このとき，∠AOPの大きさが求める θ であるから

$\theta = $ **30°**

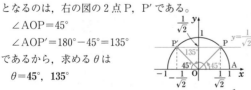

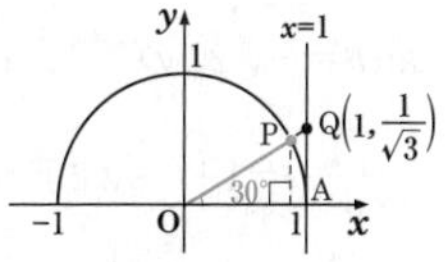

37 三角比の拡張 (3) (p.94)

例87

ア $-\dfrac{\sqrt{5}}{3}$　　イ $-\dfrac{2}{\sqrt{5}}$

例88

ア $-\dfrac{3}{\sqrt{10}}$　　イ $\dfrac{1}{\sqrt{10}}$

123

(1) $\sin\theta = \dfrac{1}{4}$ のとき，$\sin^2\theta + \cos^2\theta = 1$ より

$\cos^2\theta = 1 - \sin^2\theta = 1 - \left(\dfrac{1}{4}\right)^2 = \dfrac{15}{16}$

$90° < \theta < 180°$ のとき，$\cos\theta < 0$ であるから

$\cos\theta = -\sqrt{\dfrac{15}{16}} = \mathbf{-\dfrac{\sqrt{15}}{4}}$

また，$\tan\theta = \dfrac{\sin\theta}{\cos\theta}$

$= \dfrac{1}{4} \div \left(-\dfrac{\sqrt{15}}{4}\right) = \dfrac{1}{4} \times \left(-\dfrac{4}{\sqrt{15}}\right)$

$= \mathbf{-\dfrac{1}{\sqrt{15}}}$

(2) $\cos\theta = -\dfrac{1}{3}$ のとき，$\sin^2\theta + \cos^2\theta = 1$ より

$\sin^2\theta = 1 - \cos^2\theta = 1 - \left(-\dfrac{1}{3}\right)^2 = \dfrac{8}{9}$

$90° < \theta < 180°$ のとき，$\sin\theta > 0$ であるから

$\sin\theta = \sqrt{\dfrac{8}{9}} = \mathbf{\dfrac{2\sqrt{2}}{3}}$

また，$\tan\theta = \dfrac{\sin\theta}{\cos\theta}$

$= \sin\theta \div \cos\theta = \dfrac{2\sqrt{2}}{3} \div \left(-\dfrac{1}{3}\right)$

$= \dfrac{2\sqrt{2}}{3} \times \left(-\dfrac{3}{1}\right) = \mathbf{-2\sqrt{2}}$

(3) $\sin\theta = \dfrac{2}{\sqrt{5}}$ のとき，$\sin^2\theta + \cos^2\theta = 1$ より

$\cos^2\theta = 1 - \sin^2\theta = 1 - \left(\dfrac{2}{\sqrt{5}}\right)^2 = \dfrac{1}{5}$

$90° < \theta < 180°$ のとき $\cos\theta < 0$ であるから

$\cos\theta = -\sqrt{\dfrac{1}{5}} = \mathbf{-\dfrac{1}{\sqrt{5}}}$

また，$\tan\theta = \dfrac{\sin\theta}{\cos\theta}$

$= \sin\theta \div \cos\theta = \dfrac{2}{\sqrt{5}} \div \left(-\dfrac{1}{\sqrt{5}}\right)$

$$=\frac{2}{\sqrt{5}}\times\left(-\frac{\sqrt{5}}{1}\right)=\mathbf{-2}$$

124

$\tan\theta=-\sqrt{2}$ のとき，$1+\tan^2\theta=\frac{1}{\cos^2\theta}$ より

$$\frac{1}{\cos^2\theta}=1+(-\sqrt{2})^2=3$$

よって　$\cos^2\theta=\frac{1}{3}$

$90°<\theta<180°$ のとき，$\cos\theta<0$ であるから

$$\cos\theta=-\frac{\mathbf{1}}{\sqrt{\mathbf{3}}}$$

また，$\tan\theta=\frac{\sin\theta}{\cos\theta}$ より　$\sin\theta=\tan\theta\times\cos\theta$

したがって　$\sin\theta=-\sqrt{2}\times\left(-\frac{1}{\sqrt{3}}\right)=\frac{\sqrt{\mathbf{6}}}{\mathbf{3}}$

確 認 問 題 9 (p.96)

1

(1)　$\sin A=\frac{\sqrt{13}}{7}$，$\cos A=\frac{6}{7}$，$\tan A=\frac{\sqrt{13}}{6}$

(2)　$\sin A=\frac{\sqrt{15}}{8}$，$\cos A=\frac{7}{8}$，$\tan A=\frac{\sqrt{15}}{7}$

2

(1)　$3=x\tan 30°$ より

$$x=3\div\tan 30°=3\div\frac{1}{\sqrt{3}}$$

$$=3\times\frac{\sqrt{3}}{1}=\mathbf{3\sqrt{3}}$$

$3=y\sin 30°$ より

$$y=3\div\sin 30°=3\div\frac{1}{2}$$

$$=3\times\frac{2}{1}=\mathbf{6}$$

(2)　$x=1000\cos 12°$ より

$x=1000\times0.9781$

$=\mathbf{978.1}$

また，$y=1000\sin 12°$ より

$y=1000\times0.2079$

$=\mathbf{207.9}$

3

(1)　$\cos A=\frac{2}{3}$ のとき，$\sin^2 A+\cos^2 A=1$ より

$$\sin^2 A=1-\cos^2 A=1-\left(\frac{2}{3}\right)^2=\frac{5}{9}$$

$0°<A<90°$ のとき，$\sin A>0$ であるから

$$\sin A=\sqrt{\frac{5}{9}}=\frac{\sqrt{\mathbf{5}}}{\mathbf{3}}$$

また，$\tan A=\frac{\sin A}{\cos A}$ より

$$\tan A=\frac{\sqrt{5}}{3}\div\frac{2}{3}=\frac{\sqrt{5}}{3}\times\frac{3}{2}=\frac{\sqrt{\mathbf{5}}}{\mathbf{2}}$$

(2)　$\sin A=\frac{12}{13}$ のとき，$\sin^2 A+\cos^2 A=1$ より

$$\cos^2 A=1-\sin^2 A=1-\left(\frac{12}{13}\right)^2=\frac{25}{169}$$

$0°<A<90°$ のとき，$\cos A>0$ であるから

$$\cos A=\sqrt{\frac{25}{169}}=\frac{\mathbf{5}}{\mathbf{13}}$$

また，$\tan A=\frac{\sin A}{\cos A}$ より

$$\tan A=\frac{12}{13}\div\frac{5}{13}=\frac{12}{13}\times\frac{13}{5}=\frac{\mathbf{12}}{\mathbf{5}}$$

4

(1)　$\sin 74°=\sin(90°-16°)=\mathbf{\cos 16°}$

(2)　$\cos 67°=\cos(90°-23°)=\mathbf{\sin 23°}$

5

θ	0°	30°	45°	60°	90°	120°	135°	150°	180°
$\sin\theta$	0	$\frac{1}{2}$	$\frac{1}{\sqrt{2}}$	$\frac{\sqrt{3}}{2}$	1	$\frac{\sqrt{3}}{2}$	$\frac{1}{\sqrt{2}}$	$\frac{1}{2}$	0
$\cos\theta$	1	$\frac{\sqrt{3}}{2}$	$\frac{1}{\sqrt{2}}$	$\frac{1}{2}$	0	$-\frac{1}{2}$	$-\frac{1}{\sqrt{2}}$	$-\frac{\sqrt{3}}{2}$	-1
$\tan\theta$	0	$\frac{1}{\sqrt{3}}$	1	$\sqrt{3}$		$-\sqrt{3}$	-1	$-\frac{1}{\sqrt{3}}$	0

6

(1)　$\sin 140°=\sin(180°-40°)$

$=\mathbf{\sin 40°}$

(2)　$\cos 165°=\cos(180°-15°)$

$=\mathbf{-\cos 15°}$

7

単位円の x 軸より上側の周上の点で，x 座標が $-\frac{\sqrt{3}}{2}$ となるのは，右の図の点Pである。

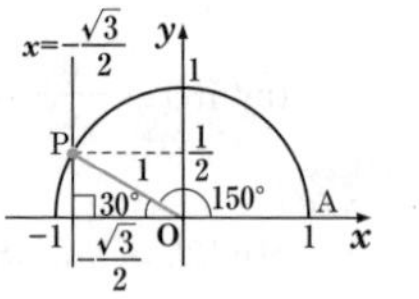

$\angle AOP=180°-30°=150°$

であるから，求める θ は

$\theta=\mathbf{150°}$

8

(1)　$\sin\theta=\frac{1}{5}$ のとき，$\sin^2\theta+\cos^2\theta=1$ より

$$\cos^2\theta=1-\sin^2\theta=1-\left(\frac{1}{5}\right)^2=\frac{24}{25}$$

$90°<\theta<180°$ のとき，$\cos\theta<0$ であるから

$$\cos\theta=-\sqrt{\frac{24}{25}}=-\frac{\mathbf{2\sqrt{6}}}{\mathbf{5}}$$

また，$\tan\theta=\frac{\sin\theta}{\cos\theta}=\frac{1}{5}\div\left(-\frac{2\sqrt{6}}{5}\right)$

$$=\frac{1}{5}\times\left(-\frac{5}{2\sqrt{6}}\right)=-\frac{\mathbf{1}}{\mathbf{2\sqrt{6}}}$$

(2)　$\cos\theta=-\frac{1}{4}$ のとき，$\sin^2\theta+\cos^2\theta=1$ より

$$\sin^2\theta=1-\cos^2\theta=1-\left(-\frac{1}{4}\right)^2=\frac{15}{16}$$

$90°<\theta<180°$ のとき，$\sin\theta>0$ であるから

$$\sin\theta=\sqrt{\frac{15}{16}}=\frac{\sqrt{\mathbf{15}}}{\mathbf{4}}$$

また，$\tan\theta=\frac{\sin\theta}{\cos\theta}=\frac{\sqrt{15}}{4}\div\left(-\frac{1}{4}\right)$

$$=\frac{\sqrt{15}}{4}\times\left(-\frac{4}{1}\right)=-\sqrt{15}$$

38　正弦定理（p.98）

例 89

ア　7

例 90

ア　$4\sqrt{2}$

125

(1)　正弦定理より

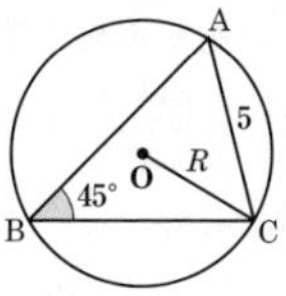

$$\frac{5}{\sin 45^\circ}=2R$$

ゆえに　$2R=\dfrac{5}{\sin 45^\circ}$

よって　$R=\dfrac{5}{2\sin 45^\circ}$

$$=\frac{5}{2}\div\sin 45^\circ$$

$$=\frac{5}{2}\div\frac{1}{\sqrt{2}}$$

$$=\frac{5}{2}\times\frac{\sqrt{2}}{1}=\boldsymbol{\frac{5\sqrt{2}}{2}}$$

(2)　正弦定理より

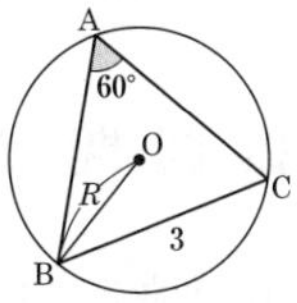

$$\frac{3}{\sin 60^\circ}=2R$$

ゆえに　$2R=\dfrac{3}{\sin 60^\circ}$

よって　$R=\dfrac{3}{2\sin 60^\circ}$

$$=\frac{3}{2}\div\sin 60^\circ$$

$$=\frac{3}{2}\div\frac{\sqrt{3}}{2}$$

$$=\frac{3}{2}\times\frac{2}{\sqrt{3}}=\boldsymbol{\sqrt{3}}$$

(3)　正弦定理より

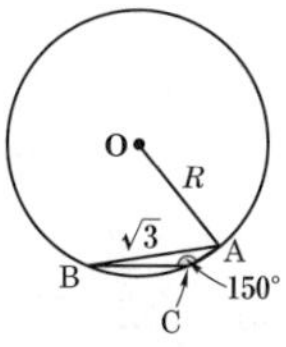

$$\frac{\sqrt{3}}{\sin 150^\circ}=2R$$

ゆえに　$2R=\dfrac{\sqrt{3}}{\sin 150^\circ}$

よって　$R=\dfrac{\sqrt{3}}{2\sin 150^\circ}$

$$=\frac{\sqrt{3}}{2}\div\sin 150^\circ$$

$$=\frac{\sqrt{3}}{2}\div\frac{1}{2}$$

$$=\frac{\sqrt{3}}{2}\times\frac{2}{1}=\boldsymbol{\sqrt{3}}$$

126

(1)　正弦定理より

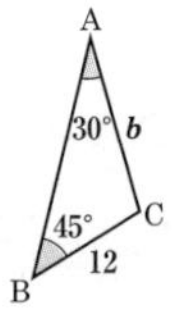

$$\frac{12}{\sin 30^\circ}=\frac{b}{\sin 45^\circ}$$

両辺に $\sin 45^\circ$ を掛けて

$\dfrac{12}{\sin 30^\circ}\times\sin 45^\circ=b$　より

$$b=\frac{12}{\sin 30^\circ}\times\sin 45^\circ$$

$$=12\div\sin 30^\circ\times\sin 45^\circ$$

$$=12\div\frac{1}{2}\times\frac{1}{\sqrt{2}}$$

$$=12\times2\times\frac{\sqrt{2}}{2}=\boldsymbol{12\sqrt{2}}$$

(2)　$A=180^\circ-(75^\circ+45^\circ)$

$=60^\circ$

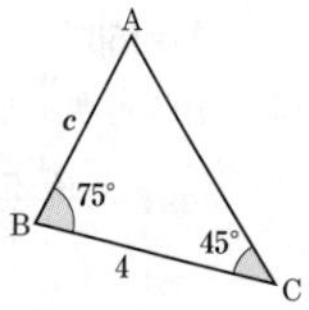

正弦定理より

$$\frac{4}{\sin 60^\circ}=\frac{c}{\sin 45^\circ}$$

両辺に $\sin 45^\circ$ を掛けて

$\dfrac{4}{\sin 60^\circ}\times\sin 45^\circ=c$　より

$$c=\frac{4}{\sin 60^\circ}\times\sin 45^\circ$$

$$=4\div\sin 60^\circ\times\sin 45^\circ$$

$$=4\div\frac{\sqrt{3}}{2}\times\frac{1}{\sqrt{2}}$$

$$=4\times\frac{2}{\sqrt{3}}\times\frac{\sqrt{2}}{2}$$

$$=\frac{4\sqrt{2}}{\sqrt{3}}=\boldsymbol{\frac{4\sqrt{6}}{3}}$$

39　余弦定理（p.100）

例 91

ア　$2\sqrt{7}$

例 92

ア　$-\dfrac{1}{2}$　　　　**イ**　120°

127

(1)　余弦定理より

$$b^2=(\sqrt{3})^2+4^2-2\times\sqrt{3}\times4\times\cos 30^\circ$$

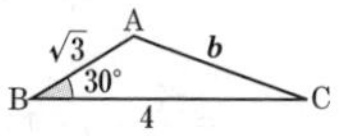

$$=3+16-8\sqrt{3}\times\frac{\sqrt{3}}{2}$$

$$=3+16-12$$

$$=7$$

$b>0$ より

$b=\boldsymbol{\sqrt{7}}$

(2)　余弦定理より

$$a^2=3^2+4^2-2\times3\times4\times\cos 120^\circ$$

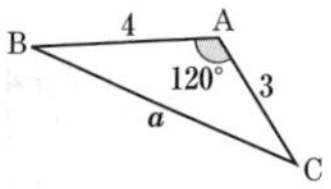

$$=9+16-24\times\left(-\frac{1}{2}\right)$$

$$=9+16+12$$

$$=37$$

$a>0$ より

$a=\boldsymbol{\sqrt{37}}$

128

(1)　余弦定理より

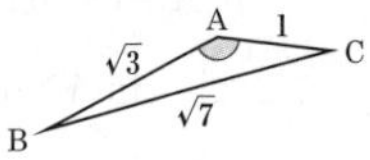

$$\cos A=\frac{b^2+c^2-a^2}{2bc}$$

$$=\frac{1^2+(\sqrt{3})^2-(\sqrt{7})^2}{2\times1\times\sqrt{3}}$$

$$=-\frac{3}{2\sqrt{3}}$$

$$=-\frac{\sqrt{3}}{2}$$

よって，$0^\circ<A<180^\circ$ より

$A=$ **150°**

(2) 余弦定理より

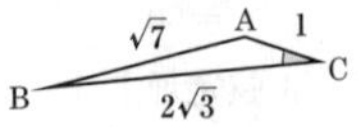

$$\cos C=\frac{a^2+b^2-c^2}{2ab}$$

$$=\frac{(2\sqrt{3})^2+1^2-(\sqrt{7})^2}{2\times2\sqrt{3}\times1}$$

$$=\frac{6}{4\sqrt{3}}$$

$$=\frac{\sqrt{3}}{2}$$

よって，$0^\circ<C<180^\circ$ より

$C=$ **30°**

40 三角形の面積 / 空間図形の計量 (p.102)

例 93

ア 6

例 94

ア $-\frac{1}{3}$　　イ $\frac{2\sqrt{2}}{3}$　　ウ $12\sqrt{2}$

例 95

ア $10\sqrt{6}$

129

(1) $S=\frac{1}{2}\times5\times4\times\sin45^\circ$

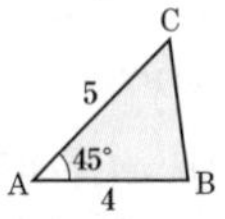

$$=\frac{1}{2}\times5\times4\times\frac{1}{\sqrt{2}}=\mathbf{5\sqrt{2}}$$

(2) $S=\frac{1}{2}\times6\times4\times\sin120^\circ$

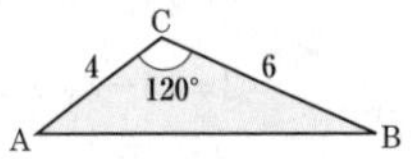

$$=\frac{1}{2}\times6\times4\times\frac{\sqrt{3}}{2}$$

$$=\mathbf{6\sqrt{3}}$$

130

(1) 余弦定理より

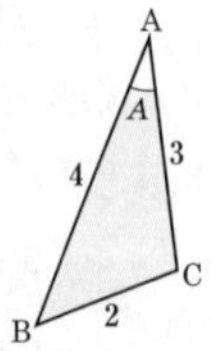

$$\cos A=\frac{b^2+c^2-a^2}{2bc}$$

$$=\frac{3^2+4^2-2^2}{2\times3\times4}$$

$$=\frac{21}{2\times3\times4}$$

$$=\mathbf{\frac{7}{8}}$$

(2) $\sin^2A+\cos^2A=1$ より

$$\sin^2A=1-\cos^2A=1-\left(\frac{7}{8}\right)^2=1-\frac{49}{64}=\frac{15}{64}$$

ここで，$\sin A>0$ であるから

$$\sin A=\sqrt{\frac{15}{64}}=\mathbf{\frac{\sqrt{15}}{8}}$$

(3) △ABC の面積 S は

$$S=\frac{1}{2}bc\sin A=\frac{1}{2}\times3\times4\times\frac{\sqrt{15}}{8}$$

$$=\mathbf{\frac{3\sqrt{15}}{4}}$$

131

△ABC において，

$\angle\mathrm{ACB}=180^\circ-(60^\circ+75^\circ)=45^\circ$

であるから，正弦定理より

$$\frac{\mathrm{BC}}{\sin60^\circ}=\frac{40}{\sin45^\circ}$$

よって

$$\mathrm{BC}=\frac{40}{\sin45^\circ}\times\sin60^\circ$$

$$=40\div\frac{1}{\sqrt{2}}\times\frac{\sqrt{3}}{2}$$

$$=40\times\sqrt{2}\times\frac{\sqrt{3}}{2}=20\sqrt{6}$$

したがって，△BCH において

$$\mathrm{CH}=\mathrm{BC}\sin60^\circ=20\sqrt{6}\times\frac{\sqrt{3}}{2}=\mathbf{30\sqrt{2}\ (m)}$$

確認問題 10 (p.104)

1

(1) 正弦定理より

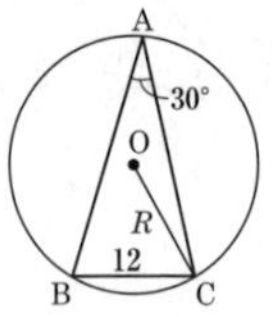

$$\frac{12}{\sin30^\circ}=2R$$

ゆえに　$2R=\frac{12}{\sin30^\circ}$

よって　$R=\frac{6}{\sin30^\circ}$

$$=6\div\sin30^\circ$$

$$=6\div\frac{1}{2}$$

$$=6\times\frac{2}{1}$$

$$=\mathbf{12}$$

(2) 正弦定理より

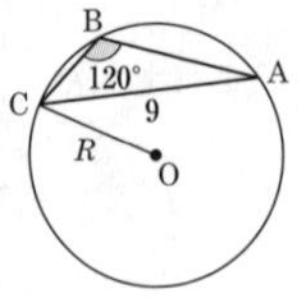

$$\frac{9}{\sin120^\circ}=2R$$

ゆえに　$2R=\frac{9}{\sin120^\circ}$

よって　$R=\frac{9}{2\sin120^\circ}$

$$=\frac{9}{2}\div\sin120^\circ$$

$$=\frac{9}{2}\div\frac{\sqrt{3}}{2}$$

$$=\frac{9}{2}\times\frac{2}{\sqrt{3}}$$

$$=\frac{9}{\sqrt{3}}=\mathbf{3\sqrt{3}}$$

2

(1) 正弦定理より

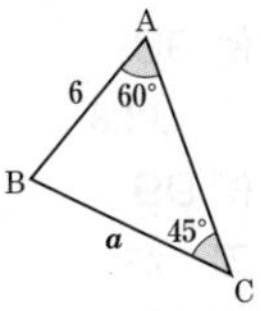

$$\frac{a}{\sin 60^\circ}=\frac{6}{\sin 45^\circ}$$

両辺に $\sin 60^\circ$ を掛けて

$$a=\frac{6}{\sin 45^\circ}\times\sin 60^\circ$$

$$=6\div\sin 45^\circ\times\sin 60^\circ$$

$$=6\div\frac{1}{\sqrt{2}}\times\frac{\sqrt{3}}{2}$$

$$=6\times\sqrt{2}\times\frac{\sqrt{3}}{2}=\mathbf{3\sqrt{6}}$$

(2) 余弦定理より

$$a^2=b^2+c^2-2bc\cos A$$

$$=3^2+(3\sqrt{2})^2-2\times3\times3\sqrt{2}\times\cos 135^\circ$$

$$=9+18-18\sqrt{2}\times\left(-\frac{1}{\sqrt{2}}\right)$$

$$=9+18+18=45$$

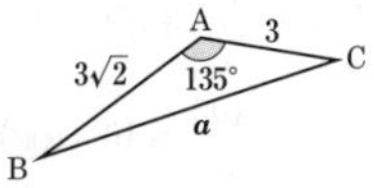

$a>0$ より

$$a=\sqrt{45}=\mathbf{3\sqrt{5}}$$

3

余弦定理より

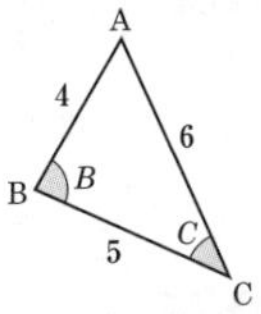

$$\cos B=\frac{c^2+a^2-b^2}{2ca}$$

$$=\frac{4^2+5^2-6^2}{2\times4\times5}$$

$$=\frac{5}{2\times4\times5}$$

$$=\mathbf{\frac{1}{8}}$$

同様に

$$\cos C=\frac{a^2+b^2-c^2}{2ab}$$

$$=\frac{5^2+6^2-4^2}{2\times5\times6}$$

$$=\frac{45}{2\times5\times6}$$

$$=\mathbf{\frac{3}{4}}$$

4

$$S=\frac{1}{2}bc\sin A$$

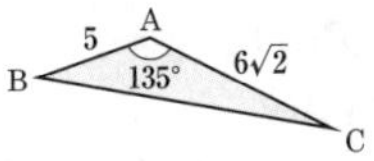

$$=\frac{1}{2}\times6\sqrt{2}\times5\times\sin 135^\circ$$

$$=15\sqrt{2}\times\frac{1}{\sqrt{2}}$$

$$=\mathbf{15}$$

5

(1) 余弦定理より

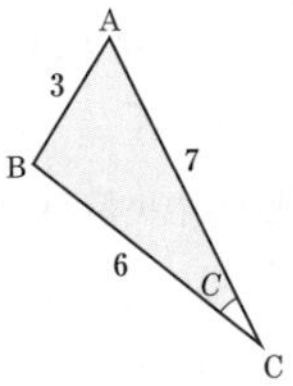

$$\cos C=\frac{a^2+b^2-c^2}{2ab}$$

$$=\frac{6^2+7^2-3^2}{2\times6\times7}$$

$$=\frac{76}{2\times6\times7}$$

$$=\mathbf{\frac{19}{21}}$$

(2) $\sin^2C+\cos^2C=1$ より

$$\sin^2C=1-\cos^2C=1-\left(\frac{19}{21}\right)^2=\frac{80}{441}$$

ここで，$\sin C>0$ であるから

$$\sin C=\sqrt{\frac{80}{441}}=\frac{4\sqrt{5}}{21}$$

したがって，△ABC の面積 S は

$$S=\frac{1}{2}ab\sin C$$

$$=\frac{1}{2}\times6\times7\times\frac{4\sqrt{5}}{21}$$

$$=\mathbf{4\sqrt{5}}$$

6

△ABH において

$$\angle\mathrm{ABH}=180^\circ-(30^\circ+105^\circ)$$

$$=45^\circ$$

正弦定理より $\dfrac{\mathrm{AH}}{\sin 45^\circ}=\dfrac{10}{\sin 30^\circ}$

であるから

$$\mathrm{AH}=\frac{10}{\sin 30^\circ}\times\sin 45^\circ$$

$$=10\div\frac{1}{2}\times\frac{1}{\sqrt{2}}=10\times2\times\frac{1}{\sqrt{2}}$$

$$=10\sqrt{2}$$

よって，△CAH において

$$\mathrm{CH}=\mathrm{AH}\tan\angle\mathrm{CAH}=10\sqrt{2}\times\tan 60^\circ$$

$$=10\sqrt{2}\times\sqrt{3}=\mathbf{10\sqrt{6}\ (m)}$$

TRY *PLUS* (p.106)

問5

余弦定理より

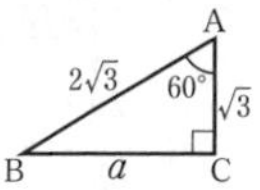

$$a^2=(\sqrt{3})^2+(2\sqrt{3})^2-2\times\sqrt{3}\times2\sqrt{3}\times\cos 60^\circ$$

$$=3+12-12\times\frac{1}{2}=9$$

ここで，$a>0$ であるから　$a=3$

また，正弦定理より

$$\frac{3}{\sin 60^\circ}=\frac{\sqrt{3}}{\sin B}$$

両辺に $\sin 60^\circ\sin B$ を掛けて

$$3\sin B=\sqrt{3}\sin 60^\circ$$

ゆえに

$$\sin B=\frac{\sqrt{3}}{3}\sin 60^\circ$$

$$=\frac{\sqrt{3}}{3}\times\frac{\sqrt{3}}{2}=\frac{1}{2}$$

ここで，$A=60^\circ$ であるから，$B<120^\circ$ より

$$B=30^\circ$$

よって　$C=180^\circ-(60^\circ+30^\circ)=90^\circ$

したがって

$a=3$, $B=30°$, $C=90°$

問6

(1)　余弦定理より

$a^2=8^2+3^2-2\times8\times3\times\cos60°$

$=64+9-48\times\dfrac{1}{2}=49$

よって，$a>0$ より　$a=7$

(2)　$S=\dfrac{1}{2}\times8\times3\times\sin60°=12\times\dfrac{\sqrt{3}}{2}=6\sqrt{3}$

ここで，$S=\dfrac{1}{2}r(a+b+c)$ であるから

$6\sqrt{3}=\dfrac{1}{2}r(7+8+3)$

よって　$6\sqrt{3}=9r$ より　$r=\dfrac{6\sqrt{3}}{9}=\dfrac{2\sqrt{3}}{3}$

第5章　データの分析

41　データの整理（p.108）

例96

ア　55

イ

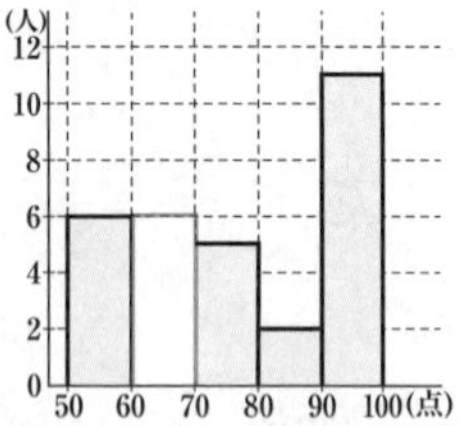

例97

ア　0.18　　　　**イ**　1

132

(1)

階級（回）以上～未満	階級値（回）	度数（人）
12～16	14	1
16～20	18	3
20～24	22	6
24～28	26	8
28～32	30	2
合計		20

(2)

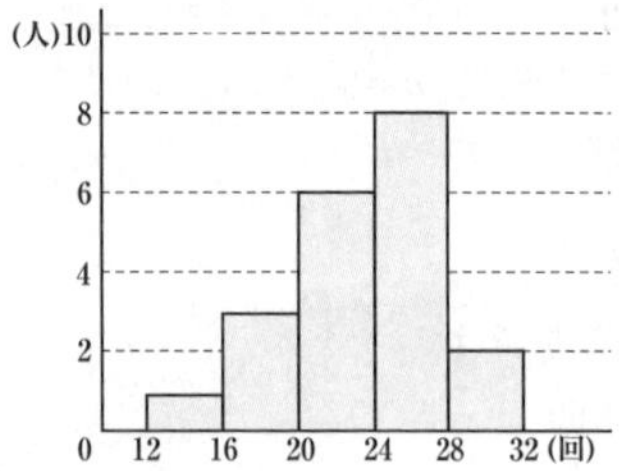

133

10 歳以上 20 歳未満の階級の相対度数は

$\dfrac{3}{50}=0.06$

60 歳以上 70 歳未満の階級の相対度数は

$\dfrac{11}{50}=0.22$

42　代表値（p.110）

例98

ア　12.8

例99

ア　25

例100

ア　21

134

A班の平均値 $\overline{x}$ は

$\overline{x}=\dfrac{1}{9}(29+33+35+38+40+41+49+51+53)$

$=\dfrac{369}{9}=41$ (kg)

B班の平均値 $\overline{y}$ は

$\overline{y}=\dfrac{1}{10}(23+30+36+39+41+43+44+46+48+50)$

$=\dfrac{400}{10}=40$ (kg)

135

表より，31 個が最も多いから　　**200円**

136

(1)　データの大きさが 9 であるから　**37**

(2)　データの大きさが 10 であるから

$\dfrac{17+21}{2}=19$

137

データを値の小さい順に並べると

7，8，9，10，12，14，17，20

データの大きさが 8 であるから

$\dfrac{10+12}{2}=11$

43　四分位数と四分位範囲（p.112）

例101

ア　3　　　　**イ**　11

例102

ア　2　　**イ**　14　　**ウ**　12　　**エ**　8

例103

ア　①，②，③

138

（本書では，第 1 四分位数，第 2 四分位数，第 3 四分位数をそれぞれ，Q_1，Q_2，Q_3 で表す。）

(1)　中央値が Q_2 であるから　$Q_2=6$

Q_2 を除いて，データを前半と後半に分ける。

Q_1 は前半の中央値であるから　$Q_1=3$

Q_3 は後半の中央値であるから　$Q_3=8$

よって　　$Q_1=3$，$Q_2=6$，$Q_3=8$

(2)　中央値が Q_2 であるから　　$Q_2=\dfrac{5+6}{2}=5.5$

Q_2 によって，データを前半と後半に分ける。

Q_1 は前半の中央値であるから

$$Q_1=\frac{3+3}{2}=3$$

Q_3 は後半の中央値であるから

$$Q_3=\frac{6+7}{2}=6.5$$

よって　$Q_1=\mathbf{3}$, $Q_2=\mathbf{5.5}$, $Q_3=\mathbf{6.5}$

139

(1)　$Q_1=6$, $Q_2=9$, $Q_3=10$ より

範囲は　$11-5=\mathbf{6}$

四分位範囲は　$10-6=\mathbf{4}$

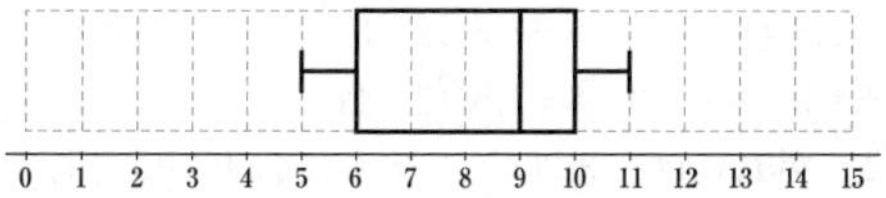

(2)　$Q_1=\frac{3+3}{2}=3$, $Q_2=3$, $Q_3=\frac{6+8}{2}=7$ より

範囲は　$9-1=\mathbf{8}$

四分位範囲は　$7-3=\mathbf{4}$

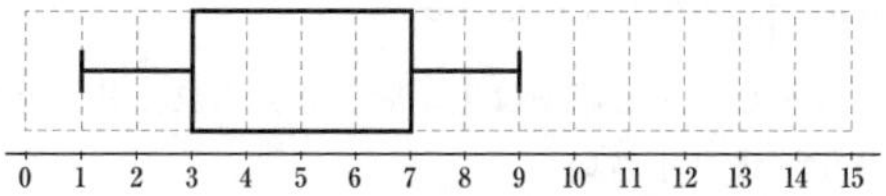

140

① 那覇と東京の最大値と最小値の差はそれぞれ

$26-16=10$ (°C), $22-7=15$ (°C)

であるから，正しい。

② 那覇と東京の四分位範囲はそれぞれ

$24-19=5$ (°C), $19-10=9$ (°C)

であるから，正しくない。

③ 那覇の最高気温の最小値は 16 (°C) であるから，正しい。

④ 31 個の値について，四分位数の位置は次のようになる。

①～⑦　⑧　⑨～⑮　⑯　⑰～㉓　㉔　㉕～㉛

⑧ → Q_1，⑯ → Q_2，㉔ → Q_3

東京の Q_1 は 10°C であるが，たとえば次のような最高気温を低い順に並べたデータの場合，最高気温が 10°C 未満の日数は 7 日ではない。

(単位 °C)

	①	②	③	④	⑤	⑥	⑦	⑧	⑨	～	⑯	～	㉔	～	㉛
東京	7	9	10	10	10	10	10	10	10	～	14	～	19	～	22

以上より，正しいと判断できるものは　①，③

44　分散と標準偏差 (p.114)

例 104

ア　9　　　**イ**　3

例 105

ア　4　　　**イ**　2

141

5 個の値の平均値 $\overline{x}$ は

$$\overline{x}=\frac{1}{5}(3+5+7+4+6)=\frac{25}{5}=5$$

よって，分散 s^2 は

$$s^2=\frac{1}{5}\{(3-5)^2+(5-5)^2+(7-5)^2+(4-5)^2+(6-5)^2\}$$

$$=\frac{1}{5}(4+0+4+1+1)$$

$$=\frac{10}{5}=\mathbf{2}$$

						計
x	3	5	7	4	6	**25**
$x-\overline{x}$	−2	0	2	−1	1	**0**
$(x-\overline{x})^2$	4	0	4	1	1	**10**

また，標準偏差 s は　$s=\sqrt{\mathbf{2}}$

142

							計	平均値
x	7	9	1	10	6	3	**36**	**6**
x^2	**49**	**81**	**1**	**100**	**36**	**9**	**276**	**46**

x の平均値 $\overline{x}$ は　$\overline{x}=\frac{1}{6}(7+9+1+10+6+3)=\frac{1}{6}\times36$

$=6$

x^2 の平均値 $\overline{x^2}$ は

$$\overline{x^2}=\frac{1}{6}(49+81+1+100+36+9)=\frac{1}{6}\times276$$

$=46$

よって，分散 s^2 は

$s^2=\overline{x^2}-(\overline{x})^2=46-6^2=\mathbf{10}$

また，標準偏差 s は　$s=\sqrt{\mathbf{10}}$

例 105 の標準偏差は 2 であるから，**142 のデータの方が散らばりの度合いが大きい。**

143

	身長 (cm)									計	平均値
x	185	175	183	178	179	186	182	174	178	1620	180
$x-\overline{x}$	5	−5	3	−2	−1	6	2	−6	−2	0	0
$(x-\overline{x})^2$	25	25	9	4	1	36	4	36	4	144	16

$(x-\overline{x})^2$ の平均値は

$$\frac{1}{9}(25+25+9+4+1+36+4+36+4)$$

$$=\frac{1}{9}\times144=16$$

よって，分散 s^2 は　$s^2=\mathbf{16}$

また，標準偏差 s は

$s=\sqrt{16}=\mathbf{4}$ **(cm)**

45　データの相関 (1) (p.116)

例 106

ア　正

144

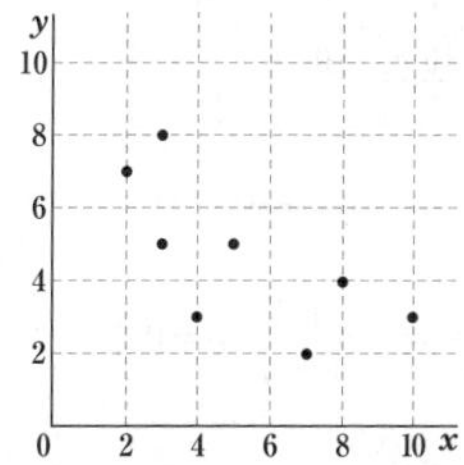

負の相関がある。

145

(1)

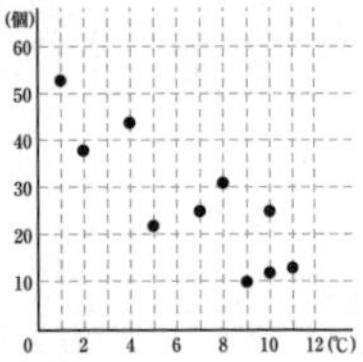

負の相関がある。

(2)

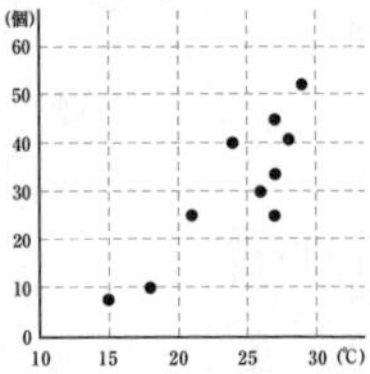

正の相関がある。

46 データの相関 (2) (p.118)

例 107

ア 0.22

146

(1) $\overline{x}=\frac{1}{4}(4+7+3+6)$

$=\frac{20}{4}=\mathbf{5}$

$\overline{y}=\frac{1}{4}(4+8+6+10)$

$=\frac{28}{4}=\mathbf{7}$

$x-\overline{x}$, $y-\overline{y}$ の値は，下の表のようになる。

(2) 下の表より，共分散 s_{xy} は

$s_{xy}=\frac{1}{4}\{(-1)\times(-3)+2\times1+(-2)\times(-1)+1\times3\}$

$=\frac{1}{4}\times10=\mathbf{2.5}$

生徒	x	y	$x-\overline{x}$	$y-\overline{y}$	$(x-\overline{x})(y-\overline{y})$
①	4	4	−1	−3	3
②	7	8	2	1	2
③	3	6	−2	−1	2
④	6	10	1	3	3
計	20	28	0	0	10

147

生徒	x	y	$x-\overline{x}$	$y-\overline{y}$	$(x-\overline{x})^2$	$(y-\overline{y})^2$	$(x-\overline{x})(y-\overline{y})$
①	4	7	−2	−1	4	1	2
②	7	9	1	1	1	1	1
③	5	8	−1	0	1	0	0
④	8	10	2	2	4	4	4
⑤	6	6	0	−2	0	4	0
計	30	40	0	0	10	10	7
平均値	6	8	0	0	2	2	1.4

上の表より

$s_x=\sqrt{2}$, $s_y=\sqrt{2}$, $s_{xy}=1.4$

よって，相関係数 r は　$r=\frac{s_{xy}}{s_xs_y}=\frac{1.4}{\sqrt{2}\times\sqrt{2}}=\mathbf{0.7}$

47 外れ値と仮説検定 (p.120)

例 108

ア 47　**イ** 42　**ウ** 54

エ 24　**オ** 72

例 109

ア 誤り

148

(1) 回数のデータを小さい順にならべると

0, 3, 6, 6, 6, 7, 8, 8, 9, 12

よって　$Q_1=\mathbf{6}$ **(回)**, $Q_3=\mathbf{8}$ **(回)**

(2) $Q_1-1.5(Q_3-Q_1)=6-1.5\times2=3$

$Q_3+1.5(Q_3-Q_1)=8+1.5\times2=11$

よって，外れ値は　3 以下 または 11 以上の値である。

したがって，外れ値の生徒は　①, ③, ⑤

149

度数分布表より，コインを 6 回投げたとき，表が 6 回出る相対度数は $\frac{13}{1000}=0.013$ である。

よって，Aが 6 勝する確率は 1.3 % と考えられ，基準となる確率の 5 % より小さい。

したがって，**「A, B の実力が同じ」という仮説が誤り**と判断する。すなわち，Aが 6 勝したときは，A の方が強いといえる。

確認問題 11 (p.122)

1

(1) データの大きさが 10 であるから，平均値は

$\frac{1}{10}(1+13+14+20+28+40+58+62+89+95)$

$=\frac{420}{10}=\mathbf{42}$

中央値は $\frac{28+40}{2}=\mathbf{34}$

(2) データの大きさが 11 であるから，平均値は

$\frac{1}{11}(10+17+17+27+27+32+36+58+59+85+94)$

$=\frac{462}{11}=\mathbf{42}$

中央値は **32**

2

(1) $Q_1=5$, $Q_2=8$, $Q_3=9$ より

範囲は　$12-5=\mathbf{7}$

四分位範囲は　$9-5=\mathbf{4}$

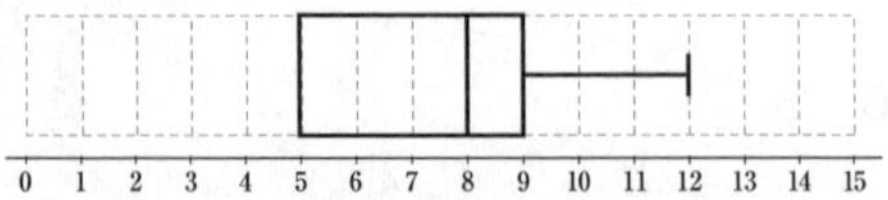

(2) $Q_1=\frac{4+6}{2}=5$, $Q_2=8$, $Q_3=\frac{12+12}{2}=12$ より

範囲は　$15-2=\mathbf{13}$

四分位範囲は　$12-5=\mathbf{7}$

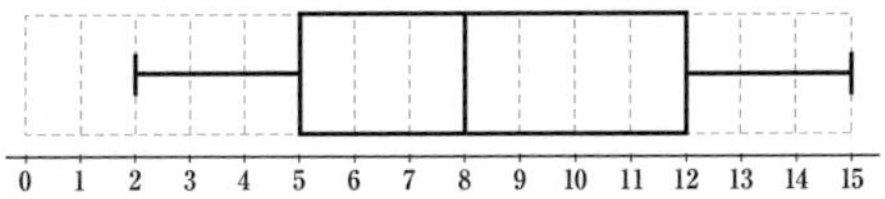

3

① 範囲は,

男子 57−30=27 (kg) 女子 39−17=22 (kg)

であるから，男子の範囲の方が，女子の範囲より 5 kg 大きい。よって，正しくない。

② 男子 ①～④⑤～⑧⑨～⑫⑬～⑯

Q_1 Q_2 Q_3

女子 ①～④～⑦⑧⑨～⑫～⑮

↑ ↑ ↑

Q_1 Q_2 Q_3

男子と女子それぞれについて，握力の小さい方から順に並べたとき，四分位数の位置は上のようになる。

女子の第 3 四分位数にあたる生徒は 12 番目なので，正しい。

③ 男子の最小値は 30 kg であるから，それより記録の小さい生徒はいない。

よって，正しい。

④ ②の図から，男子の上のひげには，最大値も含めて 1 人以上 4 人以下の生徒が含まれる。1 人の場合は 50 kg 以上の生徒は 1 人となる。

よって。正しくない。

⑤ 25 kg 未満の生徒，すなわち女子の第 2 四分位数より小さい記録の生徒は，②の図より 7 人以下である。

よって，正しくない。

以上より，正しいと判断できるものは ②，③

4

(1) 6 個の値の平均値 $\overline{x}$ は

$$\overline{x}=\frac{1}{6}(1+2+5+5+7+10)=\frac{30}{6}=5$$

よって，分散 s^2 は

$$s^2=\frac{1}{6}\{(1-5)^2+(2-5)^2+(5-5)^2+(5-5)^2+(7-5)^2+(10-5)^2\}$$

$$=\frac{1}{6}(16+9+0+0+4+25)$$

$$=\frac{54}{6}=\mathbf{9}$$

							計	平均値
x	1	2	5	5	7	10	30	5
$x-\overline{x}$	−4	−3	0	0	2	5	0	0
$(x-\overline{x})^2$	16	9	0	0	4	25	54	9

また，標準偏差 s は $s=\sqrt{9}=\mathbf{3}$

(2) 10 個の値の平均値 $\overline{x}$ は

$$\overline{x}=\frac{1}{10}(44+45+46+49+51+52+54+56+61+62)$$

$$=\frac{520}{10}=52$$

よって，分散 s^2 は

$$s^2=\frac{1}{10}\{(-8)^2+(-7)^2+(-6)^2+(-3)^2+(-1)^2$$

$$+0^2+2^2+4^2+9^2+10^2\}=\frac{360}{10}=\mathbf{36}$$

また，標準偏差 s は $s=\sqrt{36}=\mathbf{6}$

											計	平均値
x	44	45	46	49	51	52	54	56	61	62	520	52
$x-\overline{x}$	−8	−7	−6	−3	−1	0	2	4	9	10	0	0
$(x-\overline{x})^2$	64	49	36	9	1	0	4	16	81	100	360	36

5

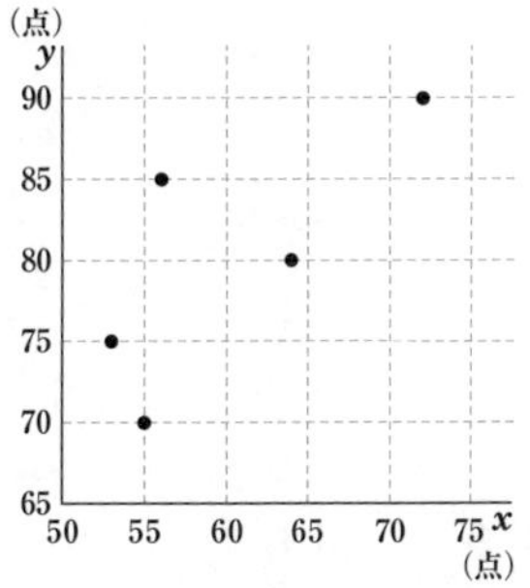

	x	y	$x-\overline{x}$	$y-\overline{y}$	$(x-\overline{x})^2$	$(y-\overline{y})^2$	$(x-\overline{x})(y-\overline{y})$
①	56	85	−4	5	16	25	−20
②	64	80	4	0	16	0	0
③	53	75	−7	−5	49	25	35
④	72	90	12	10	144	100	120
⑤	55	70	−5	−10	25	100	50
計	300	400	0	0	250	250	185
平均値	60	80	0	0	50	50	37

上の表より $s_x=\sqrt{50}$，$s_y=\sqrt{50}$，$s_{xy}=37$

よって，相関係数 r は $r=\dfrac{s_{xy}}{s_x s_y}=\dfrac{37}{\sqrt{50}\times\sqrt{50}}=\mathbf{0.74}$